JN078912

ラプラス変換
キャンパス・ゼミ

馬場敬之

マセマ出版社

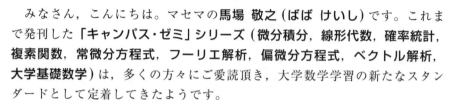

はじめに

みなさん，こんにちは。マセマの**馬場 敬之 (ばば けいし)** です。これまで発刊した「キャンパス・ゼミ」シリーズ (微分積分，線形代数，確率統計，複素関数，常微分方程式，フーリエ解析，偏微分方程式，ベクトル解析，大学基礎数学) は，多くの方々にご愛読頂き，大学数学学習の新たなスタンダードとして定着してきたようです。

そして今回，**新シリーズ**として「ラプラス変換キャンパス・ゼミ 改訂5」を上梓することが出来て，心より嬉しく思っています。

ラプラス変換とは，その逆変換と併せて，「**微分方程式を解く際に，積分等の面倒な操作によらず，代数方程式を解く要領で解を求めることができる画期的な手法のこと**」です。このラプラス変換は電気学者ヘヴィサイドが最初に考案したもので，これにより電気回路の過渡現象などで現れる線形常微分方程式をその初期条件まで含めて簡単に解いてしまうことができます。したがって，**理工系の学生の皆さん**はもちろんのこと，**エンジニアや金融工学などに携わる社会人の皆さん**も，このラプラス変換をマスターしておく必要があると思います。

しかし，このラプラス変換の数学的な裏付けについて考えるとき，特に**ラプラス逆変換**の場合，**ブロムウィッチ積分**など，フーリエ積分や複素関数の**留数定理と1周線積分**といった**解析学の内容**まで掘り下げないといけません。このように，**ラプラス変換**は，微分方程式を代数方程式を解くように簡単に解いてしまう**テクニカルな面**と，解析学的に深い内容を持つ理論的な面の**二面性**を持っています。これが，「**ラプラス変換は神秘的で不思議な数学分野である！**」と言われる所以です。

この神秘的で面白いラプラス変換について，**テクニカルな問題練習**と，その背後にある**数学理論の解説**とのバランスの良い参考書を作るため，検討を重ねて，この「ラプラス変換キャンパス・ゼミ 改訂5」を書き上げました。

特に，ラプラス変換を学ぶ際にその基礎となる**特殊関数 (誤差関数，ガンマ関数，ベータ関数)** についても詳しく解説し，**ラプラス変換，ラプラス逆**

変換，微分方程式の解法の基礎から応用までできる限り親切に解説しています。ですから，やる気さえあれば，どなたでもこのラプラス変換を短期間でマスターできると思います。

　この「ラプラス変換キャンパス・ゼミ 改訂5」は，全体が4章から構成されており，各章をさらにそれぞれ10〜20ページ程度のテーマに分けていますので，非常に読みやすいはずです。ラプラス変換は難しいものだと思っている方も，まず1回この本を流し読みされることをお勧めします。初めは難しい公式の証明などは飛ばしても構いません。**誤差関数** $erf(x)$，**ガンマ関数** $\Gamma(\alpha)$，**ベータ関数** $B(m, n)$，**指数** α **位の関数，ラプラス変換の存在条件，ディラックのデルタ関数** $\delta(t)$，**ヘヴィサイドの単位階段関数** $u(t-a)$，**合成積（コンボリューション積分），ブロムウィッチ積分（ラプラス逆変換の公式），フーリエの積分定理，留数定理，1周線積分，1階・2階・高階定数係数常微分方程式，連立常微分方程式，変数係数常微分方程式，微分・積分方程式，1階・2階偏微分方程式**などなど，次々と専門的な内容が目に飛び込んできますが，不思議と違和感なく読みこなしていけるはずです。この**通し読みだけなら，おそらく1週間もあれば十分のはずです。**これで**ラプラス変換の全体像**をつかむ事が大切なのです。

　そして，1回通し読みが終わったら，後は各テーマの詳しい解説文を**精読**して，例題，演習問題，実践問題を**実際に自力で解きながら**，勉強を進めていって下さい。特に，実践問題は，演習問題と同型の問題を穴埋め形式にしたものですから，非常に学習しやすいはずです。

　この精読が終わったならば，後はご自身で納得がいくまで何度でも**繰り返し練習**することです。この反復練習により本物の実践力が身に付き，「**ラプラス変換も自分自身の言葉で自由に語れる**」ようになるのです。こうなれば，「**数学の単位も，大学院の入試も，共に楽勝のはずです！**」

　この「**ラプラス変換キャンパス・ゼミ 改訂5**」により，皆さんが奥深くて面白い応用数学の世界に開眼されることを願ってやみません。

マセマ代表　馬場 敬之

この改訂5では，過減衰の例題をより教育的な問題に差し替えました。

◆ 目 次 ◆

ラプラス変換の
プロローグ

▶ ラプラス変換のプロローグ

$$\left(F(s) = \int_0^\infty f(t)\, e^{-st} dt \right)$$

▶ 誤差関数

$$\left(erf(x) = \frac{2}{\sqrt{\pi}} \int_0^x e^{-u^2} du \right)$$

▶ ガンマ関数

$$\left(\Gamma(\alpha) = \int_0^\infty x^{\alpha-1} e^{-x} dx \right)$$

▶ ベータ関数

$$\left(B(m,\ n) = \int_0^1 x^{m-1}(1-x)^{n-1} dx \right)$$

§1. ラプラス変換のプロローグ

さァ, これから "ラプラス変換" の講義を始めよう。ラプラス変換とは, 微分方程式 (常微分方程式 と 偏微分方程式) を解く際に, 積分などのメン

> 1 変数関数の微分方程式　　多変数関数の微分方程式

ドウな操作を行うことなく, 代数方程式を解く要領で解を求めることができる画期的な手法である, と覚えておいていい。だから理工系の方であるならば, この便利なラプラス変換を当然マスターしておく必要があるんだね。

しかし, ラプラス変換は極めてテクニカルな性格が強いため, ついついその計算技法の森の中で迷ってしまいかねないことも事実だ。だから, ここではまず, ラプラス変換のプロローグとして, この発案者である個性的な電気学者ヘヴィサイドの逸話 (エピソード) も含めて, このラプラス変換の全体像を紹介しておこうと思う。

これによって, ラプラス変換に対する学習意欲も湧いてくると思う。

● ラプラス変換の定義式を示そう！

$[0, \infty)$ で定義された t の関数 $f(t)$ について, 次の無限積分を考えよう。

> $0 \leqq t < \infty$ のこと

$$\int_0^\infty f(t)e^{-st}dt \quad \cdots\cdots① \quad (s : 実数)$$

①は $\displaystyle \lim_{p \to \infty} \int_0^p f(t)e^{-st}dt$ のことで, t の被積分関数 $f(t)e^{-st}$ を, まず積分区間 $[0, p]$ で t により定積分するので, t はなくなる。そして, さらに $p \to \infty$ の極限が存在するとき, これは当然実数 s の式となるはずだね。

よって, これを $F(s)$ とおくと, ①は,

$$F(s) = \int_0^\infty f(t)e^{-st}dt \quad \cdots\cdots(*) \quad (s : 実数)$$

と表すことができるんだね。

　ここで，$(*)$ の s を変数とみて，これを変化させると，$(*)$ の右辺の無限積分は，s の値によって収束する場合と，収束しない場合が考えられる。従って，$(*)$ の $F(s)$ は，右辺の無限積分が収束する場合のときのみ定義されることになる。

　そして，これが，以下に示す "ラプラス変換"（*Laplace transformation*）の定義式になる。

ラプラス変換の定義

$[0，\infty)$ で定義される t の関数 $f(t)$ に，次のような s の関数 $F(s)$ を対応させる演算子を $\mathcal{L}$ とおき，これを "ラプラス変換" と定義する。

$$F(s) = \mathcal{L}[f(t)] = \int_0^\infty f(t)e^{-st}dt \quad \cdots\cdots(*)' \quad \underline{(s：実数)}$$

　より一般的には，s は複素数であってもいい。

（$f(t)$ を "原関数"，$F(s)$ を "像関数"（または "$f(t)$ のラプラス変換"）と呼ぶ。）

　ここで，詳しい積分計算や s の定義域については後の本格的な講義で示すことにして，まず，具体的な原関数 $f(t)$ に対応する像関数 $F(s)$ の例をいくつか示し，それを表 1 にまとめて示そう。

（ i ）$f_1(t) = 1$ のとき，

$$F_1(s) = \mathcal{L}[1] = \int_0^\infty 1 \cdot e^{-st}dt = \frac{1}{s}$$

（ ⅱ ）$f_2(t) = t$ のとき，

$$F_2(s) = \mathcal{L}[t] = \int_0^\infty t \cdot e^{-st}dt = \frac{1}{s^2}$$

（ ⅲ ）$f_3(t) = \sin at$ のとき，（a：実数定数）

$$F_3(s) = \mathcal{L}[\sin at]$$
$$= \int_0^\infty \sin at \cdot e^{-st}dt = \frac{a}{s^2 + a^2}$$

（ ⅳ ）$f_4(t) = \cos at$ のとき，（a：実数定数）

$$F_4(s) = \mathcal{L}[\cos at]$$
$$= \int_0^\infty \cos at \cdot e^{-st}dt = \frac{s}{s^2 + a^2}$$

………………………

表 1

$f(t)$	$F(s)$
1	$\dfrac{1}{s}$　$(s>0)$
t	$\dfrac{1}{s^2}$　$(s>0)$
$\sin at$	$\dfrac{a}{s^2 + a^2}$　$(s>0)$
$\cos at$	$\dfrac{s}{s^2 + a^2}$　$(s>0)$
……	……

ラプラス変換の演算子 $\mathcal{L}[f(t)]$ は，"$f(t)$ に e^{-st} をかけて，積分区間 $[0, \infty)$ で t により積分せよ" という意味なんだね。そして，表1から分かるように，原関数 $f(t)$ として日頃よく使っている有界な連続関数を用いると，原関数 $f(t)$ とその像関数 $F(s)$ の間には丁度辞書のような1対1の対応関係があることが分かると思う。

よって，ラプラス変換とは，図1に示すように，$f(t)$ と $F(s)$ をそれぞれ原関数と像関数の集合とみなすと，$f(t)$ から $F(s)$ への写像と考えてくれていい。

そして，この $f(t)$ と $F(s)$ の各要素の間に <u>1対1の対応関係</u> があるものとすると，図2

> 本当は，厳密にはこれは成り立たない。これについても後で詳しく解説する。

に示すように，$F(s)$ から $f(t)$ への逆変換も考えることができる。これを "**ラプラス逆変換**" (*inverse Laplace transformation*) と呼び，$\mathcal{L}^{-1}[F(s)]$ と表すことも覚えておこう。

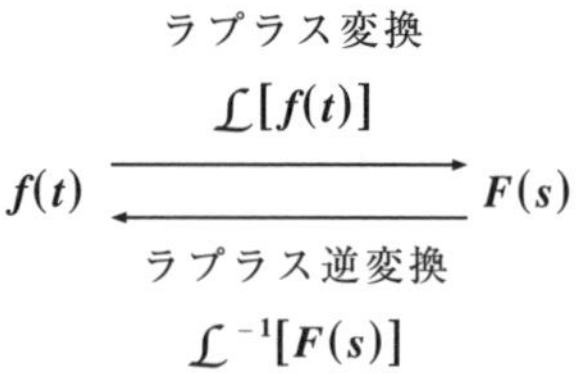

以上より，

$$\begin{cases} F(s) = \mathcal{L}[f(t)] & \cdots\cdots(*)' \quad \leftarrow \boxed{\text{ラプラス変換}} \\ f(t) = \mathcal{L}^{-1}[F(s)] & \cdots\cdots(*)'' \quad \leftarrow \boxed{\text{ラプラス逆変換}} \end{cases}$$

と表すことができるんだね。

よって，$(*)''$ と図1より，$\mathcal{L}^{-1}\left[\dfrac{1}{s}\right]=1$，$\mathcal{L}^{-1}\left[\dfrac{1}{s^2}\right]=t$，$\mathcal{L}^{-1}\left[\dfrac{a}{s^2+a^2}\right]=\sin at$，$\mathcal{L}^{-1}\left[\dfrac{s}{s^2+a^2}\right]=\cos at$，$\cdots\cdots$などと表せるのも大丈夫だね。

これで，"**ラプラス変換**" と "**ラプラス逆変換**" について，その概略が理解できたと思う。

図1 原関数と像関数

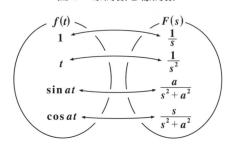

図2 ラプラス変換とラプラス逆変換

ラプラス変換
$$\mathcal{L}[f(t)]$$
$$f(t) \xrightarrow{\hspace{3cm}} F(s)$$
ラプラス逆変換
$$\mathcal{L}^{-1}[F(s)]$$

● ラプラス変換で，微分方程式が楽に解ける！

ン？でも何故，原関数 $f(t)$ をラプラス変換して，$F(s)$ を求めたり，逆に像関数 $F(s)$ をラプラス逆変換して $f(t)$ を求めたりする必要があるのか，その理由が分らないって !? 当然の疑問だね。

その理由は，このラプラス変換やラプラス逆変換をうまく利用することにより，常微分方程式，偏微分方程式を問わず，その境界条件や初期条件も含めて，微分方程式の解を，積分計算することなしに，簡単に求めることが出来る場合があるからなんだ。具体例が欲しいって？いいよ。でも，その前の準備として，ラプラス変換の次の公式をまず頭に入れておこう。

ここでまず，$F(s) = \mathcal{L}[f(t)]$，$G(s) = \mathcal{L}[g(t)]$ とおく。このとき，

像関数　原関数　像関数　原関数

次の **3** つの公式が成り立つ。

(i) α, β を定数とするとき，

$\mathcal{L}[\alpha f(t) + \beta g(t)] = \alpha \mathcal{L}[f(t)] + \beta \mathcal{L}[g(t)]$

$\therefore \mathcal{L}[\alpha f(t) + \beta g(t)] = \alpha F(s) + \beta G(s)$ ……② が成り立つ。

このように，ラプラス変換では "**線形性**" が成り立つ。

ここで，この②の両辺の逆変換をとれば，
$\mathcal{L}^{-1}[\alpha F(s) + \beta G(s)] = \alpha f(t) + \beta g(t)$ ……②´ も成り立つ。

このように，ラプラス逆変換でも，"**線形性**" が成り立つ。

(ii) $f(t)$ の **1** 階導関数 $f'(t)$ の像関数 $\mathcal{L}[f'(t)]$ は，

$\mathcal{L}[f'(t)] = sF(s) - f(0)$ ……③ と表される。

(iii) $f(t)$ の **2** 階導関数 $f''(t)$ の像関数 $\mathcal{L}[f''(t)]$ は，

$\mathcal{L}[f''(t)] = s^2 F(s) - \{sf(0) + f'(0)\}$ ……④ と表される。

エッ，何で，このような公式になるのか分らないって？ 大丈夫！ 後で，これらの公式についてもすべて丁寧に導いてみせるからね。

今はこれらの公式を使って，ラプラス変換やラプラス逆変換がどのように使われるのか，その利用法に着目してくれたらいいんだよ。

それでは，早速簡単な利用例を示すことにしよう。

11

例題 1 $f(t) = \sin at$ (a：実数定数) のとき，次のラプラス変換，ラプラス逆変換の公式 (i) ～ (iv) を利用して，$f'(t) = a\cos at$ となることを示そう。

(i) $\mathcal{L}[\sin at] = \dfrac{a}{s^2 + a^2}$　　　　(ii) $\mathcal{L}[\cos at] = \dfrac{s}{s^2 + a^2}$

(iii) $\mathcal{L}^{-1}[aF(s)] = af(t)$　　　　(iv) $\mathcal{L}[f'(t)] = sF(s) - f(0)$

（ただし，$F(s) = \mathcal{L}[f(t)]$ とする。）

$f(t) = \sin at$ より，(i) の公式から，この像関数を $F(s)$ とおくと，

$F(s) = \mathcal{L}[f(t)] = \mathcal{L}[\sin at] = \dfrac{a}{s^2 + a^2}$　……①　だね。

また，$f(0) = \sin 0 = 0$　………………②

よって (iv) の公式より，$f'(t)$ をラプラス変換して，像関数を求めると，

$\mathcal{L}[f'(t)] = s\underbrace{F(s)}_{\frac{a}{s^2+a^2}\,(①より)} - \underbrace{f(0)}_{0\,(②より)} = \dfrac{as}{s^2+a^2}$　……③　（①，②より）

ゆえに，③の逆変換を求めると，

$f'(t) = \mathcal{L}^{-1}\left[\dfrac{as}{s^2+a^2}\right] = \boxed{a}\,\mathcal{L}^{-1}\underbrace{\left[\dfrac{s}{s^2+a^2}\right]}_{\cos at\,((ii)より)}$　……④　となる。

〔定数係数は $\mathcal{L}^{-1}$ の外に出せる。〕　〔ラプラス逆変換の線形性 ((iii) より)〕

ここで，(ii) の逆変換より，$\mathcal{L}^{-1}\left[\dfrac{s}{s^2+a^2}\right] = \cos at$ となるので，

これを④に代入すると，

$f'(t) = a\cos at$ が導けるんだね。納得いった？

エッ，こんなまわりくどいことしなくたって，$f(t) = \sin at$ ならば，その 1 階導関数 $f'(t)$ が $f'(t) = a\cos at$ となること位知ってるって？ 確かにそうだと思う。でも，これは，ラプラス変換とラプラス逆変換をうまく利用するコツをつかむ上で重要な例題だから，結果が導けるようになるまで，よく練習しておこう。

それでは次，単振動の微分方程式について，（ⅰ）一般的な解法と（ⅱ）ラプラス変換を使った解法の，**2** 通りの手法で解いてみることにしよう。

例題 2 -（ⅰ） 関数 $y = f(t)$ が微分方程式：

$$\begin{cases} y'' + \omega^2 y = 0 \quad \cdots\cdots (a) \ (\omega：正の定数) \\ 条件：f(0) = 2, \ f'(0) = 0 \end{cases} \quad をみたすとき，$$

関数 $y = f(t)$ を求めてみよう。

(a) は，**2** 階定数係数線形微分方程式より，この解は $y = e^{\lambda t}$ （λ：定数）の形をしているはずだね。

よって，$y' = \lambda e^{\lambda t}, \ y'' = \lambda^2 e^{\lambda t}$ となる。

$y = e^{\lambda t}$ と $y'' = \lambda^2 e^{\lambda t}$ を (a) に代入して，

$\lambda^2 e^{\lambda t} + \omega^2 e^{\lambda t} = 0 \qquad e^{\lambda t} > 0$ より，両辺を $e^{\lambda t}$ で割って，

$\lambda^2 + \omega^2 = 0 \qquad \therefore \lambda = \pm \omega i \ \ (i：虚数単位)$

これから (a) の一般解は，

$y = f(t) = C_1 \cos \omega t + C_2 \sin \omega t \quad \cdots\cdots (b)$

$\qquad (C_1, \ C_2：任意定数)$

(b) の両辺を t で微分して，

$y' = f'(t) = -C_1 \omega \sin \omega t + C_2 \omega \cos \omega t \quad \cdots (c)$

条件より， $:f(0) = C_1 \cos 0 + C_2 \sin 0 = C_1 = 2 \quad ((b)$ より $)$

$\qquad f'(0) = -C_1 \omega \sin 0 + C_2 \omega \cos 0 = C_2 \omega = 0 \quad ((c)$ より $)$

> $y = A_1 e^{i\omega t} + A_2 e^{-i\omega t}$
> $= A_1(\cos \omega t + i \sin \omega t)$
> $\quad + A_2(\cos \omega t - i \sin \omega t)$
> $= C_1 \cos \omega t + C_2 \sin \omega t$
> $\boxed{(A_1 + A_2)} \ \boxed{(A_1 - A_2)i}$
> と導ける。

以上より，$C_1 = 2, \ C_2 = 0$ となる。これを (b) に代入して，

関数 $y = f(t) = 2 \cos \omega t$ が (a) の解だったんだね。大丈夫だった？

単振動の微分方程式の解法について御存知ない方は，「**常微分方程式キャンパス・ゼミ**」，「**力学キャンパス・ゼミ**」，「**電磁気学キャンパス・ゼミ**」などで学習されることをお勧めします。

では次，例題 **2 -（ⅰ）** と同じ問題を，今度はラプラス変換を使って解いてみることにしよう。

例題 2 -(ii) 関数 $y = f(t)$ が, 微分方程式:

$$\begin{cases} y'' + \omega^2 y = 0 \quad \cdots\cdots (a) \quad (\omega : 正の定数) \\ 条件 : f(0) = 2, \ f'(0) = 0 \end{cases} \quad をみたすとき,$$

次のラプラス変換公式(i)〜(iii)を利用して, 関数 $y = f(t)$ を求めてみよう。

(i)$\mathcal{L}[\alpha f(t) + \beta g(t)] = \alpha F(s) + \beta G(s)$

(ii)$\mathcal{L}[f''(t)] = s^2 F(s) - \{sf(0) + f'(0)\}$

(iii)$\mathcal{L}^{-1}\left[\dfrac{s}{s^2 + \omega^2}\right] = \cos\omega t$

(ただし, $f(t)$ と $g(t)$ の像関数をそれぞれ $F(s)$, $G(s)$ とする。)

(a) の両辺をラプラス変換すると,

$\underline{\mathcal{L}[y'' + \omega^2 y]} = \underline{\mathcal{L}[0]} \quad \cdots\cdots ①$

$\boxed{\mathcal{L}[y''] + \omega^2 \mathcal{L}[y]}$ $\boxed{0 \ \left(\because \int_0^\infty 0 \cdot e^{-st} dt = 0\right)}$

$\boxed{(i) の線形性の公式より}$

ここで, $\mathcal{L}[0] = \displaystyle\int_0^\infty 0 \cdot e^{-st} dt = 0$

また (i) の線形性の公式より, ①は,

$\underline{\mathcal{L}[f''(t)]} + \omega^2 \underline{\mathcal{L}[f(t)]} = 0$

$\boxed{s^2 F(s) - \{sf(0) + f'(0)\}}\boxed{F(s)}$

$\boxed{(ii) の公式より}$

$\boxed{\begin{array}{l}f(t) \text{ の微分方程式 } (a) \text{ か} \\ \text{ら, その像関数 } F(s) \text{ の} \\ \text{1 次方程式になった!}\end{array}}$

$s^2 F(s) - \underset{\boxed{2}}{sf(0)} - \underset{\boxed{0}}{f'(0)} + \omega^2 F(s) = 0$

$(s^2 + \omega^2) F(s) = 2s$

$\therefore F(s) = \dfrac{2s}{s^2 + \omega^2} \quad \cdots\cdots (b)$ $\longleftarrow \boxed{F(s) \text{ を求めた。}}$

よって, (b) の両辺の逆変換をとって, $f(t)$ を求めると,

$f(t) = \mathcal{L}^{-1}[F(s)] = \mathcal{L}^{-1}\left[\dfrac{2s}{s^2 + \omega^2}\right] = 2\underline{\mathcal{L}^{-1}\left[\dfrac{s}{s^2 + \omega^2}\right]}$ $\boxed{線形性}$

$\boxed{\cos\omega t \ ((iii) より)}$

$\therefore$ (iii) より, 求める関数は, $y = f(t) = 2\cos\omega t$ となって, 答えだ!

14

● ヘヴィサイドがラプラス変換の発案者だ！

微分方程式の解法について，

(ⅰ) 例題 2 −(ⅰ) は，これを直接解析的に説く手法であり，これに対して，

(ⅱ) 例題 2 −(ⅱ) は，微分方程式をラプラス変換により，$F(s)$ の代数方程式 (1 次方程式) にもち込み，これから，像関数 $F(s)$ を求め，これをさらにラプラス逆変換して，関数 $f(t)$ を求めるという手法なんだね。

この 2 つの解法パターンを模式図的に，図 3(ⅰ) と (ⅱ) に示そう。

図 3　微分方程式の解法

(ⅰ) 解析的な手法　　　　　　(ⅱ) ラプラス変換による解法

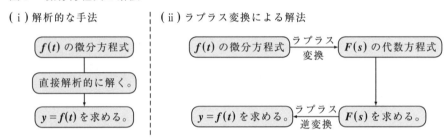

例題 2 −(ⅰ)，(ⅱ) のような簡単な問題では，この 2 つの解法の手間の差が明らかにはならないけれど，複雑で本格的な微分方程式になればなる程，(ⅰ) の解法，すなわち積分計算等を行って直接，解析的に微分方程式を解く作業は大変になってくるんだよ。これに対して，(ⅱ) のラプラス変換とラプラス逆変換を利用する解法では，その計算量を大幅に減らすことができる。事実，イギリスの電気学者ヘヴィサイド ($Heaviside$, 1850 − 1925) は，この $f(t)$ と $F(s)$ の換算表を用いて，様々な複雑な電気回路の過渡現象を表す微分方程式を簡単に解いてみせた。しかし，彼は家庭が貧しかったため，数学の高等教育を受けることができなかった。そのため，ヘヴィサイドが考案したこの演算子法による微分方程式の解法には，厳密な数学的裏付けが何もなかったんだ。

しかも，ヘヴィサイド自身，「数学とは，経験科学である。つまり，確固たる定義の上に理論が構築されるのではなく，後から適当に作り上げられるものである…」などと，広言してはばからなかったため，当時厳密さを追求していた多くのヨーロッパの数学者達の格好の批判の標的となって

しまったんだ。そのため，彼はずっと経済的に恵まれることもなく，最期は老人ホームで **75** 歳の生涯を閉じたという。

エッ，$F(s)$ と $f(t)$ の数学的な関係式として，ラプラス変換の定義式：

$$F(s) = \mathcal{L}[f(t)] = \int_0^\infty f(t)e^{-st}dt \quad \cdots\cdots(*)'$$

があるじゃないかって？そうだね。でも，実はこれはヘヴィサイドが考案したものではなく，後にカールソン（*Carson*）が，ヘヴィサイドの演算子法を数学的に証明するために提出した定義式なんだ。

だから，ヘヴィサイド自身は例題 **2**−（ⅱ）で示したように，$f(t) \longleftrightarrow F(s)$ の変換公式，つまり

$$\begin{cases} \sin at \longleftrightarrow \dfrac{a}{s^2+a^2}, \ \cos at \longleftrightarrow \dfrac{s}{s^2+a^2}, \quad \cdots\cdots \quad \text{などや}, \\[2mm] f'(t) \longleftrightarrow s^2F(s) - sf(0) - f'(0), \ \cdots\cdots \quad \text{などを利用して}, \end{cases}$$

微分方程式を解いていたことになるんだね。

つまり，数学的な裏付けのないヘヴィサイドの解法を "**ヘヴィサイドの演算子法**" と呼び，後にカールソンやブロムウィッチ（*Bromwich*）等によって数学的な証明がなされたものを "**ラプラス変換**" と呼ぶと覚えておいていいんだよ。

では，何故，カールソン変換やブロムウィッチ変換ではなく，その約 **100** 年も前のナポレオン時代の数学者ラプラス（*Laplace*，**1749**−**1827**）の名を冠して "**ラプラス変換**" と呼ぶのかって？ それは，ラプラスが著した古典的確率論の名著 "**確率の解析的理論**" の中で，公式：

$$F(s) = \int_0^\infty f(t)e^{-st}dt \quad \cdots\cdots(*) \text{ を利用しており，そして，}$$

この本が広く世界中の人々に愛読されていったため， "**ラプラス変換**" と呼ばれるようになったんだ。

　したがって，ラプラス変換を歴史的に見ると，
「天才ヘヴィサイドが画期的なアイデアを発案し，それを後の理論家が数学的に証明した。」ということになるんだね。
　このことは，"**フーリエ解析**"においても同様に当てはまる。天才フーリエが，様々な区分的に滑らかな周期関数を，周期の異なる無数の三角関数の無限級数の和(フーリエ級数)で表せるという画期的なアイデアを思い付き，後に理論家がこの"**フーリエの定理**"を証明しているからね。
　だから，数学による理論的な意味付けは，後から付いてくると広言したヘヴィサイドの言葉は"**けだし名言**"と言えるのかも知れない。ただ，彼の場合，その強烈な個性が災いしたのかも知れないね。
　以上で，ラプラス変換(およびラプラス逆変換)の定義および利用法と，その簡単な歴史についての講義は終了です。これで，ラプラス変換についても興味を持って頂けたと思う。

　では，この後，早速"**ラプラス変換**"の本格的な講義に入りたいところだけれど，「急がば回れ！」だ。ここではまず，"**誤差関数**"や"**ガンマ関数**"，それに"**ベータ関数**"について，詳しく解説しておこう。これらの関数は，"**特殊関数**"と呼ばれるもので，ラプラス変換だけでなく，様々な数学分野で顔を出す重要な関数だ。だから，ここで，その基本をシッカリ身に付けておくといいと思う。

§2. 誤差関数

　理工系の様々な分野で，"**誤差関数**"や"**ガンマ関数**"，それに"**ベータ関数**"が現れる。これらは，"**特殊関数**"と総称される関数で，ラプラス変換だけでなく，数学一般をマスターする上で，これらの知識は欠かせないんだね。

　ここではまず，この内の"**誤差関数**"について詳しく解説しよう。そしてこの誤差関数と関連させて，統計学で重要な"**標準正規分布**"についても教えるつもりだ。

　それでは，早速講義を始めよう。

● 誤差関数では，関数表を利用する！

　まず"**誤差関数**"($error\ function$) $erf(x)$ と"**余誤差関数**" $erfc(x)$ の定義を下に示そう。

誤差関数と余誤差関数の定義

（Ⅰ）誤差関数の $erf(x)$ は，次式で定義される。

$$erf(x) = \frac{2}{\sqrt{\pi}} \int_0^x e^{-u^2} du \quad \cdots\cdots (*a)$$

これに対して，

（Ⅱ）余誤差関数の $erfc(x)$ は，次式で定義される。

$$erfc(x) = \frac{2}{\sqrt{\pi}} \int_x^\infty e^{-u^2} du \quad \cdots\cdots (*a)'$$

　この誤差関数や余誤差関数は，ガウスが測定誤差を評価するために導き出したものなんだ。ン？$(*a)$ や $(*a)'$ の積分に何故係数 $\frac{2}{\sqrt{\pi}}$ がかかっているのか，気になるって？

　それは無限積分 $\displaystyle\int_0^\infty e^{-x^2} dx = \frac{\sqrt{\pi}}{2}$ $\cdots\cdots(*b)$ となるからなんだ。

この $(*b)$ については，次の例題で実際に求めてみよう。

例題3　2重積分 $\left(\int_0^\infty e^{-x^2}dx\right)\left(\int_0^\infty e^{-y^2}dy\right) = \int_0^\infty\int_0^\infty e^{-x^2-y^2}dxdy$ を計算して，

$$S = \int_0^\infty e^{-x^2}dx = \frac{\sqrt{\pi}}{2} \quad \cdots\cdots(*b) \text{ となることを調べてみよう。}$$

$S^2 = \left(\int_0^\infty e^{-x^2}dx\right)\left(\int_0^\infty e^{-y^2}dy\right) = \int_0^\infty\int_0^\infty e^{-(x^2+y^2)}dxdy \quad \cdots① \quad (S>0)$ とおく。

x, y を極座標に変換すると，

$x = r\cdot\cos\theta$, $y = r\cdot\sin\theta$

ここで，新たな $\underline{r\theta\,座標系}$ での領域は，

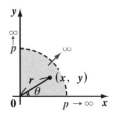

　$\boxed{\text{極座標系}}$

$0 \leqq \theta \leqq \dfrac{\pi}{2}$, $0 \leqq r \leqq p$　（p：正の定数）

となり，$p \to \infty$ とすることによって，

①の重積分を求めることができる。

この変数変換におけるヤコビアンを

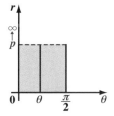

J とおくと，

$$J = \frac{\partial(x,\ y)}{\partial(r,\ \theta)} = \begin{vmatrix} \dfrac{\partial x}{\partial r} & \dfrac{\partial x}{\partial \theta} \\ \dfrac{\partial y}{\partial r} & \dfrac{\partial y}{\partial \theta} \end{vmatrix}$$

$$= \begin{vmatrix} \cos\theta & -r\sin\theta \\ \sin\theta & r\cos\theta \end{vmatrix} = r\cos^2\theta - (-r)\sin^2\theta = r\underbrace{(\cos^2\theta + \sin^2\theta)}_{\boxed{1}} = r \quad \text{だね。}$$

よって，①を極座標による重積分に変換すると，

$$S^2 = \int_0^\infty\int_0^\infty e^{-\overbrace{(x^2+y^2)}^{r^2}}dxdy = \int_0^{\frac{\pi}{2}}\int_0^\infty e^{-r^2}|\overbrace{J}^{r}|drd\theta$$

$$= \underline{\int_0^{\frac{\pi}{2}}d\theta}\ \underline{\int_0^\infty re^{-r^2}dr} = \frac{\pi}{2}\cdot\frac{1}{2} = \frac{\pi}{4} \quad \cdots\cdots② \quad \text{となる。}$$

$\boxed{[\theta]_0^{\frac{\pi}{2}} = \dfrac{\pi}{2}}$　$\boxed{\displaystyle\lim_{p\to\infty}\int_0^p re^{-r^2}dr = \lim_{p\to\infty}\left[-\frac{1}{2}e^{-r^2}\right]_0^p = \lim_{p\to\infty}\left(-\frac{1}{2}\underbrace{e^{-p^2}}_{0} + \frac{1}{2}\right)}$

ここで，

$$S^2 = \left(\int_0^\infty e^{-x^2}dx \right)\left(\underline{\int_0^\infty e^{-y^2}dy} \right)$$

積分変数は $x, y, t, u, \cdots$ など，なんでもかまわないからね。

$$= \left(\int_0^\infty e^{-x^2}dx \right)^2 \quad \text{となる。}$$

右上: $S^2 = \dfrac{\pi}{4} \quad \cdots ②$

よって，これと②から，

$$S^2 = \left(\int_0^\infty e^{-x^2}dx \right)^2 = \frac{\pi}{4} \qquad \text{ここで，} \quad S = \int_0^\infty e^{-x^2}dx > 0 \quad \text{より，}$$

（＋）

$$S = \int_0^\infty e^{-x^2}dx = \frac{\sqrt{\pi}}{2} \quad \cdots\cdots (*b)$$

が導ける。大丈夫だった？

　この S は，図(i)に示すように，$0 \leqq x < \infty$ において，曲線 $\underline{y = e^{-x^2}}$

左右対称なすり鉢型の曲線

と x 軸とで挟まれる図形の面積を表す。したがって，$(*b)$ の各辺に $\dfrac{2}{\sqrt{\pi}} (\fallingdotseq 1.13)$ をかけると，面積は 1 に正規化される。

　よって，図1に示すように，uy 座標平面上に関数 $y = \dfrac{2}{\sqrt{\pi}}e^{-u^2}$ を描き，これを $0 \leqq x < \infty$ の範囲で，u 軸と挟まれる図形の面積を S_0

図(i)

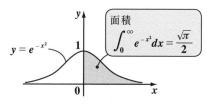

図1　誤差関数 $erf(x)$

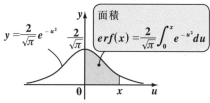

とおくと，当然 $S_0 = \dfrac{2}{\sqrt{\pi}} \displaystyle\int_0^\infty e^{-u^2}du = 1$　となるのはいいね。

積分変数を u とした。

ここで，積分区間を $0 \leqq u < \infty$ から，$0 \leqq u \leqq x$ に変更したものが，求める誤差関数 $erf(x)$:

$$erf(x) = \frac{2}{\sqrt{\pi}} \int_0^x e^{-u^2} du \quad \cdots\cdots(*a)$$ になるんだね。

したがって，当然，これは図1に示すように，$0 \leqq u \leqq x$ において，曲線 $y = \frac{2}{\sqrt{\pi}} e^{-u^2}$ と u 軸とで挟まれる図形の面積に等しい。だから，x の値を変化させると $erf(x)$ の値も変わり，

・$x = 0$ のとき，$erf(0) = 0$ 　　・$\lim_{x \to \infty} erf(x) = 1$ 　となる。

これ以外の x の値のときの $erf(x)$ の値については，下の表1の関数表を利用して求めればいい。この表から，理論的には，$x \to \infty$ のとき $erf(x) \to 1$ となるのだけれど，実際にはこの有効数字で見ると，$x = 3.6$ の時点で既に $erf(x) = 1$ となってしまうのが分かると思う。

表1 誤差関数 $erf(x)$ の関数表

x	$erf(x)$	x	$erf(x)$	x	$erf(x)$	x	$erf(x)$
0.00	0.000000	0.50	0.520500	1.00	0.842701	2.0	0.995322
0.05	0.056372	0.55	0.563323	1.1	0.880205	2.2	0.998137
0.10	0.112463	0.60	0.603856	1.2	0.910314	2.4	0.999311
0.15	0.167996	0.65	0.642029	1.3	0.934008	2.6	0.999764
0.20	0.222703	0.70	0.677801	1.4	0.952285	2.8	0.999925
0.25	0.276326	0.75	0.711156	1.5	0.966105	3.0	0.999978
0.30	0.328627	0.80	0.742101	1.6	0.976348	3.2	0.999994
0.35	0.379382	0.85	0.770668	1.7	0.983790	3.4	0.999998
0.40	0.428392	0.90	0.796908	1.8	0.989091	3.6	1.000000
0.45	0.475482	0.95	0.820891	1.9	0.992790	⋯	⋯⋯⋯⋯

誤差関数 $erf(x)$ に対して，"余誤差関数" $erfc(x)$ は，

$$erfc(x) = \frac{2}{\sqrt{\pi}} \int_x^\infty e^{-u^2} du \quad \cdots\cdots(*a)'$$

で定義されるので，これは図2に示すように，$x \leqq u < \infty$ の範囲で，曲線 $y = \frac{2}{\sqrt{\pi}} e^{-u^2}$ と u 軸とで挟まれる図形

図2 余誤差関数 $erfc(x)$

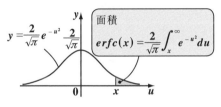

面積
$$erfc(x) = \frac{2}{\sqrt{\pi}} \int_x^\infty e^{-u^2} du$$

の面積になる。そして，当然：$erf(x)+erfc(x)=1$ も成り立つ。この $erfc(x)$ は，

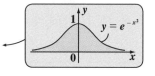

偏微分方程式の解法のところ **(P212)** でも出てくる重要な関数なんだ。

● 標準正規分布もマスターしよう！

　では次，誤差関数と関連して，統計学で頻出の "**標準正規分布**" についても解説しておこう。

$y=e^{-x^2}$ は偶関数で，y 軸に関して左右対称なグラフとなるので，**(∗b)** より，

$$\int_0^{\infty} e^{-x^2}dx = \frac{\sqrt{\pi}}{2} \quad \cdots(\ast b)$$

$$\int_{-\infty}^{\infty} e^{-x^2}dx = \sqrt{\pi} \quad \cdots\cdots(\ast b)^{\prime}$$

となる。

ここで，$x=\dfrac{z}{\sqrt{2}}$ により，変数 x を変数 z に置き換えると，

x：$-\infty \to \infty$ のとき　z：$-\infty \to \infty$

また，$dx=\dfrac{1}{\sqrt{2}}dz$　となる。よって，**(∗b)′** は

$$\int_{-\infty}^{\infty} e^{-\left(\frac{z}{2}\right)^2} \frac{1}{\sqrt{2}}dz = \sqrt{\pi}$$

$$\therefore \frac{1}{\sqrt{2\pi}}\int_{-\infty}^{\infty} e^{-\frac{z^2}{2}}dz = \underset{全確率}{1}$$

> 右辺を 1 に正規化するために，両辺を $\sqrt{\pi}$ で割った。

となる。

よって，標準正規分布 $N(0, 1)$ の確率密度 $f_s(z)$ は，

$$f_s(z) = \frac{1}{\sqrt{2\pi}}e^{-\frac{z^2}{2}} \quad \cdots\cdots①　になる。$$

これを，$-\infty < z < \infty$ の全範囲に渡って積分すると，全確率 1 になるようにもち込んだんだ。

　そして，この標準正規分布についても，

$$\alpha = \int_{\zeta}^{\infty} f_s(z)dz = \frac{1}{\sqrt{2\pi}} \int_{\zeta}^{\infty} e^{-\frac{z^2}{2}}dz$$

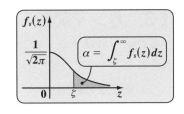

とおいて，次の表 2 に示すように，各 ζ の値に対応する α の値を関数表から

> これを，"**標準正規分布表**" と呼ぶ。

求めることができる。

表 2 標準正規分布表

ζ	α	ζ	α	ζ	α	ζ	α
0.0	0.5000	0.9	0.1841	1.8	0.0359	2.7	0.00347
0.1	0.4602	1.0	0.1587	1.9	0.0287	2.8	0.00256
0.2	0.4207	1.1	0.1357	2.0	0.0228	2.9	0.00187
0.3	0.3821	1.2	0.1151	2.1	0.0179	3.0	0.00135
0.4	0.3446	1.3	0.0968	2.2	0.0139	3.1	0.00097
0.5	0.3085	1.4	0.0808	2.3	0.0107	3.2	0.00069
0.6	0.2743	1.5	0.0668	2.4	0.00820	3.3	0.00048
0.7	0.2420	1.6	0.0548	2.5	0.00621	3.4	0.00034
0.8	0.2119	1.7	0.0446	2.6	0.00466	3.5	0.00023

　ちなみに，平均 u，分散 σ^2 の正規分布 $N(\mu, \sigma^2)$ の確率密度 $f_N(x)$ が

$f_N(x) = \dfrac{1}{\sqrt{2\pi}\,\sigma} e^{-\frac{(x-\mu)^2}{2\sigma^2}}$ であることは，既に御存知の方も多いと思う。

ここで，新たに，確率変数 z を $z = \dfrac{x-\mu}{\sigma}$ で定義すると，z は標準正規分布に従う変数となり，その確率密度は①の $f_s(z)$ になるんだね。

　よって，正規分布 $N(\underset{\underset{\mu}{\smile}}{1}, \underset{\underset{\sigma^2}{\smile}}{4})$ に従う確率変数 x が，$x \geqq 2$ となる確率

$P(x \geqq 2)$ は，新たに z を $z = \dfrac{x-\mu}{\sigma} = \dfrac{x-1}{2}$ と定義すると，

$x = 2z + 1 \geqq 2$　　よって，$z \geqq 0.5$　となるので，表 2 を利用して，

$P(x \geqq 2) = P(z \geqq \underset{\underset{\zeta}{\smile}}{0.5}) = \underset{\underset{\alpha}{\smile}}{0.3085}$　と求まるんだね。

> 正規分布 $N(\mu, \sigma^2)$ について御存知ない方は，「**確率統計キャンパス・ゼミ**」（マセマ）で学習されることをお勧めします。

§3. ガンマ関数

これから解説する"**ガンマ関数**"は，ラプラス変換においても重要な役割を演じる。ここでは，そのガンマ関数の基本公式だけでなく，これを使った"**二項定理の応用**"や"**スターリングの公式**"についても教えよう。

● まず，ガンマ関数の基本を押さえよう！

まず，"**ガンマ関数**"(*gamma function*) $\underline{\Gamma(\alpha)}$ の定義と，その基本性質を下に示す。

> ギリシャ文字の"ガンマ"

■ ガンマ関数の定義とその基本性質

(I) ガンマ関数 $\Gamma(\alpha)$ の定義

$$\Gamma(\alpha) = \int_0^\infty x^{\alpha-1} e^{-x} dx \quad \cdots\cdots(*c) \quad (\alpha > 0)$$

> x の関数 $x^{\alpha-1}e^{-x}$ を x で無限積分するので，その結果，x はなくなり，α のみの式となる。これをガンマ関数 $\Gamma(\alpha)$ とおく。

(II) ガンマ関数 $\Gamma(\alpha)$ の性質

(i) $\Gamma(1) = 1$ 　　(ii) $\Gamma\left(\dfrac{1}{2}\right) = \sqrt{\pi}$

(iii) $\Gamma(\alpha+1) = \alpha\Gamma(\alpha)$ 　$\cdots\cdots(*d)$ 　$(\alpha > 0)$

(iv) $\Gamma(n+1) = n!$ 　$\cdots\cdots\cdots\cdots(*e)$ 　$(n：自然数)$

では，これから (II) のガンマ関数の各性質を証明していくことにしよう。

(i) $\Gamma(1) = \displaystyle\int_0^\infty \underset{\substack{\| \\ x^{1-1}=1}}{x^0} e^{-x} dx = \lim_{p\to\infty}\int_0^p e^{-x} dx = \lim_{p\to\infty}\left[-e^{-x}\right]_0^p$

> 無限積分では，このように極限の形にもち込む。

$= \displaystyle\lim_{p\to\infty}\left(-\overset{0}{\overbrace{e^{-p}}}+1\right) = 1$ 　となる。

(ii) $\Gamma\left(\dfrac{1}{2}\right) = \displaystyle\int_0^\infty x^{\overset{\alpha}{\overbrace{\frac{1}{2}}}-1} e^{-x} dx = \int_0^\infty x^{-\frac{1}{2}} e^{-x} dx \quad \cdots\cdots①$

ここで，$x = t^2 \ (t > 0)$ とおくと，　← 置換積分にもち込んだ！

$x：0\to\infty$ 　のとき，$t：0\to\infty$ 　となり，

また，$dx = 2t\,dt$ 　となる。以上より①は，

$$\Gamma\left(\frac{1}{2}\right) = \int_0^\infty \underbrace{\boxed{x}}_{\boxed{(t^2)}}^{-\frac{1}{2}} e^{-\overbrace{\boxed{x}}^{\boxed{t^2}}} \underbrace{dx}_{\boxed{2t\,dt}}$$

$$\boxed{\int_0^\infty e^{-x^2}\,dx = \frac{\sqrt{\pi}}{2} \quad \cdots\cdots(*b)}$$

$$= \int_0^\infty \cancel{t}^{-1} \cdot e^{-t^2} \cdot 2t\,dt = 2\underbrace{\int_0^\infty e^{-t^2}\,dt}_{\boxed{\frac{\sqrt{\pi}}{2}}}$$

$(*b)$ の公式 (P18) を使った！

$$= 2 \cdot \frac{\sqrt{\pi}}{2} = \sqrt{\pi} \quad \text{となる。よって,} \quad \Gamma\left(\frac{1}{2}\right) = \sqrt{\pi} \quad \text{が導けた。}$$

(ⅲ) 次, ガンマ関数の最重要公式：$\Gamma(\alpha+1) = \alpha\Gamma(\alpha)$ $\cdots\cdots(*d)$ は, 部分積分法を使って導ける。$(*c)$ より,

$$\Gamma(\alpha+1) = \int_0^\infty x^{\alpha+1-1} \cdot e^{-x}\,dx = \int_0^\infty x^\alpha e^{-x}\,dx$$

部分積分法：
$$\int f \cdot g'\,dx = f \cdot g - \int f' \cdot g\,dx$$

$$= \int_0^\infty x^\alpha \cdot (-e^{-x})'\,dx$$

$$= -\cancel{\left[x^\alpha \cdot e^{-x}\right]_0^\infty} - \int_0^\infty \alpha x^{\alpha-1}(-e^{-x})\,dx$$

$$\boxed{\lim_{p \to \infty}\left[x^\alpha e^{-x}\right]_0^p = \lim_{p \to \infty}\frac{p^\alpha}{e^p} = 0}$$

この極限は, ロピタルの定理を複数回使えば求まる。

$$= \alpha\underbrace{\int_0^\infty x^{\alpha-1}e^{-x}\,dx}_{\boxed{\Gamma(\alpha)}} = \alpha\Gamma(\alpha) \quad \text{となって,}$$

公式 $(*d)$ も導けたんだね。納得いった？

(ⅳ) の公式：$\Gamma(n+1) = n!$ $\cdots\cdots(*e)$ $(n:$自然数$)$ は, (ⅲ) の公式 $\Gamma(\alpha+1) = \alpha\Gamma(\alpha)$ $\cdots\cdots(*d)$ から容易に導ける。

$\alpha = n($自然数$)$ を $(*d)$ に代入して, 次々に $(*d)$ を用いると,

$$\Gamma(n+1) = n\underbrace{\Gamma(n)}_{\boxed{(n-1)\Gamma(n-1)}} = n \cdot (n-1)\underbrace{\Gamma(n-1)}_{\boxed{(n-2)\Gamma(n-2)}} = n(n-1)(n-2)\Gamma(n-2)$$

$\boxed{(*d) より}$

以下同様にして,

$$\Gamma(n+1) = n(n-1)(n-2)\cdots\cdots 3 \cdot 2 \cdot 1 \cdot \underbrace{\Gamma(1)}_{\boxed{1 \ ((ⅰ) より)}} = n! \quad \text{となる。}$$

以上より, 公式 : $\Gamma(n+1) = n!$ ……$(*e)$ も導けたんだね。このように, ガンマ関数は, "**階乗計算**" と密接に関係している。

それでは, 次の例題で, ガンマ関数の計算をやってみよう。

例題4 次の各式の値を求めてみよう。

(1) $\Gamma(3) \cdot \Gamma(5)$ (2) $\dfrac{\Gamma(2) \cdot \Gamma(6)}{\Gamma(5)}$ (3) $\dfrac{\Gamma\left(\frac{9}{2}\right)}{\Gamma(4)}$

---

(1), (2) は, 公式 : $\Gamma(n+1) = n!$ ……$(*e)$ をそのまま使えばいいんだね。

(1) $\underset{\boxed{2!}}{\Gamma(3)} \cdot \underset{\boxed{4!}}{\Gamma(5)} = 2! \times 4! = \underset{\boxed{2}}{2 \cdot 1} \times \underset{\boxed{24}}{4 \cdot 3 \cdot 2 \cdot 1} = 48$ となる。

(2) $\dfrac{\Gamma(2) \cdot \Gamma(6)}{\Gamma(5)} = \dfrac{1! \cdot 5!}{4!} = \dfrac{5 \cdot 4 \cdot 3 \cdot 2 \cdot 1}{4 \cdot 3 \cdot 2 \cdot 1} = 5$ となるね。

(3) 分母の $\Gamma(4)$ が $\Gamma(4) = 3! = 3 \cdot 2 \cdot 1 = 6$ となるのは大丈夫だね。

分子の $\Gamma\left(\dfrac{9}{2}\right)$ については, 公式 : $\Gamma(\alpha+1) = \alpha \cdot \Gamma(\alpha)$ ……$(*d)$ を

繰り返し使って, $\Gamma\left(\dfrac{1}{2}\right) = \sqrt{\pi}$ となるまで計算すればいい。

$$\Gamma\left(\frac{9}{2}\right) = \frac{7}{2} \cdot \Gamma\left(\frac{7}{2}\right) = \frac{7}{2} \cdot \underset{\boxed{\frac{5}{2} \cdot \Gamma\left(\frac{5}{2}\right)}}{\frac{5}{2} \cdot \Gamma\left(\frac{5}{2}\right)} = \frac{7}{2} \cdot \frac{5}{2} \cdot \underset{\boxed{\frac{3}{2} \cdot \Gamma\left(\frac{3}{2}\right)}}{\Gamma\left(\frac{5}{2}\right)} = \frac{7}{2} \cdot \frac{5}{2} \cdot \frac{3}{2} \cdot \underset{\boxed{\frac{1}{2} \cdot \Gamma\left(\frac{1}{2}\right)}}{\Gamma\left(\frac{3}{2}\right)}$$

（$(*d)$ より）

$$= \frac{7}{2} \cdot \frac{5}{2} \cdot \frac{3}{2} \cdot \frac{1}{2} \cdot \underset{\boxed{\sqrt{\pi}\ ((\text{ii}) \text{より})}}{\Gamma\left(\frac{1}{2}\right)} = \frac{105\sqrt{\pi}}{16}$$

以上より, 求める式の値は,

$$\frac{\Gamma\left(\frac{9}{2}\right)}{\Gamma(4)} = \frac{\frac{105\sqrt{\pi}}{16}}{6} = \frac{\overset{35}{105}\sqrt{\pi}}{16 \times \underset{2}{6}} = \frac{35\sqrt{\pi}}{32}$$ となって, 答えだ！

次，ガンマ関数 $\Gamma(\alpha)$ $(\alpha > 0)$ の
グラフを図1に示す。$\Gamma\left(\dfrac{1}{2}\right) = \sqrt{\pi}$,
$\Gamma(1) = 1$, $\Gamma(2) = 1 \cdot \Gamma(1) = 1$ より，
このグラフが3点$\left(\dfrac{1}{2},\ \sqrt{\pi}\right)$, $(1,\ 1)$,
$(2,\ 1)$ を通ることは分かる。では，
その他の α の値に対して，$\Gamma(\alpha)$ の
値はどうなるのか？興味のあると
ころだね。しかし，ガンマ関数には，
公式：$\Gamma(\alpha + 1) = \alpha\Gamma(\alpha)$ ……($*d$)

図1　ガンマ関数 $\Gamma(\alpha)$ $(\alpha > 0)$

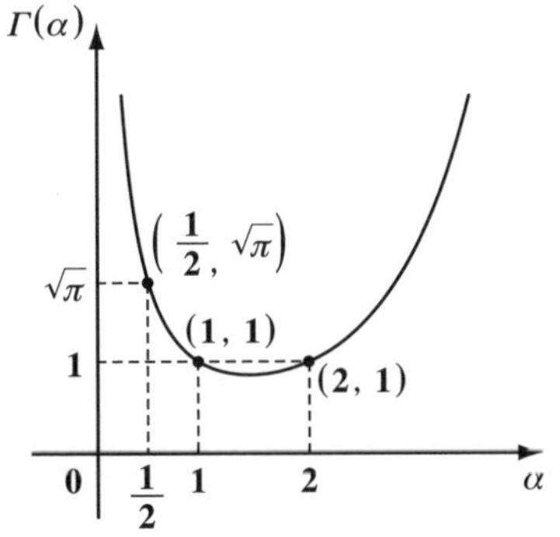

があるため，$1 \leqq \alpha \leqq 2$ の範囲の $\Gamma(\alpha)$ の値さえ分かっていれば，
（ⅰ）$1 < \alpha$ のとき，または（ⅱ）$0 < \alpha < 1$ のときの $\Gamma(\alpha)$ の値はすべて容易
に求めることができる。

　では，この $1 \leqq \alpha \leqq 2$ における $\Gamma(\alpha)$ の詳しい関数表を表3に示そう。

表3　ガンマ関数 $\Gamma(\alpha)$ の関数表

α	$\Gamma(\alpha)$	α	$\Gamma(\alpha)$	α	$\Gamma(\alpha)$	α	$\Gamma(\alpha)$	α	$\Gamma(\alpha)$
1.00	1.000000								
1.02	0.988844	1.22	0.913106	1.42	0.886356	1.62	0.895924	1.82	0.936845
1.04	0.978438	1.24	0.908521	1.44	0.885805	1.64	0.898642	1.84	0.942612
1.06	0.968744	1.26	0.904397	1.46	0.885604	1.66	0.901668	1.86	0.948687
1.08	0.959725	1.28	0.900718	1.48	0.885747	1.68	0.905001	1.88	0.955071
1.10	0.951351	1.30	0.897471	1.50	0.886227	1.70	0.908639	1.90	0.961766
1.12	0.943590	1.32	0.894640	1.52	0.887039	1.72	0.912581	1.92	0.968774
1.14	0.936416	1.34	0.892216	1.54	0.888178	1.74	0.916826	1.94	0.976099
1.16	0.929803	1.36	0.890185	1.56	0.889639	1.76	0.921375	1.96	0.983743
1.18	0.923728	1.38	0.888537	1.58	0.891420	1.78	0.926227	1.98	0.991708
1.20	0.918169	1.40	0.887264	1.60	0.893515	1.80	0.931384	2.00	1.000000

　この $\Gamma(\alpha)$ $(1 \leqq \alpha \leqq 2)$ の関数表（表3）を利用して，（ⅰ）$1 < \alpha$ のときと，
（ⅱ）$0 < \alpha < 1$ のときの $\Gamma(\alpha)$ の値を，次の例題で具体的に求めてみよう。

例題 5　次の各式の値を求めてみよう。
　　　(1) $\Gamma(4.1)$　　　　　　　(2) $\Gamma(0.72)$

(1) は，(i)$\alpha > 1$ の問題なので，公式：$\Gamma(\alpha+1) = \alpha\Gamma(\alpha)$ ……($\ast d$)　を
繰り返し用いて，ガンマ関数の独立変数が 1.1 になるようにもち込め
ば，表 3 が使えるんだね。よって，

$$\Gamma(4.1) = 3.1 \cdot \underbrace{\Gamma(3.1)} = 3.1 \times 2.1 \cdot \underbrace{\Gamma(2.1)} = 3.1 \times 2.1 \times 1.1 \cdot \underbrace{\Gamma(1.1)}$$
$$\underbrace{2.1 \cdot \Gamma(2.1)} \qquad \underbrace{1.1 \cdot \Gamma(1.1)} \leftarrow \boxed{(\ast d)\ より} \qquad \boxed{\begin{array}{c}0.951351\\(\,表 3 \,より\,)\end{array}}$$
$$= 3.1 \times 2.1 \times 1.1 \times 0.951351 \fallingdotseq 6.81262\ \ となる。$$

（1 と 2 の間の数）

(2) は，(ii)$0 < \alpha < 1$ の問題なので，公式 ($\ast d$) より，$\Gamma(\alpha) = \dfrac{\Gamma(\alpha+1)}{\alpha}$
を用いればいい。よって，

（0.912581(表 3 より)）

$$\Gamma(0.72) = \frac{\underbrace{\Gamma(1.72)}}{0.72} = \frac{0.912581}{0.72} \fallingdotseq 1.26747\ \ となるんだね。$$

どう？　公式 ($\ast d$) と表 3 の関数表の利用の仕方も，これで理解できただ
ろう。

　それでは次，極限 $\displaystyle\lim_{\alpha \to +0} \Gamma(\alpha)$ についても，($\ast d$) を使って調べてみると，

（$\Gamma(1) = 1$）

$$\lim_{\alpha \to +0} \Gamma(\alpha) = \lim_{\alpha \to +0} \frac{\overbrace{\Gamma(\alpha+1)}}{\underbrace{\alpha}} = \frac{1}{+0} = +\infty \quad ((\ast d)\ より)$$

（+0）

となるのも大丈夫だね。

　さて，これまで，ガンマ関数 $\Gamma(\alpha)$ は，$\alpha > 0$ の範囲でのみ定義できる
関数として扱ってきたけれど，($\ast d$) を変形した公式：

$$\Gamma(\alpha) = \frac{\Gamma(\alpha+1)}{\alpha}\ \ ……(\ast d)'\ \ を利用すると，実は，\alpha < 0\ のときにお$$

いても，ガンマ関数を定義できるんだ。早速具体例を示そう。

● 二項定理の応用にもチャレンジしよう！

$\Gamma(\alpha) = \dfrac{\Gamma(\alpha+1)}{\alpha}$ ……$(*d)'$ を利用すると，$\alpha < 0$ のときでも，次の

ようにガンマ関数 $\Gamma(\alpha)$ の値を求めることができる。

$\cdot \alpha = -\dfrac{1}{2}$ のとき，$\Gamma\left(-\dfrac{1}{2}\right) = \dfrac{\overbrace{\Gamma\left(\dfrac{1}{2}\right)}^{\sqrt{\pi}}}{-\dfrac{1}{2}} = \dfrac{\sqrt{\pi}}{-\dfrac{1}{2}} = -2\sqrt{\pi}$ $\boxed{\Gamma(\alpha) = \dfrac{\Gamma(\alpha+1)}{\alpha} \cdots (*d)' \text{ より}}$

$\cdot \alpha = -\dfrac{3}{2}$ のとき，$\Gamma\left(-\dfrac{3}{2}\right) = \dfrac{\overbrace{\Gamma\left(-\dfrac{1}{2}\right)}^{-2\sqrt{\pi}}}{-\dfrac{3}{2}} = -\dfrac{2}{3}\cdot(-2\sqrt{\pi}) = \dfrac{4}{3}\sqrt{\pi}$

$\cdot \alpha = -\dfrac{5}{2}$ のとき，$\Gamma\left(-\dfrac{5}{2}\right) = \dfrac{\overbrace{\Gamma\left(-\dfrac{3}{2}\right)}^{\frac{4}{3}\sqrt{\pi}}}{-\dfrac{5}{2}} = -\dfrac{2}{5}\cdot\dfrac{4}{3}\sqrt{\pi} = -\dfrac{8}{15}\sqrt{\pi}$

$\cdot \alpha = -\dfrac{7}{2}$ のとき，$\Gamma\left(-\dfrac{7}{2}\right) = \dfrac{\overbrace{\Gamma\left(-\dfrac{5}{2}\right)}^{-\frac{8}{15}\sqrt{\pi}}}{-\dfrac{7}{2}} = -\dfrac{2}{7}\cdot\left(-\dfrac{8}{15}\sqrt{\pi}\right) = \dfrac{16}{105}\sqrt{\pi}$

どう？ $\alpha < 0$ のときの $\Gamma(\alpha)$ の計算の要領も覚えた？

　このように，α の定義域を拡張する手法を "**解析接続**"($analytic$ $continuation$) というんだよ。でも，このように，定義域を $\alpha \leqq 0$ の範囲にまで拡張しても，α が **0** 以下の整数では，$+\infty$ や $-\infty$ に発散して定義できない。これも，いくつか例を示しておこう。

$\cdot \displaystyle\lim_{\alpha \to -0} \Gamma(\alpha) = \lim_{\alpha \to -0} \dfrac{\overbrace{\Gamma(\alpha+1)}^{\Gamma(1)=1}}{\underbrace{\alpha}_{-0}} = \dfrac{1}{-0} = -\infty$

$$\cdot \lim_{\alpha \to -1+0} \Gamma(\alpha) = \lim_{\alpha \to -1+0} \frac{\boxed{\Gamma(\alpha+1)}^{\;\boxed{\Gamma(+0)=+\infty}}}{\boxed{\alpha}_{\;\boxed{-1}}} = \frac{+\infty}{-1} = -\infty$$

$$\cdot \lim_{\alpha \to -1-0} \Gamma(\alpha) = \lim_{\alpha \to -1-0} \frac{\boxed{\Gamma(\alpha+1)}^{\;\boxed{\Gamma(-0)=-\infty}}}{\boxed{\alpha}_{\;\boxed{-1}}} = \frac{-\infty}{-1} = +\infty$$

··

以上のように，解析接続により，定義域を $\alpha < 0$ まで拡張したガンマ関数 $\Gamma(\alpha)$ のグラフの概形を図 **2** に示す。

ここでさらに，公式：

$\Gamma(n+1) = n!$ ……($*e$) （ n ：自然数 ）

を拡張して，n が<u>任意の実数 α</u> に対し

ただし，$\alpha \neq 0,\ -1,\ -2,\ -3,\ \cdots$ とする。

ても，

$\Gamma(\alpha+1) = \alpha!$ ……($*e$)´ と表現できる

ものとしよう。すると，**P29** の結果より，

図 **2**　定義域を拡張したガンマ関数 $\Gamma(\alpha)$

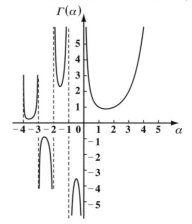

$$\Gamma\!\left(\frac{1}{2}\right) = \left(-\frac{1}{2}\right)! = \sqrt{\pi}, \quad \Gamma\!\left(-\frac{1}{2}\right) = \left(-\frac{3}{2}\right)! = -2\sqrt{\pi}, \quad \Gamma\!\left(-\frac{3}{2}\right) = \left(-\frac{5}{2}\right)! = \frac{4}{3}\sqrt{\pi},$$

$$\Gamma\!\left(-\frac{5}{2}\right) = \left(-\frac{7}{2}\right)! = -\frac{8}{15}\sqrt{\pi}, \quad \Gamma\!\left(-\frac{7}{2}\right) = \left(-\frac{9}{2}\right)! = \frac{16}{105}\sqrt{\pi}, \quad \cdots\cdots \quad \text{などと，}$$

表現することが可能となるんだね。

それでは，以上で準備が整ったので，従来の "**二項定理**"（ *binomial theorem* ）：

$$(1+x)^n = {}_nC_0 + {}_nC_1 x + {}_nC_2 x^2 + {}_nC_3 x^3 + \cdots\cdots {}_nC_n x^n \quad \cdots\cdots(*f)$$

（ n ：自然数 ）

を拡張してみよう。すなわち，以上の結果を使えば，n が任意の実数 α （ ただし，$\alpha \neq 0,\ -1,\ -2,\ -3,\ \cdots$ ）であったとしても，

$$(1+x)^\alpha = {}_\alpha C_0 + {}_\alpha C_1 x + {}_\alpha C_2 x^2 + {}_\alpha C_3 x^3 + \cdots\cdots \quad \cdots\cdots(*f)´$$

と表現することができるようになったんだ。

したがって，たとえば，$\alpha = -\dfrac{1}{2}$ とすると，新たな二項定理の公式 $(*f)'$ によって，

$$(1+x)^{-\frac{1}{2}} = {}_{-\frac{1}{2}}C_0 + {}_{-\frac{1}{2}}C_1 x + {}_{-\frac{1}{2}}C_2 x^2 + {}_{-\frac{1}{2}}C_3 x^3 + \cdots\cdots \quad \cdots\cdots \text{①}$$

と表せるんだね。エッ，ビックリしたって？　でも話をさらに進めよう。

ここで，実数 α に対して，2 つの公式

$$\alpha! = \Gamma(\alpha+1) \quad \cdots\cdots(*e)' \quad \text{と}, \quad {}_{\alpha}C_r = \frac{\alpha!}{r!(\alpha-r)!} \quad \text{を用いると},$$

組合わせの公式

$${}_{-\frac{1}{2}}C_0 = \frac{\left(-\frac{1}{2}\right)!}{\underset{1}{\boxed{0!}}\left(-\frac{1}{2}\right)!} = \frac{\Gamma\left(\frac{1}{2}\right)}{\Gamma\left(\frac{1}{2}\right)} = \frac{\sqrt{\pi}}{\sqrt{\pi}} = 1$$

$${}_{-\frac{1}{2}}C_1 = \frac{\left(-\frac{1}{2}\right)!}{\underset{1}{\boxed{1!}}\left(-\frac{3}{2}\right)!} = \frac{\Gamma\left(\frac{1}{2}\right)}{\Gamma\left(-\frac{1}{2}\right)} = \frac{\sqrt{\pi}}{-2\sqrt{\pi}} = -\frac{1}{2}$$

$${}_{-\frac{1}{2}}C_2 = \frac{\left(-\frac{1}{2}\right)!}{\underset{2}{\boxed{2!}}\left(-\frac{5}{2}\right)!} = \frac{\Gamma\left(\frac{1}{2}\right)}{2\Gamma\left(-\frac{3}{2}\right)} = \frac{\sqrt{\pi}}{2\cdot\frac{4}{3}\sqrt{\pi}} = \frac{1\cdot 3}{2\cdot 4}$$

$${}_{-\frac{1}{2}}C_3 = \frac{\left(-\frac{1}{2}\right)!}{\underset{6}{\boxed{3!}}\left(-\frac{7}{2}\right)!} = \frac{\Gamma\left(\frac{1}{2}\right)}{6\Gamma\left(-\frac{5}{2}\right)} = \frac{\sqrt{\pi}}{6\left(-\frac{8}{15}\sqrt{\pi}\right)} = -\frac{15}{6\cdot 8} = -\frac{1\cdot 3\cdot 5}{2\cdot 4\cdot 6}$$

$$\Gamma\left(\frac{1}{2}\right) = \sqrt{\pi}$$
$$\Gamma\left(-\frac{1}{2}\right) = -2\sqrt{\pi}$$
$$\Gamma\left(-\frac{3}{2}\right) = \frac{4}{3}\sqrt{\pi}$$
$$\Gamma\left(-\frac{5}{2}\right) = -\frac{8}{15}\sqrt{\pi}$$

となる。

以上を①に代入すると，$(1+x)^{-\frac{1}{2}}$ は次のようにキレイに二項展開できる。

$$(1+x)^{-\frac{1}{2}} = 1 - \frac{1}{2}x + \frac{1\cdot 3}{2\cdot 4}x^2 - \frac{1\cdot 3\cdot 5}{2\cdot 4\cdot 6}x^3 + \cdots\cdots$$

これは，誤差関数やベッセル関数 $J_0(x)$ のラプラス変換のところ (**P79**, **P82**) でまた登場するので覚えておいてくれ。

● スターリングの公式もガンマ関数から導ける！

自然数 $n \gg 1$ のとき，$n! = n(n-1)(n-2)\cdot\cdots\cdot 3\cdot 2\cdot 1$ の近似公式と

$\boxed{\text{自然数 } n \text{ が十分大きいこと}}$

して，次の"**スターリングの公式**"がある。

スターリングの公式

自然数 n が $n \gg 1$ のとき，

（Ⅰ）$n! \fallingdotseq n^n \cdot e^{-n}$ ……$(*g)$

$\boxed{\text{これは，} \log(n!) = n\log n - n \text{ と表せるス}\\ \text{ターリングの公式の簡易ヴァージョンだ。}}$

（Ⅱ）$n! \fallingdotseq \sqrt{2\pi n}\, n^n e^{-n}$ ……$(*h)$

$\boxed{\text{これが，本当のスターリングの公式だ。}}$

一般に，n が自然数であっても，$n \gg 1$ のとき，n を連続型の変数と考えて，$n!$ の微分などの操作を行う必要が出てくる。このとき，$n!$ を，$(*g)$ や $(*h)$ などの近似公式で表すと，n での微分が容易になるんだね。

（Ⅰ）$(*g)$ の両辺は正より，この両辺の自然対数をとって，

$$\log(n!) \fallingdotseq \log(n^n \cdot e^{-n}) = n\log n - n \quad \cdots\cdots(*g)' \quad \text{と変形できる。}$$

この $(*g)$，すなわち $(*g)'$ は，スターリングの公式の簡易な形式と覚えておいてくれ。でも，これでも，$n \gg 1$ ならば，まずまず良い近似が得られるので，"**統計学**"や"**熱力学**"では，この簡易ヴァージョンのスターリングの公式を利用して，理論を展開している。

それでは，この $(*g)'$ の証明をしておこう。まず，$\log(n!)$ を変形して，

$$\log(n!) = \log(1\cdot 2\cdot 3\cdot\cdots\cdots\cdot n)$$
$$= \log 1 + \log 2 + \log 3 + \cdots\cdots + \log n$$
$$= \underline{1}\cdot\log 1 + \underline{1}\cdot\log 2 + \cdots\cdots + \underline{1}\cdot\log n$$

となる。これは，各項に幅 1 をかけることにより，図3に示すように $n-1$ 個の長方形の面積の和を表しているんだね。

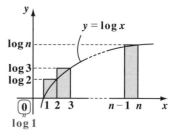

図3 $\log(n!) = n\log n - n$ の証明

したがって，$n \gg 1$ のとき，この長方形群の面積の総和は，$1 \le x \le n$ の範囲で，曲線 $y = \log x$ と x 軸とで挟まれる図形の面積と近似的に等しいと考えていい。よって，近似的に次式が成り立つ。

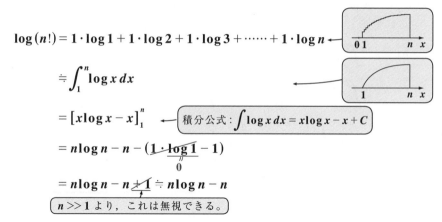

$$\log(n!) = 1 \cdot \log 1 + 1 \cdot \log 2 + 1 \cdot \log 3 + \cdots\cdots + 1 \cdot \log n$$

$$\fallingdotseq \int_1^n \log x\, dx$$

$$= \left[x\log x - x \right]_1^n \quad \boxed{\text{積分公式}: \int \log x\, dx = x\log x - x + C}$$

$$= n\log n - n - (\underbrace{1 \cdot \log 1}_{0} - 1)$$

$$= n\log n - n + 1 \fallingdotseq n\log n - n$$

$$\boxed{n \gg 1 \ \text{より, これは無視できる。}}$$

以上より, 近似公式: $\underline{\log(n!) \fallingdotseq n\log n - n}$ $\cdots\cdots(*g)'$ が導けたんだね。納得いった？ $\boxed{\text{スターリングの公式の簡易ヴァージョンだ。}}$

(Ⅱ) それでは次, 本格的な "**スターリングの公式**":

$$n! \fallingdotseq \sqrt{2\pi n}\, n^n e^{-n} \quad \cdots\cdots(*h) \quad \text{の証明に入ろう。}$$

これは, ガンマ関数の定義式: $n! = \Gamma(n+1) = \int_0^\infty x^n e^{-x} dx$ を利用する。それでは始めよう。

$$n! = \Gamma(n+1) = \int_0^\infty \underline{x^n} e^{-x} dx \qquad \boxed{\begin{array}{l} \text{公式}: \alpha = e^{\log \alpha} \\ \text{を用いた。} \end{array}}$$

$$\boxed{e^{\log x^n} = e^{n\log x}}$$

$$= \int_0^\infty e^{n\log x - x} dx \quad \cdots\cdots①$$

ここで, 指数関数の指数部を $f(x) = n\log x - x$ とおくと,

$$f'(x) = \frac{n}{x} - 1 = \frac{n-x}{x} \quad (x > 0) \quad \text{より,}$$

$f'(x) = 0$ のとき, $x = n$ となり, このとき $f(x)$ は最大値をとる。よって, x の代わりに新たな変数 t を, x の n のまわりの偏差として, $t = x - n$ とおくことにする。すると,

$x : 0 \to \infty$ のとき, $t : -n \to \infty$ また, $dx = dt$ より, ①は,

$$n! = \int_{-n}^\infty e^{n\log(t+n)-(t+n)} dt = \underbrace{e^{-n}}_{\boxed{\text{定数}}} \int_{-n}^\infty e^{n\log(t+n)-t} dt$$

となる。

さらに変形して，　$\boxed{n\log n\left(1+\dfrac{t}{n}\right)=n\left\{\log n+\log\left(1+\dfrac{t}{n}\right)\right\}}$

$n!=e^{-n}\displaystyle\int_{-n}^{\infty}e^{\boxed{n\log(n+t)}-t}\,dt$

$\qquad=e^{-n}\displaystyle\int_{-n}^{\infty}e^{n\log n+n\log\left(1+\frac{t}{n}\right)-t}\,dt$

$\qquad=e^{-n}\underline{e^{n\log n}}\displaystyle\int_{-n}^{\infty}e^{n\log\left(1+\frac{t}{n}\right)-t}\,dt$

$\boxed{e^{\log n^n}=n^n\ (定数)}\ \longleftarrow\ \boxed{公式：\alpha=e^{\log\alpha}}$

$\qquad=n^n e^{-n}\displaystyle\int_{-n}^{\infty}e^{n\log\left(1+\frac{t}{n}\right)-t}\,dt$

ここで，$\log(1+x)$ のマクローリン展開は，

$$\log(1+x)=x-\frac{1}{2}x^2+\frac{1}{3}x^3-\frac{1}{4}x^4+\cdots+\frac{(-1)^{n-1}}{n}x^n+\cdots\quad(-1<x\leqq 1)$$

よって，$n\gg 1$ より，　$\boxed{\dfrac{t}{n}-\dfrac{1}{2}\left(\dfrac{t}{n}\right)^2+\dfrac{1}{3}\left(\dfrac{t}{n}\right)^3-\dfrac{1}{4}\left(\dfrac{t}{n}\right)^4+\cdots\quad\left(-1<\dfrac{t}{n}\leqq 1\right)}$

$n!\fallingdotseq n^n e^{-n}\displaystyle\int_{-n}^{n}e^{n\boxed{\left(\log\left(1+\frac{t}{n}\right)\right)}-t}\,dt$

$\qquad=n^n e^{-n}\displaystyle\int_{-n}^{n}e^{n\left(\frac{t}{n}-\frac{t^2}{2n^2}+\frac{t^3}{3n^3}-\frac{t^4}{4n^4}+\cdots\right)-t}\,dt$

$\qquad=n^n e^{-n}\displaystyle\int_{-n}^{n}e^{-\frac{t^2}{2n}+\frac{t^3}{3n^2}-\frac{t^4}{4n^3}+\cdots}\,dt$　となる。

ここでさらに，$\dfrac{t}{\sqrt{n}}=u$　とおくと，$t:-n\to n$　のとき，$u:-\sqrt{n}\to\sqrt{n}$

また，$\dfrac{1}{\sqrt{n}}\,dt=du$　より，$dt=\sqrt{n}\,du$　となる。よって，

$n!\fallingdotseq n^n e^{-n}\displaystyle\int_{-\sqrt{n}}^{\sqrt{n}}e^{-\frac{u^2}{2}+\frac{u^3}{3\sqrt{n}}-\frac{u^4}{4n}+\cdots}\sqrt{n}\,du$

$\qquad=\underline{\sqrt{n}}\,n^n e^{-n}\displaystyle\int_{-\sqrt{n}}^{\sqrt{n}}e^{-\frac{u^2}{2}+\frac{u^3}{3\sqrt{n}}-\frac{u^4}{4n}+\cdots}\,du$　……②　となる。

$\boxed{定数}$

ここで，②の定積分について，$n \to \infty$ の極限をとると，

$$\lim_{n \to \infty} \int_{-\sqrt{n}}^{\sqrt{n}} e^{-\frac{u^2}{2} + \frac{u^3}{3\sqrt{n}} - \frac{u^4}{4n} + \cdots} du$$

> 積分と極限の操作の順序を
> 入れ替えられるものとした。

$$= \int_{-\infty}^{\infty} \left(\lim_{n \to \infty} e^{-\frac{u^2}{2} + \left(\frac{u^3}{3\sqrt{n}} - \frac{u^4}{4n} + \cdots \right)} \right) du$$

$$= \int_{-\infty}^{\infty} e^{-\frac{u^2}{2}} du = \sqrt{2\pi} \quad \cdots\cdots ③$$

> $\int_{-\infty}^{\infty} e^{-\frac{z^2}{2}} dz = \sqrt{2\pi}$ （P22）
> の公式を使った。

以上より，<u>$n \gg 1$</u> のとき，③より，

> $n \gg 1$ のとき，n は十分に大きいが，$+\infty$ のような極限的な無限大ではない。

$$\int_{-\sqrt{n}}^{\sqrt{n}} e^{-\frac{u^2}{2} + \frac{u^3}{3\sqrt{n}} - \frac{u^4}{4n} + \cdots} du \fallingdotseq \sqrt{2\pi} \quad \cdots\cdots ③'$$

よって，③′を②に代入すると，スターリングの公式：

$$n! = \sqrt{n}\, n^n e^{-n} \underline{\sqrt{2\pi}} = \sqrt{2\pi n}\, n^n e^{-n} \quad \cdots\cdots (*h) \quad も導けたんだね。$$

納得いった？

それでは，$n! \fallingdotseq n^n e^{-n} \quad \cdots\cdots (*g)$ と $n! \fallingdotseq \sqrt{2\pi n}\, n^n e^{-n} \quad \cdots\cdots (*h)$

について，具体的な近似の例を示しておこう。

$n = 50$ のとき，$n! = 50! \fallingdotseq \underline{3.0414 \times 10^{64}}$ となる。

> $n = 50$ でも，$n!$ はこのように非常に巨大な値になる。

これを，$(*g)$ で近似すると，

$$n^n e^{-n} = \left(\frac{n}{e} \right)^n = \left(\frac{50}{e} \right)^{50} \fallingdotseq 1.7131 \times 10^{63} \quad となって，1ケタ小さい数に$$

なる。

今度はこれを，$(*h)$ で近似すると，

$$\sqrt{2\pi n}\, n^n e^{-n} = \sqrt{2\pi n} \left(\frac{n}{e} \right)^n = \sqrt{100\pi} \left(\frac{50}{e} \right)^{50} \fallingdotseq 3.0363 \times 10^{64} \quad となって，$$

かなり良い近似になっていることが分かると思う。

§4. ベータ関数

ガンマ関数 $\Gamma(\alpha)$ と密接な関係を持つ特殊関数として, "**ベータ関数**" (*beta function*) $B(m, n)$ がある。これは, 直接ラプラス変換とは関係ないんだけれど, ガンマ関数をより深く理解する上で, マスターしておく必要があるんだね。

そして, このベータ関数の知識を使うことにより, 積分計算の幅を広げることができる。ここでは, その例をいくつか紹介しよう。

● ベータ関数の定義と性質を押さえよう!

それではまず, "ベータ関数" $B(m, n)$ の定義と, その性質を下に示す。

ベータ関数の定義とその基本性質

(I) ベータ関数 $B(m, n)$ の定義

$$B(m, n) = \int_0^1 x^{m-1}(1-x)^{n-1}dx \quad \cdots\cdots\cdots\cdots (*i) \quad (m > 0, n > 0)$$

$\boxed{\Gamma(\alpha) \text{ のパラメータは } \alpha \text{ のみだが, ベータ関数のパラメータは } m \text{ と } n \text{ の 2 つがある。}}$

(II) ベータ関数 $B(m, n)$ の性質

(i) $B(m, n) = B(n, m)$ $\cdots\cdots\cdots\cdots\cdots\cdots\cdots (*j)$ $(m > 0, n > 0)$

(ii) $B(m, n) = 2\int_0^{\frac{\pi}{2}} \sin^{2m-1}\theta \cos^{2n-1}\theta\, d\theta \cdots (*k)$ $(m > 0, n > 0)$

(iii) $B(m, n) = \dfrac{\Gamma(m)\Gamma(n)}{\Gamma(m+n)}$ $\cdots\cdots\cdots\cdots\cdots (*l)$ $(m > 0, n > 0)$

(I) のベータ関数 $B(m, n)$ は, その定義式 $(*i)$ の右辺の被積分関数 $x^{m-1}(1-x)^{n-1}$ を積分区間 $0 \leqq x \leqq 1$ で x により定積分するので, x はなくなり, 2 つのパラメータ (変数)m と n の関数となるんだね。そして, これは (II) の (iii) の性質から明らかに, ガンマ関数と密接に関係している。

それでは，(Ⅱ) のベータ関数の性質 (i)～(ⅲ) を順に証明していこう。

(i) $B(m, n) = \int_0^1 x^{m-1}(1-x)^{n-1}dx$ について，

$1-x = t$ とおくと，$x : 0 \to 1$ のとき，$t : 1 \to 0$

また，$-dx = dt$ より，$dx = -dt$ となる。

以上より，

$$B(m, n) = \int_0^1 \underbrace{x^{m-1}}_{}\underbrace{(1-x)^{n-1}}_{}dx = \int_1^0 (1-t)^{m-1}t^{n-1}(-1)\,dt$$
$$\boxed{(1-t)} \quad \boxed{t} \quad \boxed{(-1)\,dt}$$

$$= \int_0^1 t^{n-1}(1-t)^{m-1}dt = B(n, m) \quad となる。$$

$\boxed{積分変数は，x,\ t,\ y,\ u,\ \cdots など，なんでもかまわない。}$

よって，$B(m, n) = B(n, m)$ ……($*j$) は成り立つ。

(ⅱ) 次，$B(m, n) = 2\int_0^{\frac{\pi}{2}} \sin^{2m-1}\theta \cos^{2n-1}\theta\,d\theta$ ……($*k$) が成り立つこ

とも示してみよう。

$B(m, n) = \int_0^1 x^{m-1}(1-x)^{n-1}dx$ ……($*i$) について，

$x = \sin^2\theta$ とおくと，

$x : 0 \to 1$ のとき，$\theta : 0 \to \frac{\pi}{2}$

また，$dx = 2\sin\theta\cos\theta\,d\theta$ となる。よって，($*i$) は，

$$B(m, n) = \int_0^{\frac{\pi}{2}} \underbrace{(\sin^2\theta)^{m-1}}_{\sin^{2m-2}\theta}\underbrace{(1-\sin^2\theta)^{n-1}}_{(\cos^2\theta)^{n-1}=\cos^{2n-2}\theta} \cdot 2\sin\theta\cos\theta\,d\theta$$

$$= 2\int_0^{\frac{\pi}{2}} \sin^{2m-1}\theta\cos^{2n-1}\theta\,d\theta \quad となって，(*k) も成り立つこ$$

とが示せたんだね。

(iii) では次，$B(m, n) = \dfrac{\Gamma(m)\Gamma(n)}{\Gamma(m + n)}$ ……$(*l)$ が成り立つことも示そう。

まず，$\Gamma(m) = \displaystyle\int_0^\infty t^{m-1}e^{-t}\,dt$ ……① について， ← 積分変数を t で表した。

$t = x^2$ $(x \geqq 0)$ とおくと，

$t : 0 \to \infty$ のとき，$x : 0 \to \infty$

また，$dt = 2x\,dx$ となる。よって，①を x で置換積分すると，

$\Gamma(m) = \displaystyle\int_0^\infty (x^2)^{m-1} \cdot e^{-x^2} \cdot 2x\,dx = 2\int_0^\infty x^{2m-1}e^{-x^2}\,dx$ ……② となる。

同様に，$\Gamma(n) = 2\displaystyle\int_0^\infty y^{2n-1}e^{-y^2}\,dy$ ……③ とおけるのもいいね。

積分変数を y で表した。

これが，$\Gamma(m+n)B(m, n)$ となることを示せばいい。

②，③より，

$\Gamma(m) \cdot \Gamma(n) = 2\displaystyle\int_0^\infty x^{2m-1}e^{-x^2}\,dx \cdot 2\int_0^\infty y^{2n-1}e^{-y^2}\,dy$

$\quad = 4\displaystyle\int_0^\infty \int_0^\infty x^{2m-1}y^{2n-1}e^{-(x^2+y^2)}\,dx\,dy$ ……④ となる。

ここで，この④の2重積分を，$x = r\cos\theta$，$y = r\sin\theta$ とおいて，

極座標 (r, θ) での積分に置換してみよう。右図に示すように，xy 座標系での積分領域が $0 \leqq x \leqq \infty$，$0 \leqq y \leqq \infty$ より，新たな極座標系での積分領域は，$0 \leqq \theta \leqq \dfrac{\pi}{2}$，$0 \leqq r \leqq p$

$(p$：正の実数$)$ として，$p \to \infty$ の無限積分にもち込めばいいんだね。

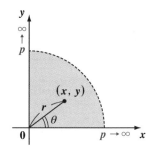

また，極座標系に変換するためのヤコビアン J は，P19 と同様に，

$J = \dfrac{\partial(x, y)}{\partial(r, \theta)} = \begin{vmatrix} \cos\theta & -r\sin\theta \\ \sin\theta & r\cos\theta \end{vmatrix}$

$\quad = r(\cos^2\theta + \sin^2\theta) = r \ (> 0)$ と

なる。

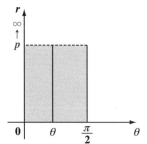

よって，④の極座標による定積分は次のようになる。

$$\Gamma(m)\Gamma(n) = 4\int_0^{\frac{\pi}{2}}\!\!\int_0^\infty \underset{\substack{\| \\ r\cos\theta}}{x^{2m-1}}\underset{\substack{\| \\ r\sin\theta}}{y^{2n-1}}\,e^{-\overset{\overset{r^2}{\|}}{(x^2+y^2)}}\underset{|J|\,dr\,d\theta = r\,dr\,d\theta}{dx\,dy}$$

$$= 4\int_0^{\frac{\pi}{2}}\!\!\int_0^\infty (r\cos\theta)^{2m-1}(r\sin\theta)^{2n-1}e^{-r^2}\cdot r\,dr\,d\theta$$

$$= 4\int_0^{\frac{\pi}{2}}\sin^{2n-1}\theta\cos^{2m-1}\theta\,d\theta \cdot \int_0^\infty r^{2m+2n-1}e^{-r^2}dr$$

$$= \underset{\substack{(\mathcal{P}) \\ \underset{B(n,\,m)\ ((*k)\ \text{より})}{\|}}}{\left(2\int_0^{\frac{\pi}{2}}\sin^{2n-1}\theta\cos^{2m-1}\theta\,d\theta\right)} \cdot \underset{(\mathcal{A})}{\left(2\int_0^\infty r^{2(m+n)-1}e^{-r^2}dr\right)} \quad \cdots\cdots⑤$$

ここで，

(ア) $\underline{2\displaystyle\int_0^{\frac{\pi}{2}}\sin^{2n-1}\theta\cos^{2m-1}\theta\,d\theta}$

$\qquad = B(n,\,m) = \underline{B(m,\,n)}$

$\qquad\qquad\qquad\quad \cdots\cdots⑥$

> 公式：
> (ⅱ) $B(m,\,n) = 2\displaystyle\int_0^{\frac{\pi}{2}}\sin^{2m-1}\theta\cos^{2n-1}\theta\,d\theta$
> $\qquad\qquad\qquad\qquad\qquad \cdots\cdots(*k)$
> (ⅰ) $B(m,\,n) = B(n,\,m)$ $\qquad\cdots\cdots\cdots(*j)$

(イ) $\underline{2\displaystyle\int_0^\infty r^{2(m+n)-1}e^{-r^2}dr}$ について，

$r^2 = t$ とおくと，$r : 0 \to \infty$ のとき，$t : 0 \to \infty$

また，$2r\,dr = dt$ より，これを t での積分に置換すると，

$$\underline{2\int_0^\infty \underset{\substack{\| \\ t^{m+n}}}{r^{2(m+n)}}\cdot \underset{\substack{\| \\ e^{-t}}}{r^{-1}\,e^{-r^2}}\underset{\substack{\| \\ \frac{1}{2r}\,dt}}{dr}}$$

> 公式：
> $\Gamma(\alpha) = \displaystyle\int_0^\infty x^{\alpha-1}e^{-x}dx \quad \cdots\cdots(*c)$

$$= \int_0^\infty t^{m+n}\cdot \frac{1}{t}\,e^{-t}dt$$

$$= \int_0^\infty t^{(m+n)-1}e^{-t}dt = \underline{\Gamma(m+n)} \quad \cdots\cdots⑦$$

以上⑥，⑦を⑤に代入して，

$$\Gamma(m)\Gamma(n) = \underset{(\mathcal{P})}{\underline{B(m,\,n)}} \cdot \underset{(\mathcal{A})}{\underline{\Gamma(m+n)}} \quad \cdots\cdots⑧ \quad \text{となる。}$$

⑧の両辺を $\Gamma(m+n)$ (>0) で割れば，公式：

$$B(m, n) = \frac{\Gamma(m)\Gamma(n)}{\Gamma(m+n)} \quad \cdots\cdots(*l) \quad \text{も導けたんだね。}$$

以上の公式を利用して，さまざまな積分が可能となる。次の例題で練習しよう。

例題 6 　次の各積分の値を求めよう。

$$(1) \int_0^1 x^3(1-x)^2\,dx \qquad (2) \int_0^1 x^2\sqrt{1-x}\,dx \qquad (3) \int_0^1 \frac{x}{\sqrt{1-x}}\,dx$$

ベータ関数の公式：$\int_0^1 x^{m-1}(1-x)^{n-1}dx = B(m, n) = \dfrac{\Gamma(m)\Gamma(n)}{\Gamma(m+n)}$ を使えばいい。

(1) $\displaystyle\int_0^1 x^{4-1}(1-x)^{3-1}dx = B(4, 3) = \frac{\Gamma(4)\cdot\Gamma(3)}{\Gamma(4+3)}$

$$= \frac{3!\cdot 2!}{6!} = \frac{3\cdot 2\cdot 1 \times 2\cdot 1}{6\cdot 5\cdot 4\cdot 3\cdot 2\cdot 1} = \frac{1}{60} \quad \text{となる。}$$

(2) $\displaystyle\int_0^1 x^2(1-x)^{\frac{1}{2}}dx = \int_0^1 x^{3-1}(1-x)^{\frac{3}{2}-1}dx = B\left(3, \frac{3}{2}\right)$

$$= \frac{\Gamma(3)\cdot\Gamma\left(\frac{3}{2}\right)}{\boxed{\Gamma\left(3+\frac{3}{2}\right)}} = \frac{2!\cdot\frac{1}{2}\cdot\Gamma\left(\frac{1}{2}\right)}{\frac{7}{2}\cdot\frac{5}{2}\cdot\frac{3}{2}\cdot\frac{1}{2}\cdot\Gamma\left(\frac{1}{2}\right)} = \frac{16}{105} \quad \text{となる。}$$

$$\boxed{\Gamma\left(\frac{9}{2}\right) = \frac{7}{2}\cdot\frac{5}{2}\cdot\frac{3}{2}\cdot\frac{1}{2}\cdot\Gamma\left(\frac{1}{2}\right)}$$

(3) $\displaystyle\int_0^1 x(1-x)^{-\frac{1}{2}}dx = \int_0^1 x^{2-1}(1-x)^{\frac{1}{2}-1}dx = B\left(2, \frac{1}{2}\right)$

$$= \frac{\Gamma(2)\cdot\Gamma\left(\frac{1}{2}\right)}{\boxed{\Gamma\left(2+\frac{1}{2}\right)}} = \frac{1!\cdot\Gamma\left(\frac{1}{2}\right)}{\frac{3}{2}\cdot\frac{1}{2}\cdot\Gamma\left(\frac{1}{2}\right)} = \frac{4}{3} \quad \text{となって，答えだ。}$$

$$\boxed{\Gamma\left(\frac{5}{2}\right) = \frac{3}{2}\cdot\frac{1}{2}\cdot\Gamma\left(\frac{1}{2}\right)}$$

例題7　次の各積分の値を求めよう。

$$(1) \int_0^{\frac{\pi}{2}} \sin^3\theta\cos^3\theta\, d\theta \quad (2)\int_0^{\frac{\pi}{2}} \sin^4\theta\cos^2\theta\, d\theta \quad (3)\int_{-\frac{\pi}{2}}^{\frac{\pi}{2}} \cos^5\theta\, d\theta$$

公式：$B(m, n) = 2\int_0^{\frac{\pi}{2}}\sin^{2m-1}\theta\cos^{2n-1}\theta\, d\theta \cdots (*k)$ と，$B(m, n) = \dfrac{\Gamma(m)\Gamma(n)}{\Gamma(m+n)} \cdots (*l)$

より，新たな公式：$\int_0^{\frac{\pi}{2}}\sin^{2m-1}\theta\cos^{2n-1}\theta\, d\theta = \dfrac{B(m, n)}{2} = \dfrac{\Gamma(m)\Gamma(n)}{2\Gamma(m+n)} \cdots (*k)'$

が導ける。この $(*k)'$ を利用すればいい。

(1) $\int_0^{\frac{\pi}{2}} \sin^{③}\theta\cos^{③}\theta\, d\theta = \dfrac{B(2, 2)}{2} = \dfrac{\Gamma(2)\cdot\Gamma(2)}{2\Gamma(4)} = \dfrac{1!\cdot 1!}{2\cdot ③!} = \dfrac{1}{12}$ となる。

$\boxed{2m-1}$ $\boxed{2n-1}$

$2m-1 = 3, 2n-1 = 3$ より，$m = 2, n = 2$ だね。

$3\cdot 2\cdot 1 = 6$

(2) $\int_0^{\frac{\pi}{2}} \sin^{④}\theta\cos^{②}\theta\, d\theta = \dfrac{B\left(\frac{5}{2}, \frac{3}{2}\right)}{2} = \dfrac{\Gamma\left(\frac{5}{2}\right)\cdot\Gamma\left(\frac{3}{2}\right)}{2\Gamma(4)} = \dfrac{\frac{3}{2}\cdot\frac{1}{2}\cdot\boxed{\Gamma\left(\frac{1}{2}\right)}\cdot\frac{1}{2}\cdot\boxed{\Gamma\left(\frac{1}{2}\right)}}{2\cdot\underset{6}{③!}}$

$\boxed{2m-1}$ $\boxed{2n-1}$　　　　　　　　　　　　　$\sqrt{\pi}$　　　　　$\sqrt{\pi}$

$2m-1 = 4, \ 2n-1 = 2$ より，$m = \dfrac{5}{2}, \ n = \dfrac{3}{2}$ だね。

$= \dfrac{3\pi}{2^4\cdot 6} = \dfrac{\pi}{32}$ となる。

(3) $\int_{-\frac{\pi}{2}}^{\frac{\pi}{2}} \cos^5\theta\, d\theta = 2\int_0^{\frac{\pi}{2}}\cos^5\theta\, d\theta = 2\int_0^{\frac{\pi}{2}}\sin^{⓪}\theta\cos^{⑤}\theta\, d\theta$

偶関数　　　　　　　　　　　　　　　$\boxed{2m-1}$ $\boxed{2n-1}$

$= \not{2}\cdot\dfrac{B\left(\frac{1}{2}, 3\right)}{\not{2}} = \dfrac{\Gamma\left(\frac{1}{2}\right)\cdot\Gamma(3)}{\Gamma\left(\frac{7}{2}\right)} = \dfrac{\not{\Gamma\left(\frac{1}{2}\right)}\cdot 2!}{\frac{5}{2}\cdot\frac{3}{2}\cdot\frac{1}{2}\cdot\not{\Gamma\left(\frac{1}{2}\right)}}$

$\sqrt{\pi}$　　　　　　　　　　　　　　　　　　　$\sqrt{\pi}$

$= \dfrac{2^4}{15} = \dfrac{16}{15}$ となって，答えだ。

以上で，プロローグの講義は終了したので，次回から本格的な "**ラプラス変換**" の講義に入ることにしよう。

1. 誤差関数と余誤差関数の定義

（Ⅰ）誤差関数 $erf(x) = \dfrac{2}{\sqrt{\pi}} \displaystyle\int_0^x e^{-u^2} du$

（Ⅱ）余誤差関数 $erfc(x) = \dfrac{2}{\sqrt{\pi}} \displaystyle\int_x^\infty e^{-u^2} du$

2. ガンマ関数の定義とその基本性質

（Ⅰ）ガンマ関数 $\Gamma(\alpha) = \displaystyle\int_0^\infty x^{\alpha-1} e^{-x} dx \quad (\alpha > 0)$

（Ⅱ）ガンマ関数 $\Gamma(\alpha)$ の性質　$(\alpha > 0,\ n : 自然数)$

（ⅰ）$\Gamma(1) = 1$　　（ⅱ）$\Gamma\left(\dfrac{1}{2}\right) = \sqrt{\pi}$　　（ⅲ）$\Gamma(\alpha+1) = \alpha\Gamma(\alpha)$

（ⅳ）$\Gamma(n+1) = n!$

3. スターリングの公式

自然数 n が $n \gg 1$ のとき，

（Ⅰ）$\underline{n! \fallingdotseq n^n \cdot e^{-n}}$

$\boxed{\log(n!) \fallingdotseq n\log n - n \text{ と表せるスターリングの公式の簡易ヴァージョン}}$

（Ⅱ）$\underline{n! \fallingdotseq \sqrt{2\pi n}\, n^n e^{-n}}$

$\boxed{本当のスターリングの公式}$

4. ベータ関数の定義とその基本性質

（Ⅰ）ベータ関数 $B(m, n) = \displaystyle\int_0^1 x^{m-1}(1-x)^{n-1} dx \quad (m > 0, n > 0)$

（Ⅱ）ベータ関数 $B(m, n)$ の性質　$(m > 0, n > 0, 0 < \alpha < 1)$

（ⅰ）$B(m, n) = B(n, m)$

（ⅱ）$B(m, n) = 2\displaystyle\int_0^{\frac{\pi}{2}} \sin^{2m-1}\theta \cdot \cos^{2n-1}\theta\, d\theta$

（ⅲ）$B(m, n) = \dfrac{\Gamma(m)\Gamma(n)}{\Gamma(m+n)}$

ラプラス変換

▶ **ラプラス変換の基本**

$$\left(\mathcal{L}[t^{\alpha}] = \frac{\Gamma(\alpha + 1)}{s^{\alpha + 1}} \text{ など} \right)$$

▶ **ラプラス変換の応用**

$$\left(\mathcal{L}[f(t - a)u(t - a)] = e^{-as}F(s) \text{ など} \right)$$

▶ **ラプラス変換の性質**

$$\left(\begin{array}{l} \mathcal{L}[f(t) * g(t)] = F(s)G(s) \\ \left(\text{ただし,} \ f(t) * g(t) = \int_0^t f(u)\,g(t - u)\,du \right) \end{array} \right)$$

§1. ラプラス変換の基本

さァ，これから，本格的な "**ラプラス変換**" の講義に入ろう。ラプラス変換は，プロローグのところで解説したように，微分方程式の解法の有力な手段なんだね。そのためには，典型的な原関数 $f(t)$ とそれに対応する像関数 $F(s)$ の辞書を作成する必要がある。

したがって，ここではまず，t^n，e^{at}，$\cos at$，$\sinh at$，…などの基本的な原関数に対応するラプラス変換 (像関数) を求めることにしよう。また，像関数 $F(s)$ が存在するための原関数 $f(t)$ の十分条件についても教えるつもりだ。

● まず，1，t，t^n の像関数を求めよう！

原関数 $f(t)$ をラプラス変換したものを像関数 $F(s)$ というんだね。このラプラス変換 $F(s)$ の定義をもう 1 度ここで下に示しておこう。

> **■ ラプラス変換の定義**
>
> $[0, \infty)$ で定義される t の原関数 $f(t)$ に，次のような s の像関数 $F(s)$ を対応させる演算子を $\mathcal{L}$ とおき，これを "**ラプラス変換**" と定義する。
>
> $$F(s) = \mathcal{L}[f(t)] = \int_0^\infty f(t)e^{-st}dt \quad \cdots\cdots(*n) \quad (s：実数)$$

s は，一般には複素数 $s = a + bi$ $(a, b：実数, i^2 = -1)$ としてもいいが，ここでは，実数として解説していくことにする。

また，原関数 $f(t)$ とその像関数 $F(s)$ の対応関係を，

$f(t) \longleftrightarrow F(s)$ と表すことにすると，

> "$\longleftrightarrow$" を使うと，必要・十分条件と混同するかも知れないので，この対応関係には，これから "$\longleftrightarrow$" を用いることにする。

(1) $f(t) = 1$ $(t \geqq 0) \longleftrightarrow F(s) = \dfrac{1}{s}$ $(s > 0)$ $\cdots\cdots(*o)$

(2) $f(t) = t$ $(t \geqq 0) \longleftrightarrow F(s) = \dfrac{1}{s^2}$ $(s > 0)$ $\cdots\cdots(*p)$

が成り立つ。これをまず，証明してみよう。

(1)$f(t) = 1$ $(t \geqq 0)$ のとき，$F(s)$ はラプラス変換の定義 $(*n)$ より，

$$F(s) = \mathcal{L}[f(t)] = \mathcal{L}[1] = \underline{\int_0^\infty 1 \cdot e^{-st}dt} = \underline{\lim_{p \to \infty} \int_0^p e^{-st}dt}$$

> 無限積分は，極限の形で求める！

$$= \lim_{p \to \infty} -\frac{1}{s}[e^{-st}]_0^p = \lim_{p \to \infty} -\frac{1}{s}(e^{-sp} - e^{0}) = \frac{1}{s}$$ となる。

> $\dfrac{1}{e^{sp}}$ → $\dfrac{1}{\infty} = 0$ $(\because s > 0)$

> 実は，このために $s > 0$ の条件 (s の定義域) が必要だったんだね。もし，$s \leqq 0$ ならば，無限積分 $\int_0^\infty e^{-st}dt$ は発散して，$F(s)$ は存在しないことになる。

(2)$f(t) = t$ $(t \geqq 0)$ のとき，ラプラス変換 $F(s)$ は，$(*n)$ より，

$$F(s) = \mathcal{L}[t] = \int_0^\infty t \cdot e^{-st}dt$$

> 部分積分の公式
> $$\int f \cdot g' dt$$
> $$= f \cdot g - \int f' \cdot g dt$$

$$= \lim_{p \to \infty} \int_0^p t \cdot \left(-\frac{1}{s}e^{-st}\right)' dt$$

$$= \lim_{p \to \infty}\left\{-\frac{1}{s}[te^{-st}]_0^p + \frac{1}{s}\int_0^p 1 \cdot e^{-st}dt\right\}$$

$$= \lim_{p \to \infty}\left\{-\frac{1}{s}\left(\frac{p}{e^{sp}} - 0\right) - \frac{1}{s^2}[e^{-st}]_0^p\right\}$$

> 分子・分母を p で微分
> $$\lim_{p \to \infty} \frac{p}{e^{sp}} = \lim_{p \to \infty} \frac{1}{s e^{sp}} = 0$$
> (ロピタルの定理)

$$= \lim_{p \to \infty}\left\{-\frac{1}{s^2}(e^{-sp} - 1)\right\} = \frac{1}{s^2}$$ となる。

以上より，$\mathcal{L}[1] = \dfrac{1}{s}$ $\cdots\cdots(*o)$ と $\mathcal{L}[t] = \dfrac{1}{s^2}$ $\cdots\cdots(*p)$ が成り立つこと

が分かった。しかし，これらはさらに一般的に，$n = 0, 1, 2, \cdots$ に対して，

(3)$f(t) = t^n$ $(t \geqq 0) \longleftrightarrow F(s) = \dfrac{n!}{s^{n+1}}$ $(s > 0)$ $\cdots\cdots(*q)$

と表すことができる。この $(*q)$ は，次の例題で証明してみよう。

例題 11　$n = 0$, 1, 2, …のとき，

$$\mathcal{L}[t^n] = \frac{n!}{s^{n+1}} \quad \cdots\cdots(*q) \quad (s > 0) \text{ が成り立つことを，}$$

数学的帰納法により証明してみよう。

(i) $n = 0$ のとき，

$(*o)$ より，

$$\mathcal{L}[t^0] = \mathcal{L}[1] = \frac{1}{s} = \frac{0!}{s^{0+1}}$$

$$\boxed{\begin{array}{l} \mathcal{L}[f(t)] = \displaystyle\int_0^\infty f(t)e^{-st}dt \quad \cdots\cdots(*n) \\[2mm] \mathcal{L}[1] = \dfrac{1}{s} \quad (s > 0) \qquad\qquad \cdots\cdots(*o) \end{array}}$$

となって，成り立つ。

(ii) $n = k$ $(k = 0,\ 1,\ 2,\ \cdots)$ のとき，

$$\mathcal{L}[t^k] = \frac{k!}{s^{k+1}} \quad \cdots\cdots① \quad \text{が成り立つものとして，}$$

$n = k + 1$ のときについて調べる。ラプラス変換の定義式 $(*n)$ より，

$$\mathcal{L}[t^{k+1}] = \int_0^\infty t^{k+1}e^{-st}dt$$

$$= \lim_{p\to\infty}\int_0^p t^{k+1}\left(-\frac{1}{s}e^{-st}\right)' dt$$

$$\boxed{\begin{array}{l} \text{部分積分の公式} \\[1mm] \displaystyle\int f\cdot g'\,dt = f\cdot g - \int f'\cdot g\,dt \end{array}}$$

$$= \lim_{p\to\infty}\left\{-\frac{1}{s}\left[t^{k+1}e^{-st}\right]_0^p + \frac{1}{s}\int_0^p (k+1)t^k e^{-st}dt\right\}$$

$$= \lim_{p\to\infty}\left\{-\frac{1}{s}\left(\cancel{\frac{p^{k+1}}{e^{sp}}} - 0\right) + \frac{k+1}{s}\int_0^p t^k e^{-st}dt\right\}$$

$\boxed{0}$

$$\boxed{\begin{array}{l} \quad\quad\quad \boxed{p\text{で 1回微分}} \qquad\qquad \boxed{p\text{で }k+1\text{回微分}} \\[2mm] \displaystyle\lim_{p\to\infty}\frac{p^{k+1}}{e^{sp}} = \lim_{p\to\infty}\frac{(k+1)p^k}{s\,e^{sp}} = \cdots = \lim_{p\to\infty}\frac{(k+1)!}{s^{k+1}\,e^{sp}} \\[4mm] \qquad\qquad\qquad\qquad\qquad\qquad\qquad \boxed{\text{定数}} \quad \boxed{\infty} \\[2mm] = 0 \quad \text{となる。} \quad (\because s > 0) \\[2mm] (\text{ロピタルの定理を }k+1\text{ 回用いた。}) \end{array}}$$

46

よって,

$$\mathcal{L}[t^{k+1}] = \frac{k+1}{s} \underbrace{\int_0^\infty t^k e^{-st} dt}_{(*n) \text{より} \underline{\mathcal{L}[t^k]}} = \frac{k+1}{s} \cdot \underbrace{\underline{\mathcal{L}[t^k]}}_{\frac{k!}{s^{k+1}} \text{ (①の仮定より)}}$$

$$= \frac{(k+1) \cdot k!}{s^{k+2}} = \frac{(k+1)!}{s^{k+1+1}} \quad \text{となる。}$$

$\therefore n = k+1$ のときも,成り立つ。

以上 (i)(ii) より,数学的帰納法により,$n = 0, 1, 2, \cdots$ のとき,

$$\mathcal{L}[t^n] = \frac{n!}{s^{n+1}} \quad \cdots\cdots(*q) \quad (s > 0) \text{ が成り立つことが示せた!}$$

大丈夫だった? ン? ガンマ関数
を使えば,$n! = \Gamma(n+1) \quad \cdots\cdots(*e)$
だから $(*q)$ は,

> **ガンマ関数**
> $\Gamma(\beta) = \int_0^\infty t^{\beta-1} e^{-t} dt \quad (\beta > 0) \quad \cdots\cdots(*c)$
> $\Gamma(n+1) = n! \quad \cdots\cdots\cdots\cdots\cdots\cdots\cdots(*e)$

$$\mathcal{L}[t^n] = \frac{\Gamma(n+1)}{s^{n+1}} \quad \cdots\cdots(*q)' \quad (s > 0)$$

と表せるだろうって? その通りだね。

実は,$\mathcal{L}[t^n]$ は,ガンマ関数の定義式 $(*c)$ を利用すれば,例題 **11** の
ように数学的帰納法を用いなくても,次のようにアッサリ求められる。

$$\mathcal{L}[t^n] = \int_0^\infty t^n e^{-st} dt \quad \cdots\cdots② \quad (s > 0) \text{ について,}$$

$st = u$ とおくと,$\quad t : 0 \to \infty$ のとき,$\quad u : 0 \to \infty \quad (\because s > 0)$

また,$sdt = du$ より,$\quad dt = \frac{1}{s} du$

よって,②は,

$$\mathcal{L}[t^n] = \int_0^\infty \left(\frac{u}{s}\right)^n \cdot e^{-u} \frac{1}{s} du = \underbrace{\frac{1}{s^{n+1}}}_{\text{定数}} \underbrace{\int_0^\infty u^{n+1-1} e^{-u} du}_{\Gamma(n+1) \quad ((*c)(\text{p24}) \text{より})}$$

$$= \frac{\Gamma(n+1)}{s^{n+1}} \quad \cdots\cdots(*q)' \quad \text{と,アッサリ結果が導けるんだね。}$$

$$\mathcal{L}[t^n] = \frac{\Gamma(n+1)}{s^{n+1}} \quad \cdots\cdots(*q)' \quad (s > 0) \text{ より,}$$

> ガンマ関数
> $$\Gamma(\beta) = \int_0^\infty t^{\beta-1}e^{-t}dt \quad \cdots(*c)$$
> $$(\beta > 0)$$

・ $\mathcal{L}[1] = \mathcal{L}[t^0] = \dfrac{\Gamma(1)}{s^1} = \dfrac{1}{s}$

・ $\mathcal{L}[t] = \mathcal{L}[t^1] = \dfrac{\Gamma(2)}{s^2} = \dfrac{1}{s^2}$

・ $\mathcal{L}[t^2] = \dfrac{\Gamma(3)}{s^3} = \dfrac{2\,!}{s^3} = \dfrac{2 \cdot 1}{s^3} = \dfrac{2}{s^3}$

・ $\mathcal{L}[t^3] = \dfrac{\Gamma(4)}{s^4} = \dfrac{3\,!}{s^4} = \dfrac{3 \cdot 2 \cdot 1}{s^4} = \dfrac{6}{s^4}$, ……などとなるんだね。

ここで，ガンマ関数の定義式 $(*c)$ を利用すれば，**0** 以上の整数 **n** の代わりに，$\alpha > -1$ をみたす任意の実数 α に対しても，

$$\mathcal{L}[t^\alpha] = \frac{\Gamma(\alpha+1)}{s^{\alpha+1}} \quad \cdots\cdots(*r) \quad \text{が成り立つことを次のように示せる。}$$

$$\mathcal{L}[t^\alpha] = \int_0^\infty t^\alpha e^{-st}dt \quad \cdots\cdots③ \quad (\alpha > -1, \ s > 0) \text{ について,}$$

$st = u$ とおくと $t : 0 \to \infty$ のとき $u : 0 \to \infty$ $(\because s > 0)$

また，$sdt = du$ より，$dt = \dfrac{1}{s}du$

よって，③は，

$$\mathcal{L}[t^\alpha] = \int_0^\infty \left(\frac{u}{s}\right)^\alpha \cdot e^{-u}\frac{1}{s}du = \frac{1}{s^{\alpha+1}}\int_0^\infty u^{\overbrace{(\alpha+1)}^{\beta(>0) \ (\because \alpha>-1)}-1}e^{-u}du$$

$$\underbrace{\phantom{\frac{1}{s^{\alpha+1}}\int_0^\infty u^{(\alpha+1)-1}e^{-u}du}}_{\Gamma(\alpha+1) \ ((*c) \text{ より })}$$

$$= \frac{\Gamma(\alpha+1)}{s^{\alpha+1}} \quad \cdots\cdots(*r) \quad \text{となるんだね。}$$

よって，たとえば，

> 公式：$\Gamma\left(\dfrac{1}{2}\right) = \sqrt{\pi}$
> を使った！

$$\mathcal{L}[t^{\overset{\alpha}{\frac{1}{2}}}] = \frac{\Gamma\left(\dfrac{1}{2}\right)}{s^{\frac{1}{2}}} = \frac{\sqrt{\pi}}{\sqrt{s}} = \sqrt{\frac{\pi}{s}} \quad \text{となるのも大丈夫だね。}$$

以上の結果をラプラス変換表として，表1に示す。これからさらに様々なラプラス変換表を示すけれど，これらはすべて微分方程式を解くときに重要な役割を演じることになるので，シッカリ覚えていこう。

しかし，あらゆる $f(t)$ について，ラプラス変換 $\mathcal{L}[f(t)]$ が存在するわけではないんだよ。このラプラス変換が存在するための十分条件については，これから教えよう。

表1 ラプラス変換表（Ⅰ）

$f(t)$	$F(s)$
$1 \quad (t \geqq 0)$	$\dfrac{1}{s} \quad (s>0)$
$t \quad (t \geqq 0)$	$\dfrac{1}{s^2} \quad (s>0)$
t^n $(t \geqq 0,\ n=0,1,2,\cdots)$	$\dfrac{\Gamma(n+1)}{s^{n+1}} \quad (s>0)$
t^α $(t \geqq 0,\ \alpha>-1)$	$\dfrac{\Gamma(\alpha+1)}{s^{\alpha+1}} \quad (s>0)$

● ラプラス変換の存在条件を調べよう！

ラプラス変換 $\mathcal{L}[f(t)]$ の存在条件を示すための前準備として，まず"区分的に連続"（sectionally continuous）と"指数位"（exponential order）の意味について解説しておこう。

区分的に連続な関数の定義

区間 $[a,\ b]$ で定義された関数 $f(t)$ が，有限個の点を除いて連続で，かつ，いずれの不連続点 $t_k (k=1,\ 2,\ \cdots,\ n)$ においても，左側極限値 $\lim\limits_{t \to t_k-0} f(t)$ と右側極限値 $\lim\limits_{t \to t_k+0} f(t)$ $(k=1,\ 2,\ \cdots,\ n)$ が存在し，さらに，両端点においても右側極限値 $\lim\limits_{t \to a+0} f(t)$ と左側極限値 $\lim\limits_{t \to b-0} f(t)$ が存在するとき，$f(t)$ を区間 $[a,\ b]$ で"区分的に連続な関数"という。

区分的に連続な関数 $f(t)$ のイメージ

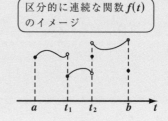

区分的に連続な関数 $f(t)$ とは，区間 $[a, b]$ 内に複数個の不連続点があってもかまわないんだけれど，その不連続点での左右の極限と，両端点における極限が有界な極限値をもたなければならないんだね。

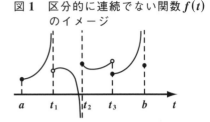

図1　区分的に連続でない関数 $f(t)$ のイメージ

　よって，図1に示すように，これらの極限が $+\infty$ や $-\infty$ に発散するものがある場合，$f(t)$ は区分的に連続な関数ではないんだね。つまり，区分的に連続な関数とは，そのグラフがプツンプツン切れていても，有界な関数であることが条件になる。もちろん，区間 $[a, b]$ において，不連続点がまったくない連続な関数も，区分的に連続な関数に含まれていると考えていい。

　それでは次，"指数 α 位"の関数についても解説しておこう。

指数 α 位の関数の定義

区間 $[0, \infty)$ で定義されている関数 $f(t)$ について，
$|f(t)| \leqq Me^{\alpha t}$　……① 　$(0 \leqq t < \infty)$
をみたす正の定数 M と α が存在するとき，$f(t)$ を"指数位"の関数，または，より具体的に"指数 α 位"の関数という。

①は，
$-Me^{\alpha t} \leqq f(t) \leqq Me^{\alpha t}$ と変形できるので，指数 α 位の関数 $y = f(t)$ とは，$t \geqq 0$ の範囲で，2つの曲線 $y = Me^{\alpha t}$ と $y = -Me^{\alpha t}$ とで挟まれる領域に存在する曲線だと考えていいんだね。

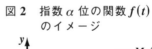
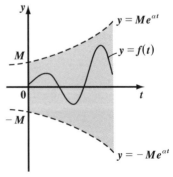

図2　指数 α 位の関数 $f(t)$ のイメージ

以上で準備も整ったので，$t \geqq 0$ で定義された関数 $f(t)$ のラプラス変換 $\mathcal{L}[f(t)]$ が存在するための十分条件を下に示そう。

■ ラプラス変換の存在条件

> 区間 $[0, \infty)$ で定義された関数 $f(t)$ が，区分的に連続であり，かつ指数 α 位の関数であるとき，$s > \alpha$ をみたすすべての s について，$f(t)$ のラプラス変換 $\mathcal{L}[f(t)]$ が存在する。

これから，ラプラス変換 $\mathcal{L}[f(t)]$ が存在するような原関数 $f(t)$ のイメージが図3のようになることが分かると思う。

図3 $\mathcal{L}[f(t)]$ が存在する関数 $f(t)$ のイメージ

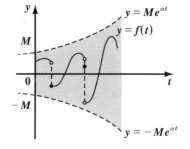

では，実際に $f(t)$ $(t \geqq 0)$ が区分的に連続で，かつ
$|f(t)| \leqq Me^{\alpha t}$ ……① をみたすとき，
ラプラス変換 $F(s) = \mathcal{L}[f(t)]$ $(s > \alpha)$ が存在することを示そう。

$$|F(s)| = |\mathcal{L}[f(t)]| = \left| \int_0^\infty f(t)e^{-st}dt \right|$$

$$\leqq \int_0^\infty \underbrace{|f(t)|}_{\text{①をみたす}} \underbrace{|e^{-st}|}_{+} dt \leqq \int_0^\infty \underbrace{M}_{\text{定数}} e^{\alpha t}e^{-st}dt \quad (\text{①より})$$

$$= \lim_{p \to \infty} M \int_0^p e^{-(s-\alpha)t}dt = \lim_{p \to \infty} M \left[-\frac{1}{s-\alpha}e^{-(s-\alpha)t} \right]_0^p$$

$$= \lim_{p \to \infty} \frac{M}{s-\alpha}\left(1 - \underbrace{\boxed{e^{-(s-\alpha)p}}}_{0 \quad (\because s-\alpha > 0)}\right) = \frac{M}{s-\alpha} \quad \longleftarrow \boxed{\text{有限確定値}}$$

となって，$F(s)$ は絶対収束するため，$s > \alpha$ の範囲でラプラス変換 $F(s) = \mathcal{L}[f(t)]$ が存在することが分かったんだね。

例題 12　ラプラス変換の存在条件を基に，

$$\mathcal{L}[e^{at}] = \frac{1}{s-a} \quad \cdots\cdots(*r) \quad (s>a)$$

が成り立つことを示そう。

$f(t) = e^{at}$ とおくと，これは，$t \geq 0$ で区分的に連続な関数といえる。

指数関数 $y = e^{ax}$ は連続なので，区分的に連続といってもいい。

また $|f(t)| = e^{at} \leq \boxed{1} e^{\boxed{a}t}$

が成り立つので，$f(t) = e^{at}$
は指数 a 位の関数だね。よっ
て，$s>a$ において，ラプラ
ス変換 $\mathcal{L}[e^{at}]$ が存在するはずだ。早速，求めてみよう。

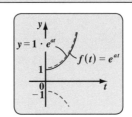

$$\mathcal{L}[e^{at}] = \int_0^\infty e^{at} \cdot e^{-st} dt \quad \longleftarrow \quad \boxed{\mathcal{L}[f(t)] = \int_0^\infty f(t)e^{-st}dt \quad \cdots(*n)}$$

$$= \lim_{p \to \infty} \int_0^p e^{-(s-a)t} dt$$

$$= \lim_{p \to \infty} \left\{ -\frac{1}{s-a} \left[e^{-(s-a)t} \right]_0^p \right\}$$

$$= \lim_{p \to \infty} \frac{1}{s-a} \left(1 - \underbrace{e^{-(s-a)p}}_{\boxed{0 \quad (\because s-a>0)}} \right) \quad (s>a)$$

$$= \frac{1}{s-a}$$

$\therefore \mathcal{L}[e^{at}] = \dfrac{1}{s-a} \quad \cdots\cdots(*r) \quad (s>a)$ が導けたんだね。

　それでは同様に，$\cos at$ と $\sin at$ （a：定数）のラプラス変換

$$\mathcal{L}[\cos at] = \frac{s}{s^2+a^2} \quad \cdots\cdots(*s), \qquad \mathcal{L}[\sin at] = \frac{a}{s^2+a^2} \quad \cdots\cdots(*t)$$

が成り立つことを示してみよう。

しかし，その前準備として，次の **2** つの不定積分

$$I = \int \cos at \cdot e^{-st} dt \quad \cdots\cdots① \quad と \quad J = \int \sin at \cdot e^{-st} dt \quad \cdots\cdots②$$

を求めておこう。(ただし，積分定数は省略する。)

$$\begin{cases} (\cos at \cdot e^{-st})' = -a\sin at \cdot e^{-st} - s \cdot \cos at \cdot e^{-st} \quad \cdots\cdots③ \\ (\sin at \cdot e^{-st})' = a\cos at \cdot e^{-st} - s \cdot \sin at \cdot e^{-st} \quad \cdots\cdots④ \end{cases} \quad より，$$

③，④の両辺の不定積分を求めると，

$$\begin{cases} \cos at \cdot e^{-st} = -a\underbrace{\int \sin at \cdot e^{-st} dt}_{J} - s\underbrace{\int \cos at \cdot e^{-st} dt}_{I} \quad \cdots③' \\ \sin at \cdot e^{-st} = a\underbrace{\int \cos at \cdot e^{-st} dt}_{I} - s\underbrace{\int \sin at \cdot e^{-st} dt}_{J} \quad \cdots④' \end{cases} \quad となる。$$

よって，③'，④'に①，②を代入して，

$$\begin{cases} sI + aJ = -\cos at \cdot e^{-st} \quad \cdots\cdots③'' \\ aI - sJ = \sin at \cdot e^{-st} \quad \cdots\cdots④'' \end{cases} \quad だね。$$

③''×s + ④''×a より J を消去すると，

$$(s^2 + a^2)I = -s \cdot \cos at \cdot e^{-st} + a \cdot \sin at \cdot e^{-st}$$

$$\therefore I = \frac{e^{-st}}{s^2 + a^2}(a \cdot \sin at - s \cdot \cos at) \quad \cdots\cdots⑤ \quad となり，$$

③''×a − ④''×s より I を消去すると，

$$(a^2 + s^2)J = -a \cdot \cos at \cdot e^{-st} - s \cdot \sin at \cdot e^{-st}$$

$$\therefore J = \frac{e^{-st}}{s^2 + a^2}(-a \cdot \cos at - s \cdot \sin at) \quad \cdots\cdots⑥ \quad と求まるんだね。$$

以上⑤，⑥の積分結果を基に，次の例題で $\cos at$ と $\sin at$ (a：定数) のラプラス変換 $\mathcal{L}[\cos at]$ と $\mathcal{L}[\sin at]$ を求めてみることにしよう。もちろん，ここでも，ラプラス変換の存在条件を使うことにする。

例題 13　ラプラス変換の存在条件を基に，

$$(1)\mathcal{L}[\cos at] = \frac{s}{s^2 + a^2} \ \cdots\cdots(*s) \quad (s>0)$$

$$(2)\mathcal{L}[\sin at] = \frac{a}{s^2 + a^2} \ \cdots\cdots(*t) \quad (s>0)$$

が成り立つことを示そう。

(1)$f(t) = \cos at$ とおくと，これは，$t \geq 0$ で区分的に連続な関数だね。

また，$|f(t)| = |\cos at| \leq \underset{1 \text{のこと}}{\underbrace{\overset{M}{①}}} e^{\overset{\alpha}{⓪}t}$

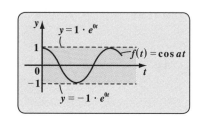

が成り立つので，$f(t) = \cos at$
は，指数 **0** 位の関数であること
も分かった。よって，$s>0$ に

おいて，ラプラス変換 $\mathcal{L}[\cos at]$ が存在するはずだ。

ここで，$I = \displaystyle\int \cos at \cdot e^{-st}dt = \frac{e^{-st}}{s^2 + a^2}(a \cdot \sin at - s \cdot \cos at)$　$\cdots\cdots$⑤

を用いて，$\mathcal{L}[\cos at]$ を求めると，

$$\mathcal{L}[\cos at] = \int_0^\infty \cos at \cdot e^{-st}dt = \lim_{p \to \infty}[I]_0^p$$

$$= \lim_{p \to \infty}\left\{\frac{e^{-sp}}{s^2 + a^2}(a \cdot \sin ap - s \cdot \cos ap) - \frac{1}{s^2 + a^2}(a \cdot 0 - s \cdot 1)\right\}$$

$$= \lim_{p \to \infty}\left(\underset{\text{定数}}{\underbrace{\left(\frac{1}{s^2 + a^2}\right)}} \cdot \underset{(\text{i})}{\underbrace{\frac{a \cdot \sin ap - s \cdot \cos ap}{e^{sp}}}}_{\;0\;(\because s>0)} + \frac{s}{s^2 + a^2}\right)$$

$$= \frac{s}{s^2 + a^2} \quad (s>0) \quad \text{となって，公式}(*s)\text{が導けた！}$$

（ i ）の極限について丁寧に書くと，

$$\lim_{p \to \infty}\left|\frac{a \cdot \sin ap - s \cdot \cos ap}{e^{sp}}\right| \leq \lim_{p \to \infty}\frac{a \cdot \underset{|\sin ap|}{①} + s \cdot \underset{|\cos ap|}{①}}{\underset{\infty\;(\because s>0)}{e^{sp}}} = 0 \quad \text{となる。}$$

(2) $g(t) = \sin at$ とおくと，同様に，$t \geqq 0$ で区分的に連続な関数だね。

また，$|g(t)| = |\sin at| \leqq 1 \cdot e^{0t}$ より，

$g(t) = \sin at$ は指数 0 位の関数である。

よって，$s > 0$ において，ラプラス変換 $\mathcal{L}[\sin at]$ は存在する。

ここで，$J = \displaystyle\int \sin at \cdot e^{-st} dt = \dfrac{e^{-st}}{s^2 + a^2}(-a \cdot \cos at - s \cdot \sin at)$ ……⑥

を用いて，$\mathcal{L}[\sin at]$ を求めてみよう。

$$\mathcal{L}[\sin at] = \int_0^\infty \sin at \cdot e^{-st} dt = \lim_{p \to \infty} [J]_0^p$$

$$= \lim_{p \to \infty} \left\{ \dfrac{e^{-sp}}{s^2 + a^2}(-a \cdot \cos ap - s \cdot \sin ap) - \dfrac{1}{s^2 + a^2}(-a \cdot 1 - s \cdot 0) \right\}$$

$$= \lim_{p \to \infty} \left(\underbrace{\dfrac{-1}{s^2 + a^2}}_{\text{定数}} \cdot \underbrace{\dfrac{a \cdot \cos ap + s \cdot \sin ap}{e^{sp}}}_{(\text{ii})\ \boxed{0\ (\because s > 0)}} + \dfrac{a}{s^2 + a^2} \right)$$

$$= \dfrac{a}{s^2 + a^2} \quad (s > 0) \ \text{となって，公式}\ (*t)\ \text{も導けたんだね。}$$

> (ii) の極限を丁寧に書くと，
>
> $$\lim_{p \to \infty} \left| \dfrac{a \cdot \cos ap + s \cdot \sin ap}{e^{sp}} \right| \leqq \lim_{p \to \infty} \dfrac{a \cdot \overset{|\cos ap|}{\boxed{1}} + s \cdot \overset{|\sin ap|}{\boxed{1}}}{\underset{\infty\ (\because s > 0)}{e^{sp}}} = 0 \ \text{となる。}$$

　以上より，ラプラス変換の存在条件から導いた 3 つの原関数，e^{at}, $\cos at$, $\sin at$ のラプラス変換 (像関数) の結果を表 2 に示す。

　これらも重要公式だから，シッカリ頭に入れておこう。

表 2　ラプラス変換表 (II)

$f(t)$	$F(s)$
e^{at}　$(t \geqq 0)$	$\dfrac{1}{s-a}$　$(s > a)$
$\cos at$ $(t \geqq 0)$	$\dfrac{s}{s^2 + a^2}$　$(s > 0)$
$\sin at$ $(t \geqq 0)$	$\dfrac{a}{s^2 + a^2}$　$(s > 0)$

ここで，ラプラス変換の存在条件は，ラプラス変換 $\mathcal{L}[f(t)]$ が存在するための十分条件に過ぎない。このことを模式図で示すと，図 **4** のようになる。

図 **4**　ラプラス変換の存在条件

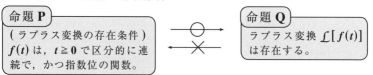

　つまり，ラプラス変換の存在するための条件を命題 **P**，ラプラス変換 $\mathcal{L}[f(t)]$ が存在することを命題 **Q** とおくと，

$$\begin{cases} （\,\text{i}\,）\mathbf{P} \longrightarrow \mathbf{Q} \text{ は，p51 で証明した通り，成り立つ。しかし，} \\ （\,\text{ii}\,）\mathbf{Q} \longrightarrow \mathbf{P} \text{ は，成り立つとは限らない，ということなんだ。} \end{cases}$$

（ ii ）**Q** $\longrightarrow$ **P** の反例として，この対偶 $\angle$**P** $\longrightarrow$ $\angle$**Q** の反例を示せばいいんだね。

> $\angle$**P** や $\angle$**Q** は，それぞれ **P** や **Q** の否定を表す。

$f(t) = t^{-\frac{1}{2}} = \dfrac{1}{\sqrt{t}}$ は，右図のように，

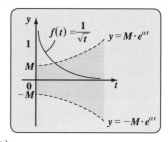

$-Me^{\alpha t} \leqq f(t) \leqq Me^{\alpha t}$ の範囲に収まらないので，明らかに指数位の関数ではない。よって，$\angle$**P**（**P** をみたさない）だね。

しかし，**P48** の公式：$\mathcal{L}[t^{\alpha}] = \dfrac{\Gamma(\alpha + 1)}{s^{\alpha + 1}}$　$(\alpha > -1)$ から，

$\alpha = -\dfrac{1}{2}$ のとき，$\mathcal{L}[t^{-\frac{1}{2}}] = \dfrac{\Gamma\left(\dfrac{1}{2}\right)}{s^{\frac{1}{2}}} = \sqrt{\dfrac{\pi}{s}}$ となって，そのラプラス変換は存在する。すなわち **Q** は成り立つ。

$\therefore \angle$**P** $\longrightarrow$ **Q**　となる。

よって，∠P ⇸ ∠Q より，Q ⇸ P となり，Q ⟶ P は常に成り立つとは限らないことが示せたんだね。

以上より，ラプラス変換の存在条件 (P) をみたす $f(t)$ のラプラス変換 $\mathcal{L}[f(t)]$ は必ず存在するけれど，ラプラス変換の存在条件 (P) をみたさない関数 $f(t)$ についても，そのラプラス変換 $\mathcal{L}[f(t)]$ が存在する場合もあることを覚えておこう。

● ラプラス変換の基本性質も押さえよう！

それではここで，ラプラス変換の重要な 2 つの基本性質，すなわち (ⅰ) 線形性と (ⅱ) 対称性について教えておこう。

ラプラス変換の性質

$t \geqq 0$ で定義された 2 つの関数 $f(t)$, $g(t)$ が，それぞれラプラス変換 (像関数) $F(s)$, $G(s)$ をもつものとする。このとき，ラプラス変換には次の 2 つの性質がある。

(ⅰ) ラプラス変換の線形性

$$\mathcal{L}[af(t)+bg(t)] = aF(s)+bG(s) \quad \cdots\cdots(*u) \quad (a, \ b：定数)$$

(ⅱ) ラプラス変換の対称性

$$\mathcal{L}[f(at)] = \frac{1}{a}F\left(\frac{s}{a}\right) \quad \cdots\cdots\cdots\cdots\cdots\cdots(*v) \quad (a>0)$$

(ⅰ) ラプラス変換の線形性 $(*u)$ の証明は，その定義から簡単に示せる。

$$\mathcal{L}[af(t)+bg(t)] = \int_0^\infty \{\overbrace{af(t)+bg(t)}\}e^{-st}dt$$

$$= a\int_0^\infty f(t)e^{-st}dt + b\int_0^\infty g(t)e^{-st}dt$$

$$= a\mathcal{L}[f(t)] + b\mathcal{L}[g(t)]$$

$$= aF(s)+bG(s) \quad となって，$$

$(*u)$ が成り立つことが分かった。

この線形性の性質と，公式：$\mathcal{L}[e^{at}] = \dfrac{1}{s-a}$，およびオイラーの公式：

$e^{i\theta} = \cos\theta + i\sin\theta$　（i：虚数単位）を利用して，複素指数関数にまで，ラプラス変換を応用すると，

$\underbrace{\mathcal{L}[e^{iat}]}_{} = \dfrac{1}{s-ia}$　となる。よって，

$\boxed{\cos at + i\sin at} \longleftarrow \boxed{\text{オイラーの公式}}$

$\mathcal{L}[\cos at + i\sin at] = \dfrac{s+ia}{\underbrace{(s-ia)(s+ia)}_{\boxed{s^2+a^2}}}$　$\boxed{\text{有理化}}$

ここで，線形性の性質より，

$\underset{\boxed{\text{実部}}}{\underline{\mathcal{L}[\cos at]}} + i\underset{\boxed{\text{虚部}}}{\underline{\mathcal{L}[\sin at]}} = \underset{\boxed{\text{実部}}}{\dfrac{s}{s^2+a^2}} + i\underset{\boxed{\text{虚部}}}{\dfrac{a}{s^2+a^2}}$　となる。

よって，複素数の相等より，

$\boxed{a+bi = c+di \quad (a,\ b,\ c,\ d：実数)\text{のとき，}a=c\text{ かつ }b=d}$

$\mathcal{L}[\cos at] = \dfrac{s}{s^2+a^2}$ ……（$*s$），　$\mathcal{L}[\sin at] = \dfrac{a}{s^2+a^2}$ ……（$*t$）

と形式的ではあるけれど，（$*s$）と（$*t$）の公式が簡単に導けるんだね。

（ⅱ）次，ラプラス変換の対称性の公式：

$\mathcal{L}[f(at)] = \dfrac{1}{a}F\left(\dfrac{s}{a}\right)$　……（$*v$）　（$a>0$）が成り立つことも示しておこう。

$\mathcal{L}[f(at)] = \displaystyle\int_0^\infty f(at)e^{-st}dt$　について，

$at = u$ と置換すると，

$t：0 \to \infty$ のとき，$u：0 \to \infty$ となる。（$\because a>0$）

また，$adt = du$ より，$dt = \dfrac{1}{a}du$

$$\therefore \mathcal{L}[f(at)] = \int_0^\infty f(u)e^{-s\frac{u}{a}} \cdot \frac{1}{a}du$$

$$= \frac{1}{a}\int_0^\infty f(u) \cdot e^{-\left(\frac{s}{a}\right)u}du$$

$$= \frac{1}{a}F\left(\frac{s}{a}\right) \quad \text{となって,}$$

> s の代わりに $\frac{s}{a}$ がきているだけだ!

$(*v)$ が示せたんだね。大丈夫だった?

● 双曲線関数のラプラス変換も求めてみよう!

次, 2つの双曲線関数 $\cosh at = \dfrac{e^{at}+e^{-at}}{2}$, $\sinh at = \dfrac{e^{at}-e^{-at}}{2}$ のラプラス

> "ハイパボリック・コサイン at"　　"ハイパボリック・サイン at" と読む。

変換についても, 次の例題で公式を確認しておこう。

例題 14　ラプラス変換の存在条件を基に,

(1) $\mathcal{L}[\cosh at] = \dfrac{s}{s^2-a^2}$ ……$(*w)$ $\quad (s > |a|)$

(2) $\mathcal{L}[\sinh at] = \dfrac{a}{s^2-a^2}$ ……$(*x)$ $\quad (s > |a|)$

が成り立つことを示そう。

---

(1) $f(t) = \cosh at = \dfrac{e^{at}+e^{-at}}{2}$ とおくと,

これは $t \geqq 0$ で区分的に連続な関数で

あることはいいね。また,

$f(t) = \cosh at$

$$|f(t)| = |\cosh at| = \left|\frac{e^{at}+e^{-at}}{2}\right|$$

$$\leqq \frac{|e^{at}|+|e^{-at}|}{2} = \frac{e^{at}+e^{-at}}{2}$$

> $|\alpha+\beta| \leqq |\alpha|+|\beta|$ だからね。

$$\leqq \frac{e^{|a|t}+e^{|a|t}}{2} \quad (a \text{ は}, \oplus , \ominus \text{ の符号を取り得るので})$$

$$= \underset{M}{\boxed{1}}e^{\underset{\alpha}{\boxed{|a|}}t} \quad \text{が成り立つ。}$$

よって，$f(t) = \cosh at$ は，指数 $|a|$ 位の関数ということができる。
これから，$s > |a|$ の範囲において，このラプラス変換 $\mathcal{L}[\cosh at]$ が
存在することが分かったので，早速これを求めてみよう。

$$\mathcal{L}[\cosh at] = \mathcal{L}\left[\frac{1}{2}(e^{at} + e^{-at})\right]$$

線形性の公式：
$\mathcal{L}[af(t) + bg(t)]$
$= a\mathcal{L}[f(t)] + b\mathcal{L}[g(t)]$
を使った。

$$= \frac{1}{2}\{\mathcal{L}[e^{at}] + \mathcal{L}[e^{-at}]\}$$

$$= \frac{1}{2}\left\{\frac{1}{s-a} + \frac{1}{s-(-a)}\right\}$$

公式：$\mathcal{L}[e^{at}] = \dfrac{1}{s-a}$
を使った。

$$= \frac{1}{2} \cdot \frac{s + \cancel{a} + s - \cancel{a}}{(s-a)(s+a)}$$

$$= \frac{2s}{2(s^2 - a^2)} = \frac{s}{s^2 - a^2} \quad (s > |a|)$$

$\therefore$ 公式：$\boxed{\mathcal{L}[\cosh at] = \dfrac{s}{s^2 - a^2}}$ ……$(*w)$ $(s > |a|)$ が示せた。

(2) 次，$g(t) = \sinh at = \dfrac{e^{at} - e^{-at}}{2}$ とおく
と，これは，$t \geqq 0$ で区分的に連続な関数
であることは大丈夫だね。また，

$$|g(t)| = |\sinh at| = \left|\frac{e^{at} - e^{-at}}{2}\right|$$

$g(t) = \sinh at$

$$\leqq \frac{|e^{at}| + |e^{-at}|}{2} = \frac{e^{at} + e^{-at}}{2}$$

$|\alpha - \beta| \leqq |\alpha| + |\beta|$
だからね。

$$\leqq \frac{e^{|a|t} + e^{|a|t}}{2} \quad (a \text{ は，} \oplus, \ominus \text{ の符号を取り得るので})$$

$$= \underset{\underset{M}{\textstyle 1}}{\textstyle \textcircled{1}} e^{\underset{\alpha}{|a|} t} \text{ が成り立つ。}$$

よって，$g(x) = \sinh at$ も，指数 $|a|$ 位の関数なんだね。これから，$s > |a|$ の範囲において，このラプラス変換 $\mathcal{L}[\sinh at]$ が存在することが分かった。では，これも求めてみよう。

$$\mathcal{L}[\sinh at] = \mathcal{L}\left[\frac{1}{2}(e^{at} - e^{-at})\right]$$

$$= \frac{1}{2}\{\mathcal{L}[e^{at}] - \mathcal{L}[e^{-at}]\} \quad (\text{ラプラス変換の線形性より})$$

$$= \frac{1}{2}\left(\frac{1}{s-a} - \frac{1}{s+a}\right) = \frac{s+a-(s-a)}{2(s-a)(s+a)}$$

$$= \frac{a}{s^2 - a^2} \quad (s > |a|)$$

∴公式：$\boxed{\mathcal{L}[\sinh at] = \dfrac{a}{s^2 - a^2}}$ ……$(*x)$ $(s > |a|)$ も示せたんだね。

この双曲線関数 $\cosh at$ と $\sinh at$ のラプラス変換の結果も表3に示しておこう。エッ，覚えるものが多くて，大変だって？ そうだね。でも，これで，基本的な関数のラプラス変換の解説は終わったんだよ。

表3 ラプラス変換表（Ⅲ）

$f(t)$	$F(s)$
$\cosh at$ $(t \geqq 0)$	$\dfrac{s}{s^2 - a^2}$ $(s > |a|)$
$\sinh at$ $(t \geqq 0)$	$\dfrac{a}{s^2 - a^2}$ $(s > |a|)$

この後は，"ラプラス変換の応用"の講義に入るけれど，その前に，次の演習問題と実践問題を解いて，これまでの知識をキチンと整理しておこう。

| ●ラプラス変換の計算（Ⅰ）●

(1) $f(t) = e^{-t} - t$ $(t \geqq 0)$ のラプラス変換 $\mathcal{L}[f(t)]$ を求めよ。

(2) (1) の $f(t)$ について，$f(3t)$ のラプラス変換 $\mathcal{L}[f(3t)]$ を求めよ。

ヒント！ ラプラス変換の公式 $\mathcal{L}[e^{at}] = \dfrac{1}{s-a}$，$\mathcal{L}[t] = \dfrac{1}{s^2}$ と，線形性および対称性の公式を利用すればいい。

解答＆解説

(1) $F(s) = \mathcal{L}[f(t)]$ とおくと，

$\begin{aligned} F(s) = \mathcal{L}[f(t)] &= \mathcal{L}[e^{-t} - t] \\ &= \mathcal{L}[e^{-1 \cdot t}] - \mathcal{L}[t] \quad (\text{ラプラス変換の線形性より}) \\ &= \frac{1}{s-(-1)} - \frac{1}{s^2} = \frac{s^2 - s - 1}{s^2(s+1)} \quad \cdots\cdots① \quad \text{となる。} \end{aligned}$

(2) ラプラス変換の対称性の公式： $\mathcal{L}[f(at)] = \dfrac{1}{a}F\left(\dfrac{s}{a}\right)$ より，

$\mathcal{L}[f(3t)] = \dfrac{1}{3}F\left(\dfrac{s}{3}\right)$

分子・分母に 9 をかける。

$= \dfrac{1}{3} \cdot \dfrac{\left(\dfrac{s}{3}\right)^2 - \dfrac{s}{3} - 1}{\left(\dfrac{s}{3}\right)^2 \left(\dfrac{s}{3}+1\right)} = \dfrac{\dfrac{s^2}{9} - \dfrac{s}{3} - 1}{3 \cdot \dfrac{s^2}{9}\left(\dfrac{s}{3}+1\right)}$ （①より）

$= \dfrac{s^2 - 3s - 9}{s^2(s+3)} \quad \cdots\cdots②\quad \text{となる。}$

(2) の別解

$\begin{aligned} \mathcal{L}[f(3t)] &= \mathcal{L}[e^{-3t} - 3t] \quad \text{ラプラス変換の線形性} \\ &= \mathcal{L}[e^{-3t}] - 3\mathcal{L}[t] \\ &= \frac{1}{s-(-3)} - 3 \cdot \frac{1}{s^2} = \frac{1}{s+3} - \frac{3}{s^2} \\ &= \frac{s^2 - 3s - 9}{s^2(s+3)} \quad \text{と計算しても，同じ結果が導ける。} \end{aligned}$

実践問題 1 　　　　　● ラプラス変換の計算（Ⅰ）●

(1) $f(t) = t + e^t$　$(t \geqq 0)$ のラプラス変換 $\mathcal{L}[f(t)]$ を求めよ。

(2) (1) の $f(t)$ について，$f(2t)$ のラプラス変換 $\mathcal{L}[f(2t)]$ を求めよ。

ヒント！） ラプラス変換の公式と，線形性・対称性の公式を使って解こう。

解答＆解説

(1) $F(s) = \mathcal{L}[f(t)]$ とおくと，ラプラス変換の線形性より，

$$F(s) = \mathcal{L}[f(t)] = \mathcal{L}[t + e^t] = \mathcal{L}[\boxed{(ア)}] + \mathcal{L}[e^{1 \cdot t}]$$

$$= \boxed{(イ)} + \frac{1}{s-1} = \boxed{(ウ)}\qquad \cdots\cdots ① \quad \text{となる。}$$

(2) ラプラス変換の対称性の公式：$\mathcal{L}[f(at)] = \dfrac{1}{a}F\left(\dfrac{s}{a}\right)$ より，

$$\mathcal{L}[f(2t)] = \frac{1}{2}F\left(\frac{s}{2}\right)$$

分子・分母に 4 をかける。

$$= \frac{1}{2} \cdot \frac{\left(\boxed{(エ)}\right)^2 + \frac{s}{2} - 1}{\left(\frac{s}{2}\right)^2\left(\frac{s}{2} - 1\right)} = \frac{\boxed{(オ)} + \frac{s}{2} - 1}{2 \cdot \frac{s^2}{4}\left(\frac{s}{2} - 1\right)} \qquad (①より)$$

$$= \boxed{(カ)}\qquad \cdots\cdots ④ \quad \text{となる。}$$

(2) の別解

$$\mathcal{L}[f(2t)] = \mathcal{L}[2t + e^{2t}] = 2\mathcal{L}[t] + \mathcal{L}[e^{2t}]$$

$$= 2 \cdot \frac{1}{s^2} + \frac{1}{s-2} = \boxed{(カ)}\quad \text{と計算してもいい。}$$

・・・

解答　(ア) t 　　　(イ) $\dfrac{1}{s^2}$ 　　　(ウ) $\dfrac{s^2 + s - 1}{s^2(s-1)}$

(エ) $\dfrac{s}{2}$ 　　　(オ) $\dfrac{s^2}{4}$ 　　　(カ) $\dfrac{s^2 + 2s - 4}{s^2(s-2)}$

次のラプラス変換を求めよ。

$(1)\mathcal{L}[2t^{\frac{3}{2}}]$ $\qquad (2)\mathcal{L}[\cos^2 2t]$ $\qquad (3)\mathcal{L}[\cosh 2t + \sinh 2t]$

ヒント！ ラプラス変換の公式 $\mathcal{L}[t^\alpha] = \dfrac{\Gamma(\alpha+1)}{s^{\alpha+1}}$, $\mathcal{L}[\cos at] = \dfrac{s}{s^2+a^2}$, $\mathcal{L}[\cosh at] = \dfrac{s}{s^2-a^2}$, $\mathcal{L}[\sinh at] = \dfrac{a}{s^2-a^2}$ と，線形性の公式を利用して解けばいいんだよ。

解答 & 解説

$(1)\mathcal{L}[2t^{\frac{3}{2}}] = 2\mathcal{L}[t^{\frac{3}{2}}]$

$\qquad = 2 \cdot \dfrac{\Gamma\left(\dfrac{5}{2}\right)}{s^{\frac{5}{2}}} = 2 \cdot \dfrac{\dfrac{3}{2} \cdot \dfrac{1}{2} \cdot \overbrace{\Gamma\left(\dfrac{1}{2}\right)}^{\sqrt{\pi}}}{s^{\frac{5}{2}}}$

$\qquad = \dfrac{3\sqrt{\pi}}{2s^2\sqrt{s}}$

$\cdot \mathcal{L}[t^\alpha] = \dfrac{\Gamma(\alpha+1)}{s^{\alpha+1}}$
$\cdot \Gamma(\alpha+1) = \alpha \cdot \Gamma(\alpha)$
$\cdot \Gamma\left(\dfrac{1}{2}\right) = \sqrt{\pi}$

$(2)\mathcal{L}[\cos^2 2t] = \mathcal{L}\left[\dfrac{1}{2}(1+\cos 4t)\right]$

$\qquad = \dfrac{1}{2}\{\mathcal{L}[1] + \mathcal{L}[\cos 4t]\}$

$\qquad = \dfrac{1}{2}\left(\dfrac{1}{s} + \dfrac{s}{s^2+4^2}\right)$

$\qquad = \dfrac{1}{2} \cdot \dfrac{s^2+16+s^2}{s(s^2+16)} = \dfrac{s^2+8}{s(s^2+16)}$

$\cdot \cos^2\theta = \dfrac{1}{2}(1+\cos 2\theta)$
$\cdot \mathcal{L}[af(t)+bg(t)]$
$\quad = aF(s)+bG(s)$
$\cdot \mathcal{L}[1] = \dfrac{1}{s}$
$\cdot \mathcal{L}[\cos at] = \dfrac{s}{s^2+a^2}$

$(3)\mathcal{L}[\cosh 2t + \sinh 2t]$

$\qquad = \mathcal{L}[\cosh 2t] + \mathcal{L}[\sinh 2t]$

$\qquad = \dfrac{s}{s^2-2^2} + \dfrac{2}{s^2-2^2}$

$\qquad = \dfrac{s+2}{s^2-4} = \dfrac{s+2}{(s+2)(s-2)} = \dfrac{1}{s-2}$

$\cdot \mathcal{L}[af(t)+bg(t)]$
$\quad = aF(s)+bG(s)$
$\cdot \mathcal{L}[\cosh at] = \dfrac{s}{s^2-a^2}$
$\cdot \mathcal{L}[\sinh at] = \dfrac{a}{s^2-a^2}$

(3) の別解

$\qquad \mathcal{L}[\cosh 2t + \sinh 2t] = \mathcal{L}\left[\dfrac{e^{2t}+e^{-2t}}{2} + \dfrac{e^{2t}-e^{-2t}}{2}\right]$

$\qquad = \mathcal{L}[e^{2t}] = \dfrac{1}{s-2}$ と計算してもいい。

実践問題 2　　●ラプラス変換の計算（Ⅱ）●

次のラプラス変換を求めよ。

(1) $\mathcal{L}[3t^{-\frac{1}{2}}]$　　(2) $\mathcal{L}[\sin^2 2t]$　　(3) $\mathcal{L}[\cosh 3t - \sinh 3t]$

ヒント！ ラプラス変換の公式と，線形性の公式を利用して解けばいいんだね。

解答＆解説

(1) $\mathcal{L}[3t^{-\frac{1}{2}}] = 3\mathcal{L}[t^{-\frac{1}{2}}]$

$= 3 \cdot \dfrac{\boxed{(\mathcal{P})}}{s^{\frac{1}{2}}} = 3\boxed{(\mathcal{A})}$

$\cdot \mathcal{L}[t^\alpha] = \dfrac{\Gamma(\alpha+1)}{s^{\alpha+1}}$

$\cdot \Gamma\left(\dfrac{1}{2}\right) = \sqrt{\pi}$

(2) $\mathcal{L}[\sin^2 2t] = \mathcal{L}\left[\dfrac{1}{2}(1 - \cos 4t)\right]$

$= \dfrac{1}{2}\{\mathcal{L}[1] - \mathcal{L}[\cos 4t]\}$

$= \dfrac{1}{2}\left(\dfrac{1}{s} - \boxed{(\mathcal{D})}\right)$

$= \boxed{(\mathcal{I})}$

$\cdot \sin^2\theta = \dfrac{1}{2}(1 - \cos 2\theta)$

$\cdot \mathcal{L}[af(t) + bg(t)] = aF(s) + bG(s)$

$\cdot \mathcal{L}[1] = \dfrac{1}{s}$

$\cdot \mathcal{L}[\cos at] = \dfrac{s}{s^2 + a^2}$

(3) $\mathcal{L}[\cosh 3t] - \mathcal{L}[\sinh 3t]$

$= \mathcal{L}[\cosh 3t] - \mathcal{L}[\sinh 3t]$

$= \dfrac{s}{s^2 - 3^2} - \boxed{(\mathcal{T})}$

$= \dfrac{s - 3}{s^2 - 9} = \boxed{(\mathcal{D})}$

$\cdot \mathcal{L}[af(t) + bg(t)] = aF(s) + bG(s)$

$\cdot \mathcal{L}[\cosh at] = \dfrac{s}{s^2 - a^2}$

$\cdot \mathcal{L}[\sinh at] = \dfrac{a}{s^2 - a^2}$

(3) の別解

$\mathcal{L}[\cosh 3t - \sinh 3t] = \mathcal{L}\left[\dfrac{e^{3t} + e^{-3t}}{2} - \dfrac{e^{3t} - e^{-3t}}{2}\right]$

$= \mathcal{L}[e^{-3t}] = \boxed{(\mathcal{D})}$　と計算してもいい。

解答　(ア) $\Gamma\left(\dfrac{1}{2}\right)$ （または $\sqrt{\pi}$）　　(イ) $\sqrt{\dfrac{\pi}{s}}$　　(ウ) $\dfrac{s}{s^2 + 4^2}$ $\left(\text{または}\dfrac{s}{s^2 + 16}\right)$

(エ) $\dfrac{8}{s(s^2 + 16)}$　　(オ) $\dfrac{3}{s^2 - 3^2}$ $\left(\text{または}\dfrac{3}{s^2 - 9}\right)$　　(カ) $\dfrac{1}{s + 3}$

§2. ラプラス変換の応用

前回の講義で，ラプラス変換の基本について解説したので，これからいよいよラプラス変換の応用について講義しようと思う。

ここではまず，ディラックの "デルタ関数" $\delta(t)$ とヘヴィサイドの "単位階段関数" $u(t)$ の基本を説明した後，これらの関数のラプラス変換について教えよう。そして，これを基に，原関数 $f(t)(t \geqq 0)$ を t 軸方向に移動した関数や，周期関数 $f(t+T) = f(t)$ についても，そのラプラス変換を求めてみよう。

さらに，ここでは，"誤差関数" $erf(\sqrt{t})$ や "第 1 種 0 次のベッセル関数" $J_0(t)$ のラプラス変換についても教えるつもりだ。

今回も盛り沢山の内容になるけれど，また分かりやすく丁寧に解説するから，すべて理解できるはずだ。それでは，早速講義を始めよう！

● デルタ関数と単位階段関数を押さえよう！

まず，"ディラック (*Dirac*) のデルタ関数" $\delta(t)$ の定義を下に示そう。

デルタ関数 $\delta(t)$

次の (i), (ii) で定義される関数 $\delta(t)$ を "ディラックのデルタ関数" または単に "デルタ関数"（*Delta function*）または "衝撃関数" という。

(i) $\delta(t) = \begin{cases} +\infty & (t = 0 \text{ のとき}) \\ 0 & (t \neq 0 \text{ のとき}) \end{cases}$

かつ

(ii) $\displaystyle\int_{-\infty}^{\infty} \delta(t)\, dt = 1$ ……①

デルタ関数 $\delta(t)$ は，本来関数の極限の形で定義される。

> 御存知でない方は「フーリエ解析キャンパス・ゼミ」で学習されることをお勧めします。

(i) $\delta(t)$ は $t = 0$ のときのみ $+\infty$ をとり，それ以外の t については 0 となり，

66

通常の意味での関数とは異なるので，これを"**超関数**"と呼ぶことも
ある。

(ⅱ) $\int_{-\infty}^{\infty} \delta(t)\,dt = 1$ ……①の条件から，$\delta(t)$ は $t = 0$ におい
て，幅 0，高さ $+\infty$ で，その面積は $1(= 0 \times \infty)$ の極限
的に縦長の長方形状の関数と考えることができる。

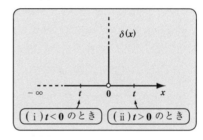

ここで，$t \neq 0$ では $\delta(t) = 0$ となるので，微小な正の数
ε を用いて，①は，

積分区間に $t = 0$ を含めばいい。

$\int_{-\varepsilon}^{\varepsilon} \delta(t)\,dt = 1$ ……①′と表現してもかまわないんだね。

なぜなら，$t < -\varepsilon$ または $\varepsilon < t$ において，$\delta(t) = 0$ だから，その部分の
積分は行ってもどうせ 0 になるだけで，右辺の定数 1 に影響しないか
らだ。

これから，新たに次の式で定義される関数 $u(t)$ を考えてみよう。

$u(t) = \int_{-\infty}^{t} \delta(x)\,dx$ ……②

右図に示すように，

(ⅰ) $t < 0$ のとき，

   $-\infty < x \leqq t$ において，$\delta(x) = 0$

   だから②の右辺は 0 となり，

(ⅱ) $0 < t$ のとき，

   $-\infty < x \leqq t$ において $\delta(x)$ は $x = 0$ のときに $+\infty$ となり，これを積分区

間に含めた②の右辺の積分は 1 となる。

以上 (ⅰ)(ⅱ) より，$u(t)$ は図 1 に示すような階段状の関数となる。これ
を"**ヘヴィサイド (*Heaviside*) の単位階段関数**"または単に"**単位階段
関数**"(*unit step function*) という。

$u(t) = \int_{-\infty}^{t} \delta(x)\,dx$

$= \begin{cases} 0 & (t < 0 \text{ のとき}) \\ 1 & (0 < t \text{ のとき}) \end{cases}$

図 1　ヘヴィサイドの単位階段関数

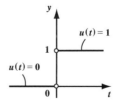

67

それでは，デルタ関数も単位階段関数も，t 軸方向に a だけ平行移動した形，すなわち $\delta(t-a)$，$u(t-a)$ として，その基本事項を下にまとめて示しておこう。

デルタ関数と単位階段関数

(I) ディラックのデルタ関数 $\delta(t-a)$

(i) $\delta(t-a) = \begin{cases} \infty & (t=a \text{ のとき}) \\ 0 & (t \neq a \text{ のとき}) \end{cases}$

(ii) $\displaystyle\int_{-\infty}^{\infty} \delta(t-a)\, dt = 1$

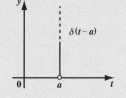

> これは，正の数 ε を使って，$\displaystyle\int_{a-\varepsilon}^{a+\varepsilon} \delta(t-a)\, dt = 1$ と表してもいい。要は，$t=a$ を含んだ積分区間で積分すれば，1 となるからだ。

(II) ヘヴィサイドの単位階段関数 $u(t-a)$

(i) $u(t-a) = \begin{cases} 0 & (t<a \text{ のとき}) \\ 1 & (a<t \text{ のとき}) \end{cases}$

(ii) $u(t-a) = \displaystyle\int_{-\infty}^{t} \delta(t-a)\, dt$ ……①

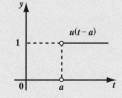

(III) デルタ関数と単位階段関数の性質

(i) $\dfrac{d}{dt} u(t-a) = \delta(t-a)$ ……②

(ii) $\displaystyle\int_{-\infty}^{\infty} f(t)\delta(t-a)\, dt = f(a)$ ……③　（$f(t)$：連続関数）

(III) のデルタ関数と単位階段関数の 2 つの性質 (i)，(ii) を証明しておこう。

(i) ①の両辺を t で微分すれば，

$\dfrac{d}{dt} u(t-a) = \delta(t-a)$ ……② が導ける。大丈夫だね。

(ii) デルタ関数 $\delta(t-a)$ の定義より，

$f(a) = f(a) \cdot 1 = f(a)\displaystyle\int_{-\infty}^{\infty} \delta(t-a)\, dt = \int_{-\infty}^{\infty} f(a)\delta(t-a)\, dt$ ……④

となる。よって，

$$\left| \int_{-\infty}^{\infty} f(t)\,\delta(t-a)\,dt \underline{\underline{-f(a)}} \right| = \left| \int_{-\infty}^{\infty} f(t)\,\delta(t-a)\,dt - \underline{\underline{\int_{-\infty}^{\infty} f(a)\,\delta(t-a)\,dt}} \right|$$

$$= \left| \int_{-\infty}^{\infty} \{f(t)-f(a)\}\delta(t-a)\,dt \right| \quad \cdots\cdots ⑤ \quad \boxed{④ より}$$

ここで, $\delta(t-a)$ は, $t \neq a$ では **0** なので, 任意の正の数 ε を用いると, ⑤は,

$$\left| \int_{-\infty}^{\infty} f(t)\,\delta(t-a)\,dt - f(a) \right| = \left| \int_{a-\varepsilon}^{a+\varepsilon} \{f(t)-f(a)\}\delta(t-a)\,dt \right| \quad \cdots\cdots ⑤'$$

$$\boxed{\text{この絶対値の最大値を } M \text{ とおく。}}$$

となる。ここで, 区間 $a-\varepsilon \leqq t \leqq a+\varepsilon$ における $\left| f(t)-f(a) \right|$ の最大値を M とおくと, ⑤′は,

$$\left| \int_{-\infty}^{\infty} f(t)\,\delta(t-a)\,dt - f(a) \right| \leqq \left| \int_{a-\varepsilon}^{a+\varepsilon} \underline{M}\,\delta(t-a)\,dt \right|$$

$$\boxed{\text{0 以上の定数}}$$

$$= M \left| \underline{\underline{\int_{a-\varepsilon}^{a+\varepsilon} \delta(t-a)\,dt}} \right| = M \quad \cdots\cdots ⑥ \quad \text{となる。}$$

$$\boxed{\text{1 (デルタ関数の定義より)}}$$

ここで, $f(t)$ は連続関数より, $\varepsilon \to +0$ にすると, $M \to 0$ となる。

よって, ⑥の M は限りなく **0** に近付けることができるので,

$$\left| \int_{-\infty}^{\infty} f(x)\,\delta(t-a)\,dt - f(a) \right| \leqq 0 \text{ となる。}$$

$$\therefore \int_{-\infty}^{\infty} f(t)\,\delta(t-a)\,dt = f(a) \quad \cdots\cdots ③ \quad \text{も導けたんだね。納得いった ?}$$

そして, この③から, デルタ関数のラプラス変換の公式:

$\underline{\mathcal{L}[\delta(t)] = 1}$ $\cdots\cdots$ ($*y$) が導ける。

また, 単位階段関数 $u(t-a)$ $(a \geqq 0)$ についても, ラプラス変換の公式

$$\mathcal{L}[u(t-a)] = \frac{e^{-as}}{s} \quad \cdots\cdots (*z) \qquad \mathcal{L}[u(t)] = \frac{1}{s} \quad \cdots\cdots (*z)'$$

$$\mathcal{L}[f(t-a) \cdot u(t-a)] = e^{-as}F(s) \quad \cdots\cdots (*a_0) \text{ も導ける。}$$

$$\left(\text{ただし,} F(s) = \mathcal{L}[f(t)] \right)$$

これから, 例題を解きながら **1** つずつ解説していこう。

例題 15　次のラプラス変換の公式が成り立つことを示そう。

$$(1) \mathcal{L}\big[\delta(t-a)\big] = e^{-as} \quad (a \geqq 0) \qquad (2) \mathcal{L}\big[\delta(t)\big] = 1 \cdots(*y)$$

(1) $a \geqq 0$ のとき，$\delta(t-a)$ のラプラス変換は，

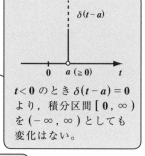

$t < 0$ のとき $\delta(t-a) = 0$ より，積分区間 $[\,0\,,\,\infty\,)$ を $(-\infty\,,\,\infty\,)$ としても変化はない。

$$\mathcal{L}\big[\delta(t-a)\big] = \int_0^\infty \delta(t-a)e^{-st}\,dt$$

$$= \int_{-\infty}^\infty \underline{\underline{\delta(t-a)e^{-st}}}\,dt \longleftarrow$$

これを $f(t)$ と考える。

$$= \underline{\underline{e^{-as}}} \quad \text{となる。}$$

$f(a)$ のこと

公式：$\displaystyle\int_{-\infty}^\infty f(t)\,\delta(t-a)\,dt = f(a)$ ……③を使った。

(2) (1)の結果 $\mathcal{L}\big[\delta(t-a)\big] = e^{-as}$ $(a \geqq 0)$ について，$a = 0$ を代入すれば，$\delta(t)$ のラプラス変換が求まるんだね。よって，公式：

$$\mathcal{L}\big[\delta(t)\big] = e^0 = 1 \quad \cdots\cdots(*y) \text{ が導けた。}$$

例題 16　次のラプラス変換の公式が成り立つことを示そう。

$$(1) \mathcal{L}\big[u(t-a)\big] = \frac{e^{-as}}{s} \cdots(*z) \;(a \geqq 0) \qquad (2) \mathcal{L}\big[u(t)\big] = \frac{1}{s} \cdots(*z)'$$

(1) $f(t) = u(t-a)$ とおくと，これは，$t \geqq 0$ で区分的に連続な関数だね。また，

$$|f(t)| = |u(t-a)| \leqq \overset{M}{\underline{①}} \cdot e^{\overset{\alpha}{\underline{0}} t}$$

が成り立つので，

$f(t) = u(t-a)$ は，指数 $\underline{0}$ 位の関数だね。

ラプラス変換の存在条件

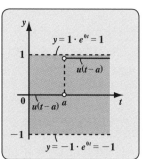

よって，$s > \underline{0}$ の範囲において，$u(t-a)$ のラプラス変換 $\mathcal{L}\big[u(t-a)\big]\,(a \geqq 0)$ が存在する。
では，これを求めてみよう。

$$\mathcal{L}[u(t-a)] = \int_0^\infty u(t-a) \cdot e^{-st}\, dt$$

$$= \int_0^a 0 \cdot e^{-st}\, dt + \int_a^\infty 1 \cdot e^{-st}\, dt$$

$$\because u(t-a) = \begin{cases} 0 & (0 \le t < a) \\ 1 & (a < t) \end{cases}$$

$$= \lim_{p \to \infty} \left[-\frac{1}{s} e^{-st} \right]_a^p = \lim_{p \to \infty} \frac{1}{s}(e^{-as} - e^{-sp}) = \frac{e^{-as}}{s}$$

$$\frac{1}{e^{sp}} \to 0 \ (\because s > 0,\, p \to \infty)$$

$$\therefore\ \mathcal{L}[u(t-a)] = \frac{e^{-as}}{s} \cdots\cdots(*z)\quad (a \ge 0,\ s > 0)\ \text{が導けた。}$$

(2) $\mathcal{L}[u(t)]$ は，$(*z)$ の a に $a = 0$ を代入すれば求まるので，

$$\mathcal{L}[u(t)] = \frac{e^0}{s} = \frac{1}{s} \cdots\cdots(*z)'\quad (s > 0)\ \text{も導けた。}$$

ン？$\mathcal{L}[1] = \dfrac{1}{s}$ だったから，変だって？よく復習しているね。でも，

$t \ge 0$ においては，
$f(t) = 1$ も $f(t) = u(t)$ も区別でき
ないので，そのラプラス変換は共
に同じ $\dfrac{1}{s}$ となる。図2に示すよう
に，厳密には，ラプラス変換には
1対1の対応関係は成り立たない
んだね。

図2 1 と $u(t)$ のラプラス変換

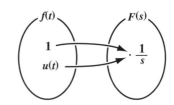

$f(t) = u(t)$ は，$t = 0$ では定義できないので，本当は $t \ge 0$ においても，$y = 1$ とは厳密には異なる。しかし，ラプラス変換による積分では，この違いは検出できないんだね。これも，ラプラス変換の重要な性質の1つなんだ。

それでは，ラプラス変換公式：$\mathcal{L}[f(t-a) \cdot u(t-a)] = e^{-as}F(s)\ \cdots(*a_0)$
についても解説しよう。エッ，関数 $f(t-a)u(t-a)$ の意味がよく分から
ないって？
了解！　では，この関数のグラフの意味から解説しよう。

図3(i)に示すような関数 $f(t)$ をラプラス変換する場合，この内の $t \geqq 0$ の部分のみが必要で，$t < 0$ の部分は対象外なんだね。よって，これを t 軸方向に $a(\geqq 0)$ だけ平行移動したものは，図3(ii)のようになる。したがって，このグラフのような関数を得るためには，図3(iii)に示すように，$y = f(t-a)$ に単位階段関数 $y = u(t-a)$ をかけて，$t < a$ の部分を 0 にしておく必要があるんだね。納得いった？

図3 $y = f(t-a) \cdot u(t-a)$ の意味
(i) $y = f(t)$ のグラフ　(ii) $y = f(t-a) \cdot u(t-a)$ のグラフ　(iii) $y = f(t-a)$ と $y = u(t-a)$ のグラフ

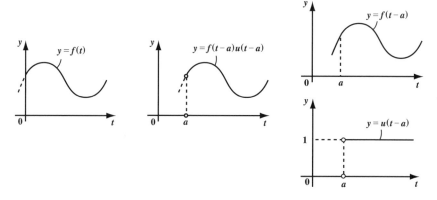

それでは，$f(t-a) \cdot u(t-a)$ のラプラス変換も次の例題で導いてみよう。

例題 17　$\mathcal{L}[f(t)] = F(s)$ とおく。このとき，次のラプラス変換の公式が成り立つことを示そう。
$$\mathcal{L}[f(t-a) \cdot u(t-a)] = e^{-as}F(s) \quad \cdots\cdots (\ast a_0) \quad (a \geqq 0)$$

$$\mathcal{L}[f(t-a) \cdot u(t-a)] = \int_0^\infty f(t-a)u(t-a)e^{-st}\,dt$$
$$= \int_0^a f(t-a) \cdot 0 \cdot e^{-st}\,dt + \int_a^\infty f(t-a) \cdot 1 \cdot e^{-st}\,dt$$
$$= \int_a^\infty f(t-a)e^{-st}\,dt$$

$$u(t-a) = \begin{cases} 0 & (t < a) \\ 1 & (a < t) \end{cases}$$

ここで，$t - a = x$ とおくと，$t : a \to \infty$ のとき，$x : 0 \to \infty$
また，$dt = dx$ となる。よって，

$$\mathcal{L}\left[f(t-a)\cdot u(t-a)\right]=\int_0^\infty f(x)\cdot e^{-s(x+a)}\,dx$$

$$=e^{-as}\underbrace{\int_0^\infty f(x)e^{-sx}\,dx}_{F(s)}=e^{-as}F(s)$$

（定数）

∴ ラプラス変換の公式：$\mathcal{L}\left[f(t-a)\cdot u(t-a)\right]=e^{-as}F(s)$ ……（$*a_0$）
も導けたんだね。

ここで，$\underline{f(t)=1}$ とおくと，$F(s)=\dfrac{1}{s}$ より，これらを（$*a_0$）に代入すると，

これから $f(t-a)=1$ となる。$y=1$ を t 軸方向に平行移動しても変化しないからだ。

$\mathcal{L}\left[1\cdot u(t-a)\right]=e^{-as}\cdot\dfrac{1}{s}$ ，すなわち公式：$\mathcal{L}\left[u(t-a)\right]=\dfrac{e^{-as}}{s}$ ……（$*z$）
が導けるのもいいね。

ここで，デルタ関数 $\delta(t)$，
単位階段関数 $u(t-a)$，$u(t)$，
および $f(t-a)\cdot u(t-a)$ のラ
プラス変換の結果を表 4 に示
すので，これもシッカリ頭に
入れておいてくれ。
それでは，（$*a_0$）の公式につ
いて，次の例で具体的に少し
練習しておこう。

表 4　ラプラス変換表 (Ⅳ)

$f(t)$	$F(s)$
$\delta(t)$	1
$u(t-a)$　$(a\geqq 0)$	$\dfrac{e^{-as}}{s}$
$u(t)$	$\dfrac{1}{s}$
$f(t-a)\cdot u(t-a)$　$(a\geqq 0)$	$e^{-as}F(s)$

$(ex1)\,f(t)=t^2$ のとき，$F(s)=\mathcal{L}[t^2]=\dfrac{\Gamma(3)}{s^3}=\dfrac{2}{s^3}$ より，（$\Gamma(3)=2!$）

$$\mathcal{L}\left[f(t-3)\cdot u(t-3)\right]=e^{-3s}F(s)=\dfrac{2e^{-3s}}{s^3}\quad\text{となる。}$$

$(ex2)\,f(t)=\cos 2t$ のとき，$F(s)=\mathcal{L}[\cos 2t]=\dfrac{s}{s^2+2^2}=\dfrac{s}{s^2+4}$ より，

$$\mathcal{L}\left[f(t-2)\cdot u(t-2)\right]=e^{-2s}F(s)=\dfrac{s\cdot e^{-2s}}{s^2+4}\quad\text{となる。大丈夫？}$$

$\mathcal{L}[f(t)] = F(s)$ のとき，次のラプラス変換の公式：

$\mathcal{L}[e^{at}f(t)] = F(s-a)$ ……$(*b_0)$ が成り立つことも覚えよう。

これは簡単に示せる。

$$\mathcal{L}[e^{at}f(t)] = \int_0^\infty e^{at}f(t)e^{-st}\,dt$$

> s の代わりに $s-a$ がきてるだけだからね。

$$= \int_0^\infty f(t)e^{-(s-a)t}dt = F(s-a) \quad \text{となる。大丈夫？}$$

それでは $(*b_0)$ についても，次の例題で練習しておこう。

例題 **18** 次のラプラス変換を求めてみよう。

$\qquad$ **(1)** $\mathcal{L}[e^{2t}t^{-\frac{1}{2}}]$ $\qquad\qquad$ **(2)** $\mathcal{L}[e^{3t}\cosh 2t]$

---

(1) $f(t) = t^{-\frac{1}{2}} \ (t>0)$ とおくと，

$$F(s) = \mathcal{L}[t^{-\frac{1}{2}}] = \frac{\Gamma\left(\frac{1}{2}\right)}{s^{\frac{1}{2}}} = \sqrt{\frac{\pi}{s}}$$

> $\mathcal{L}[t^\alpha] = \dfrac{\Gamma(\alpha+1)}{s^{\alpha+1}}$
> $\cdot\ \Gamma\left(\dfrac{1}{2}\right) = \sqrt{\pi}$

$\qquad$ よって，公式 $(*b_0)$ より，

$$\mathcal{L}[e^{2t}\cdot t^{-\frac{1}{2}}] = F(s-2) = \sqrt{\frac{\pi}{s-2}} \quad \text{となる。}$$

(2) $f(t) = \cosh 2t$ とおくと，

$$F(s) = \mathcal{L}[\cosh 2t] = \frac{s}{s^2-4}$$

> $\mathcal{L}[\cosh ax] = \dfrac{s}{s^2-a^2}$

$\qquad$ よって，公式 $(*b_0)$ より，

$$\mathcal{L}[e^{3t}\cosh 2t] = F(s-3) = \frac{s-3}{(s-3)^2-4} = \frac{s-3}{s^2-6s+5} \quad \text{となる。}$$

(2) の別解

$$e^{3t}\cosh 2t = e^{3t}\cdot\frac{e^{2t}+e^{-2t}}{2} = \frac{1}{2}(e^{5t}+e^t) \quad \text{より，}$$

$$\mathcal{L}[e^{3t}\cosh 2t] = \mathcal{L}\left[\frac{1}{2}\left(e^{5t}+e^{t}\right)\right]$$

$$= \frac{1}{2}\left(\mathcal{L}[e^{5t}]+\mathcal{L}[e^{t}]\right) \leftarrow \boxed{\text{線形性}}$$

$\boxed{\mathcal{L}[e^{at}]=\dfrac{1}{s-a}}$

$$= \frac{1}{2}\left(\frac{1}{s-5}+\frac{1}{s-1}\right) = \frac{1}{2}\cdot\frac{2s-6}{(s-5)(s-1)}$$

$$= \frac{s-3}{s^2-6s+5} \quad \text{と求めてもかまわない。}$$

それでは次，周期関数のラプラス変換についても解説しよう。

周期関数のラプラス変換

$t \geqq 0$ で定義される周期 T の周期関数 $f(t)$ のラプラス変換は次のようになる。

$$\mathcal{L}[f(t)] = \frac{F_0(s)}{1-e^{-sT}} \cdots\cdots(*c_0)$$

ただし，$F_0(s) = \displaystyle\int_0^T f(t)e^{-st}\,dt \cdots\cdots①$

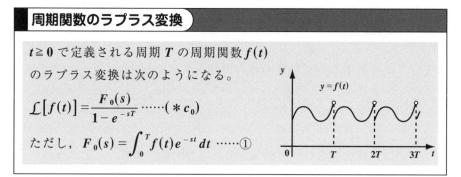

$f(t)\,(t \geqq 0)$ は周期 T の周期関数より，

$f(t) = f(t+T) = f(t+2T) = f(t+3T) = \cdots$　と表せることは大丈夫だね。

それでは，$(*c_0)$ が成り立つことを証明しよう。

$$\mathcal{L}[f(t)] = \int_0^\infty f(t)e^{-st}\,dt$$

$$= \underbrace{\int_0^T f(t)e^{-st}\,dt}_{} + \underbrace{\int_T^{2T} f(t)e^{-st}\,dt}_{} + \underbrace{\int_{2T}^{3T} f(t)e^{-st}\,dt}_{} + \cdots$$

$\boxed{F_0(s)\,(①より)}$

$\boxed{1\text{ 周期分の積分}}$

$t = u+T$ とおくと，
$\begin{cases} t : T \to 2T,\ u : 0 \to T \\ dt = du \end{cases}$ より，
$= \displaystyle\int_0^T f(u+T)e^{-s(u+T)}\,du$

$\boxed{f(u)\,(\text{周期関数より})}$

$t = u+2T$ とおくと，
$\begin{cases} t : 2T \to 3T,\ u : 0 \to T \\ dt = du \end{cases}$ より，
$= \displaystyle\int_0^T f(u+2T)e^{-s(u+2T)}\,du$

$\boxed{f(u)\,(\text{周期関数より})}$

よって,

$$\mathcal{L}[f(t)] = F_0(s) + \int_0^T f(u)e^{-su-sT}\,du + \int_0^T f(u)e^{-su-2sT}\,du + \cdots$$

$$= F_0(s) + e^{-sT}\underbrace{\int_0^T f(u)e^{-su}\,du}_{F_0(s)} + e^{-2sT}\underbrace{\int_0^T f(u)e^{-su}\,du}_{F_0(s)} + \cdots$$

1周期分の積分

$$= F_0(s) + e^{-sT}F_0(s) + e^{-2sT}F_0(s) + \cdots$$

$$= F_0(s)\underbrace{\left(1 + e^{-sT} + e^{-2sT} + \cdots\cdots\right)}$$

無限等比級数の和
$$1 + r + r^2 + \cdots = \frac{1}{1-r}$$
$$(-1 < r < 1)$$

$$= F_0(s) \cdot \underbrace{\frac{1}{1 - e^{-sT}}}$$

ここで, $s > 0$ より, $-sT < 0$ だね。
よって, $0 < \underset{\boxed{r}}{e^{-sT}} < 1$ となって,無限等比級数の収束条件をみたす。

以上より,周期 T の周期関数 $f(t)$ のラプラス変換は,

$$\mathcal{L}[f(t)] = \frac{F_0(s)}{1 - e^{-sT}} \cdots\cdots(*c_0) \quad \left(s > 0 \,,\, F_0(s) = \int_0^T f(t)e^{-st}\,dt\right)$$

となるんだね。納得いった?

それでは,周期関数のラプラス変換も次の例題で練習しておこう。

例題 19 次式で定義される周期 2 の周期関数 $f(t)$ のラプラス変換を求めてみよう。

$$f(t) = \begin{cases} 1 & (0 < t < 1) \\ 0 & (1 < t < 2) \end{cases}$$

まず,周期 $T = 2$ の周期関数 $f(t)$

1周期分の積分を求めよう。

$$F_0(s) = \int_0^2 f(t)e^{-st}\,dt$$

$$= \int_0^1 1 \cdot e^{-st}\,dt + \underbrace{\int_1^2 0 \cdot e^{-st}\,dt}_{0}$$

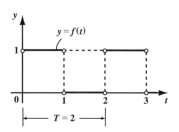

$\therefore F_0(s) = \int_0^1 e^{-st}dt = -\frac{1}{s}\left[e^{-st}\right]_0^1 = -\frac{1}{s}(e^{-s}-1) = \frac{1-e^{-s}}{s}$ となる。

よって，$(*c_0)$ の公式から，この周期関数 $f(t)$ のラプラス変換を求めると，

$\mathcal{L}[f(t)] = \frac{F_0(s)}{1-e^{-2s}} = \frac{1}{s}\cdot\frac{1-e^{-s}}{1-e^{-2s}}$ ← 分子・分母に e^{2s} をかけて

$= \frac{1}{s}\cdot\frac{e^s(e^s-1)}{e^{2s}-1} = \frac{e^s(e^s-1)}{s(e^s+1)(e^s-1)} = \frac{e^s}{s(e^s+1)}$

となるんだね。納得いった？

それでは，ここで解説した $e^{at}f(t)$ と，周期 T の周期関数 $f(t)$ のラプラス変換の結果を，表5にまとめて示す。しっかり頭に入れておこう。

表5 ラプラス変換表(Ⅴ)

$f(t)$	$F(s)$
$e^{at}f(t)$	$F(s-a)$ $(F(s)=\mathcal{L}[f(t)])$
周期 T の周期関数 $f(t)$	$\frac{F_0(s)}{1-e^{-sT}}$ $\left(F_0(s)=\int_0^T f(t)e^{-st}dt\right)$

● 誤差関数のラプラス変換も求めてみよう！

誤差関数 $erf(t)$ の定義式は P18 で教えたように，

$erf(t) = \frac{2}{\sqrt{\pi}}\int_0^t e^{-u^2}du$ ……$(*a)$ だったんだね。

ラプラス変換する場合，直接この形ではなく，

$erf(\sqrt{t}) = \frac{2}{\sqrt{\pi}}\int_0^{\sqrt{t}} e^{-u^2}du$ ……①

のラプラス変換 $\mathcal{L}[erf(\sqrt{t})]$ を求めることになる。そして，これは公式として

$\mathcal{L}[erf(\sqrt{t})] = \frac{1}{s\sqrt{s+1}}$ ……$(*d_0)$ で与えられる。エッ，なんでこうなる

のかサッパリ分からないって？ そうだね。これを証明するにはかなりの基礎知識が必要だ。

でも，これらは既に教えているんだよ。復習を兼ねて整理しておこう。

(i) e^x のマクローリン展開が，

$$e^x = 1 + \frac{x}{1!} + \frac{x^2}{2!} + \frac{x^3}{3!} + \cdots\cdots$$

$$\boxed{erf(\sqrt{t}) = \frac{2}{\sqrt{\pi}} \int_0^{\sqrt{t}} e^{-u^2} du \cdots\cdots ①}$$

となることは大丈夫だね。よって，

$$e^{-u^2} = 1 + \frac{(-u^2)}{1!} + \frac{(-u^2)^2}{2!} + \frac{(-u^2)^3}{3!} + \cdots\cdots$$

$$= 1 - \frac{u^2}{1!} + \frac{u^4}{2!} - \frac{u^6}{3!} + \cdots\cdots \quad \text{となるのもいいね。}$$

(ii) $\mathcal{L}[t^\alpha] = \dfrac{\Gamma(\alpha+1)}{s^{\alpha+1}}$　また，$\Gamma(\alpha+1) = \alpha\Gamma(\alpha)$ ，$\Gamma\left(\dfrac{1}{2}\right) = \sqrt{\pi}$ も使う。

(iii) 2 項展開の応用として，**P31** で示した公式：

$$(1+x)^{-\frac{1}{2}} = 1 - \frac{1}{2}x + \frac{1 \cdot 3}{2 \cdot 4}x^2 - \frac{1 \cdot 3 \cdot 5}{2 \cdot 4 \cdot 6}x^3 + \cdots\cdots\cdots② \text{ も利用する。}$$

さァ，それでは次の例題で $\mathcal{L}[erf(\sqrt{t})]$ の公式を導いてみよう。

例題 20　$erf(\sqrt{t})$ のラプラス変換が次式で与えられることを
　　　　証明してみよう。

$$\mathcal{L}[erf(\sqrt{t})] = \frac{1}{s\sqrt{s+1}} \quad \cdots\cdots(*d_0)$$

---

①より，

$$\mathcal{L}[erf(\sqrt{t})] = \mathcal{L}\left[\frac{2}{\sqrt{\pi}} \int_0^{\sqrt{t}} \underbrace{e^{-u^2}}_{1 - \frac{u^2}{1!} + \frac{u^4}{2!} - \frac{u^6}{3!} + \cdots} du\right]$$

e^{-u^2} のマクローリン
展開だ。

$$= \mathcal{L}\left[\frac{2}{\sqrt{\pi}} \underbrace{\int_0^{\sqrt{t}} \left(1 - \frac{u^2}{1!} + \frac{u^4}{2!} - \frac{u^6}{3!} + \cdots\right) du}\right]$$

積分計算

$$\left[u - \frac{u^3}{3 \cdot 1!} + \frac{u^5}{5 \cdot 2!} - \frac{u^7}{7 \cdot 3!} + \cdots\right]_0^{\sqrt{t}}$$

$$= t^{\frac{1}{2}} - \frac{t^{\frac{3}{2}}}{3 \cdot 1!} + \frac{t^{\frac{5}{2}}}{5 \cdot 2!} - \frac{t^{\frac{7}{2}}}{7 \cdot 3!} + \cdots$$

よって，

$$\mathcal{L}\left[erf(\sqrt{t})\right] = \mathcal{L}\left[\frac{2}{\sqrt{\pi}}\left(t^{\frac{1}{2}} - \frac{1}{3}t^{\frac{3}{2}} + \frac{1}{5\cdot 2!}t^{\frac{5}{2}} - \frac{1}{7\cdot 3!}t^{\frac{7}{2}} + \cdots\right)\right]$$

線形性

$$= \frac{2}{\sqrt{\pi}}\left\{\underline{\mathcal{L}\left[t^{\frac{1}{2}}\right]} - \frac{1}{3}\underline{\mathcal{L}\left[t^{\frac{3}{2}}\right]} + \frac{1}{5\cdot 2!}\underline{\mathcal{L}\left[t^{\frac{5}{2}}\right]} - \frac{1}{7\cdot 3!}\underline{\mathcal{L}\left[t^{\frac{7}{2}}\right]} + \cdots\right\}$$

$$\frac{\Gamma\left(\frac{3}{2}\right)}{s^{\frac{3}{2}}} \qquad \frac{\Gamma\left(\frac{5}{2}\right)}{s^{\frac{5}{2}}} \qquad \frac{\Gamma\left(\frac{7}{2}\right)}{s^{\frac{7}{2}}} \qquad \frac{\Gamma\left(\frac{9}{2}\right)}{s^{\frac{9}{2}}}$$

公式
$$\mathcal{L}\left[t^{\alpha}\right] = \frac{\Gamma(\alpha+1)}{s^{\alpha+1}}$$

$$\frac{1}{2}\Gamma\left(\frac{1}{2}\right) = \frac{1}{2}\sqrt{\pi} \qquad \frac{3}{2}\cdot\frac{1}{2}\Gamma\left(\frac{1}{2}\right) \qquad \frac{5}{2}\cdot\frac{3}{2}\cdot\frac{1}{2}\Gamma\left(\frac{1}{2}\right) \qquad \frac{7}{2}\cdot\frac{5}{2}\cdot\frac{3}{2}\cdot\frac{1}{2}\Gamma\left(\frac{1}{2}\right)$$

$$= \frac{2}{\sqrt{\pi}}\left\{\frac{\Gamma\left(\frac{3}{2}\right)}{s^{\frac{3}{2}}} - \frac{1}{3}\cdot\frac{\Gamma\left(\frac{5}{2}\right)}{s^{\frac{5}{2}}} + \frac{1}{5\cdot 2!}\cdot\frac{\Gamma\left(\frac{7}{2}\right)}{s^{\frac{7}{2}}} - \frac{1}{7\cdot 3!}\cdot\frac{\Gamma\left(\frac{9}{2}\right)}{s^{\frac{9}{2}}} + \cdots\right\}$$

$$= \frac{1}{s^{\frac{3}{2}}}\frac{2}{\sqrt{\pi}}\left(\frac{1}{2}\sqrt{\pi} - \frac{1}{3}\cdot\frac{\frac{3}{2}\cdot\frac{1}{2}\cdot\sqrt{\pi}}{s} + \frac{1}{5\cdot 2!}\cdot\frac{\frac{5}{2}\cdot\frac{3}{2}\cdot\frac{1}{2}\cdot\sqrt{\pi}}{s^2} - \frac{1}{7\cdot 3!}\cdot\frac{\frac{7}{2}\cdot\frac{5}{2}\cdot\frac{3}{2}\cdot\frac{1}{2}\cdot\sqrt{\pi}}{s^3} + \cdots\right)$$

$$= \frac{1}{s^{\frac{3}{2}}}\left(1 - \frac{1}{2}\cdot\frac{1}{s} + \frac{1\cdot 3}{2\cdot 4}\cdot\frac{1}{s^2} - \frac{1\cdot 3\cdot 5}{2\cdot 4\cdot 6}\cdot\frac{1}{s^3} + \cdots\right)$$

$$\frac{1}{s} = x \text{ とおくと，} 1 - \frac{1}{2}x + \frac{1\cdot 3}{2\cdot 4}x^2 - \frac{1\cdot 3\cdot 5}{2\cdot 4\cdot 6}x^3 + \cdots = (1+x)^{-\frac{1}{2}} \text{ ……②の形だ！}$$

$$= \frac{1}{s\sqrt{s}}\left(1 + \frac{1}{s}\right)^{-\frac{1}{2}} \qquad (②より)$$

$$= \frac{1}{s\sqrt{s}}\cdot\frac{1}{\sqrt{1 + \dfrac{1}{s}}} = \frac{1}{s}\cdot\frac{1}{\sqrt{s+1}} = \frac{1}{s\sqrt{s+1}} \qquad \text{となる。}$$

以上より，$erf(\sqrt{t})$ のラプラス変換の公式：

$$\mathcal{L}\left[erf(\sqrt{t})\right] = \frac{1}{s\sqrt{s+1}} \cdots\cdots(*d_0) \qquad \text{が導けたんだね。大丈夫だった？}$$

それでは，この $(*d_0)$ を基に，$\mathcal{L}\left[erf(\sqrt{at})\right]$ も求めてみよう。

$f(t) = erf(\sqrt{t}\,)$ とおくと，$(*d_0)$ より，

$F(s) = \mathcal{L}[f(t)] = \dfrac{1}{s\sqrt{s+1}}$　なんだね。

よって，$f(at) = erf(\sqrt{at}\,)$ となるので，

対称性の公式 $(*v)$ を用いると，

$$\boxed{\begin{aligned} &\cdot\ \mathcal{L}[erf(\sqrt{t}\,)] = \dfrac{1}{s\sqrt{s+1}}\ \ \cdots\cdots(*d_0)\\ &\cdot\ \mathcal{L}[f(at)] = \dfrac{1}{a}F\!\left(\dfrac{s}{a}\right)\ \ \cdots\cdots(*v) \end{aligned}}$$

$$\mathcal{L}[erf(\sqrt{at}\,)] = \mathcal{L}[f(at)] = \dfrac{1}{a}\cdot F\!\left(\dfrac{s}{a}\right)$$

$$= \dfrac{1}{\cancel{a}}\cdot\dfrac{1}{\dfrac{s}{\cancel{a}}\sqrt{\dfrac{s}{a}+1}} = \dfrac{\sqrt{a}}{s\sqrt{s+a}}\quad\text{となる。}$$

これも公式：$\mathcal{L}[erf(\sqrt{at}\,)] = \dfrac{\sqrt{a}}{s\sqrt{s+a}}$　$\cdots\cdots(*d_0)'$　として覚えよう。

● ベッセル関数のラプラス変換も求めてみよう！

2 階線形微分方程式として，次の"ベッセル (Bessel) の微分方程式"：

$t^2 y'' + ty' + (t^2 - \alpha^2)y = 0$ $\cdots\cdots$① 　（α：0 以上の定数）

は，円形膜の振動や，円盤の熱伝導問題などで頻出の方程式なんだ。

そして，この①の方程式は次のような"フロベニウス (Frobenius) 級数"

の形の解：

$y = t^\lambda \sum\limits_{k=0}^{\infty} a_k t^k$　$(a_0 \neq 0)$ $\cdots\cdots$② 　をもつことが分かっている。

②を 1 階，2 階微分すると，

$y' = \sum\limits_{k=0}^{\infty} (k+\lambda)a_k t^{k+\lambda-1}$ $\cdots\cdots$③

$y'' = \sum\limits_{k=0}^{\infty} (k+\lambda)(k+\lambda-1)a_k t^{k+\lambda-2}$ $\cdots\cdots$④ 　となるので，

この②，③，④を①に代入して，係数 $a_k(k=0,1,2\cdots)$ を決定した結果，

①の方程式の基本解の 1 つとして，"第 1 種 α 次のベッセル関数"

$J_\alpha(t) = \sum\limits_{k=0}^{\infty} \dfrac{(-1)^k}{k!\,\Gamma(\alpha+k+1)}\left(\dfrac{t}{2}\right)^{2k+\alpha}$ $\cdots\cdots$⑤ 　が得られる。

そして，①のベッセルの微分方程式の一般解は次のようになる。

(Ⅰ) $\alpha \neq n$ のとき， $(n = 0, 1, 2, \cdots)$

$\quad y = C_1 J_\alpha(t) + C_2 J_{-\alpha}(t) \quad (C_1, C_2：任意定数)$

(Ⅱ) $\alpha = n$ のとき， $(n = 0, 1, 2, \cdots)$

$\quad y = C_1 J_n(t) + C_2 Y_n(t) \quad (C_1, C_2：任意定数)$

$\quad\quad\quad\quad (Y_n(t)：第2種 n 次のベッセル関数)$

> この詳しい導出法や，第2種のベッセル関数について，御存知ない方は，
> **「常微分方程式キャンパス・ゼミ」**（マセマ）で学習されることをお勧めします。

ここでは，$\alpha = n$（0以上の整数），
特に $n = 0, 1, 2, 3$ のときの
ベッセル関数 $J_0(t)$，$J_1(t)$，$J_2(t)$，
$J_3(t)$ のグラフの概形を図4に
示す。

図4 第1種のベッセル関数 $J_n(t)$

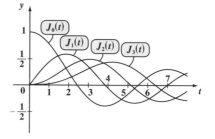

そして，この内最も基本とな
る第1種0次のベッセル関数
$J_0(t)$ について，そのラプラス
変換を求めることにしよう。
⑤の α に $\alpha = 0$ を代入すると，

$$J_0(t) = \sum_{k=0}^{\infty} \frac{(-1)^k}{k!\,\underbrace{\Gamma(k+1)}_{k!}}\left(\frac{t}{2}\right)^{2k}$$

> これは，$\alpha = 0$ のときの
> ベッセルの微分方程式：
> $t^2 y'' + t y' + t^2 y = 0$
> の基本解の1つだ。

$$= \sum_{k=0}^{\infty} \frac{(-1)^k}{2^{2k}(k!)^2} t^{2k}$$

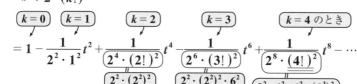

$k=0$ | $k=1$ | $k=2$ | $k=3$ | $k=4$ のとき

$$= 1 - \frac{1}{2^2 \cdot 1^2}t^2 + \underbrace{\frac{1}{2^4 \cdot (2!)^2}}_{2^2 \cdot (2^2)^2}t^4 - \underbrace{\frac{1}{2^6 \cdot (3!)^2}}_{2^2 \cdot (2^2)^2 \cdot 6^2}t^6 + \underbrace{\frac{1}{2^8 \cdot (4!)^2}}_{2^2 \cdot 4^2 \cdot 6^2 \cdot (2^3)^2}t^8 - \cdots$$

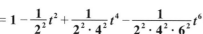

$$= 1 - \frac{1}{2^2}t^2 + \frac{1}{2^2 \cdot 4^2}t^4 - \frac{1}{2^2 \cdot 4^2 \cdot 6^2}t^6 + \frac{1}{2^2 \cdot 4^2 \cdot 6^2 \cdot 8^2}t^8 - \cdots\cdots\cdots ⑥$$

となり，$J_0(t)$ は，規則性をもったキレイな形の無限級数であることが分かった。

$J_0(t)$ のラプラス変換の問題でも，$(1+x)^{-\frac{1}{2}}$ の2項展開の公式：

$$(1+x)^{-\frac{1}{2}} = 1 - \frac{1}{2}x + \frac{1 \cdot 3}{2 \cdot 4}x^2 - \frac{1 \cdot 3 \cdot 5}{2 \cdot 4 \cdot 6}x^3 + \cdots\cdots \text{⑦}$$ がポイントになる。

それでは，次の例題で，公式：$\mathcal{L}[J_0(t)] = \dfrac{1}{\sqrt{s^2+1}}$ $\cdots\cdots(*e_0)$ が成り立つことを示してみよう。

例題21 第1種0次ベッセル関数のラプラス変換で，次式が
成り立つことを証明してみよう。

$$(1)\, \mathcal{L}[J_0(t)] = \frac{1}{\sqrt{s^2+1}} \quad \cdots\cdots\cdots(*e_0)$$

$$(2)\, \mathcal{L}[J_0(at)] = \frac{1}{\sqrt{s^2+a^2}} \quad \cdots\cdots(*e_0)'$$

$(1)\ J_0(t) = 1 - \dfrac{1}{2^2}t^2 + \dfrac{1}{2^2 \cdot 4^2}t^4 - \dfrac{1}{2^2 \cdot 4^2 \cdot 6^2}t^6 + \cdots\cdots\cdots \text{⑥}$ より，

$$\mathcal{L}[J_0(t)] = \mathcal{L}\Big[1 - \frac{1}{2^2}t^2 + \frac{1}{2^2 \cdot 4^2}t^4 - \frac{1}{2^2 \cdot 4^2 \cdot 6^2}t^6 + \cdots\cdots\Big]$$

線形性

$$= \underbrace{\mathcal{L}[1]}_{\frac{1}{s}} - \frac{1}{2^2}\underbrace{\mathcal{L}[t^2]}_{\frac{\Gamma(3)}{s^3}} + \frac{1}{2^2 \cdot 4^2}\underbrace{\mathcal{L}[t^4]}_{\frac{\Gamma(5)}{s^5}} - \frac{1}{2^2 \cdot 4^2 \cdot 6^2}\underbrace{\mathcal{L}[t^6]}_{\frac{\Gamma(7)}{s^7}} + \cdots$$

$$= \frac{1}{s} - \frac{1}{2^2} \cdot \frac{\overset{2!}{\Gamma(3)}}{s^3} + \frac{1}{2^2 \cdot 4^2} \cdot \frac{\overset{4!}{\Gamma(5)}}{s^5} - \frac{1}{2^2 \cdot 4^2 \cdot 6^2} \cdot \frac{\overset{6!}{\Gamma(7)}}{s^7} + \cdots\cdots$$

$$= \frac{1}{s}\Big(1 - \frac{1 \cdot 2}{2^2} \cdot \frac{1}{s^2} + \frac{1 \cdot 2 \cdot 3 \cdot 4}{2^2 \cdot 4^2} \cdot \frac{1}{s^4} - \frac{1 \cdot 2 \cdot 3 \cdot 4 \cdot 5 \cdot 6}{2^2 \cdot 4^2 \cdot 6^2} \cdot \frac{1}{s^6} + \cdots\Big)$$

$$= \frac{1}{s}\Big(1 - \frac{1}{2} \cdot \frac{1}{s^2} + \frac{1 \cdot 3}{2 \cdot 4} \cdot \frac{1}{s^4} - \frac{1 \cdot 3 \cdot 5}{2 \cdot 4 \cdot 6} \cdot \frac{1}{s^6} + \cdots\cdots\Big)$$

$\dfrac{1}{s^2} = x$ とおくと，$1 - \dfrac{1}{2}x + \dfrac{1 \cdot 3}{2 \cdot 4}x^2 - \dfrac{1 \cdot 3 \cdot 5}{2 \cdot 4 \cdot 6}x^3 + \cdots = (1+x)^{-\frac{1}{2}}$ $\cdots\cdots$⑦の形だ！

$$= \frac{1}{s} \cdot \left(1 + \frac{1}{s^2}\right)^{-\frac{1}{2}} \quad (⑦より)$$

$$= \frac{1}{s} \cdot \frac{1}{\sqrt{1 + \dfrac{1}{s^2}}} = \frac{1}{\sqrt{s^2 + 1}}$$

以上より，$J_0(t)$ のラプラス変換の公式 :

$$\mathcal{L}[J_0(t)] = \frac{1}{\sqrt{s^2 + 1}} \quad \cdots\cdots(*e_0) \quad が導けた。$$

(2) ラプラス変換の対称性の公式 :

$$\mathcal{L}[f(at)] = \frac{1}{a} \cdot F\left(\frac{s}{a}\right) \quad \cdots\cdots(*v) \quad (ただし \ \mathcal{L}[f(t)] = F(s))$$

を用いればいいんだね。

$$\mathcal{L}[J_0(t)] = \frac{1}{\sqrt{s^2 + 1}} \quad \cdots\cdots(*e_0) \ より，公式 \ (*v) \ を利用すれば，$$

$$\mathcal{L}[J_0(at)] = \frac{1}{a} \cdot \frac{1}{\sqrt{\left(\dfrac{s}{a}\right)^2 + 1}} = \frac{1}{\sqrt{s^2 + a^2}} \quad となる。$$

よって，公式 : $\mathcal{L}[J_0(at)] = \dfrac{1}{\sqrt{s^2 + a^2}}$ $\cdots(*e_0)'$ も導けた！大丈夫だった？

　それでは，これまで解説してきた，誤差関数 $erf(\sqrt{t})$，$erf(\sqrt{at})$ と第 1 種 0 次ベッセル関数 $J_0(t)$, $J_0(at)$ のラプラス変換の結果を表 6 に示しておくので，これも頭に入れておこう。

表 6　ラプラス変換表 (Ⅵ)

$f(t)$	$F(s)$
$erf(\sqrt{t})$	$\dfrac{1}{s\sqrt{s+1}}$
$erf(\sqrt{at})$	$\dfrac{\sqrt{a}}{s\sqrt{s+a}}$
$J_0(t)$	$\dfrac{1}{\sqrt{s^2+1}}$
$J_0(at)$	$\dfrac{1}{\sqrt{s^2+a^2}}$

次のラプラス変換を求めよ。

(1) $\mathcal{L}[u(t-4)]$

(2) $\mathcal{L}\left[(t-2)^{\frac{1}{2}} \cdot u(t-2)\right]$

(3) $\mathcal{L}[\cos(2t-6) \cdot u(t-3)]$

ヒント！ 公式：$\mathcal{L}[u(t-a)] = \dfrac{e^{-as}}{s}$, $\mathcal{L}[f(t-a) \cdot u(t-a)] = e^{-as}F(s)$

を利用して解けばいい。

解答＆解説

(1) $\mathcal{L}[u(t-4)] = \dfrac{e^{-4s}}{s}$ ⟵ ・$\mathcal{L}[u(t-a)] = \dfrac{e^{-as}}{s}$

(2) $f(t) = t^{\frac{1}{2}}$, $F(s) = \mathcal{L}[f(t)]$ とおくと、

$$\boxed{\dfrac{1}{2}\Gamma\left(\dfrac{1}{2}\right) = \dfrac{1}{2}\sqrt{\pi}}$$

$$F(s) = \mathcal{L}\left[t^{\frac{1}{2}}\right] = \dfrac{\boxed{\Gamma\left(\dfrac{3}{2}\right)}}{s^{\frac{3}{2}}} = \dfrac{\sqrt{\pi}}{2s\sqrt{s}} \quad \text{となる。}$$

・$\mathcal{L}[t^{\alpha}] = \dfrac{\Gamma(\alpha+1)}{s^{\alpha+1}}$

・$\mathcal{L}[f(t-a) \cdot u(t-a)]$
$= e^{-as}F(s)$
$(F(s) = \mathcal{L}[f(t)])$

$$\therefore \mathcal{L}\left[(t-2)^{\frac{1}{2}} \cdot u(t-2)\right] = \mathcal{L}[f(t-2) \cdot u(t-2)]$$

$$= e^{-2s}F(s) = \dfrac{\sqrt{\pi}\, e^{-2s}}{2s\sqrt{s}} \quad \text{となる。}$$

(3) $f(t) = \cos 2t$, $F(s) = \mathcal{L}[f(t)]$ とおくと、

$$F(s) = \mathcal{L}[\cos 2t] = \dfrac{s}{s^2+4}$$

⟵ ・$\mathcal{L}[\cos at] = \dfrac{s}{s^2+a^2}$

$$\therefore \mathcal{L}[\cos(2t-6) \cdot u(t-3)]$$

$$= \mathcal{L}[\cos 2(t-3) \cdot u(t-3)]$$

$$= \mathcal{L}[f(t-3) \cdot u(t-3)]$$

・$\mathcal{L}[f(t-a) \cdot u(t-a)]$
$= e^{-as}F(s)$
$(F(s) = \mathcal{L}[f(t)])$

$$= e^{-3s}F(s) = \dfrac{s e^{-3s}}{s^2+4} \quad \text{となる。}$$

実践問題 3　　　● ラプラス変換の計算 (Ⅲ) ●

次のラプラス変換を求めよ。

(1) $\mathcal{L}\left[u(t-2)\right]$　　　　　(2) $\mathcal{L}\left[(t-1)^3 \cdot u(t-1)\right]$

(3) $\mathcal{L}\left[\sin(3t-12) \cdot u(t-4)\right]$

ヒント！　これも，単位階段関数 $u(t-a)$ に関連したラプラス変換の公式を利用するんだね。

解答 & 解説

(1) $\mathcal{L}\left[u(t-2)\right] = \boxed{(ア)}$　⟵　$\cdot\ \mathcal{L}\left[u(t-a)\right] = \dfrac{e^{-as}}{s}$

(2) $f(t) = t^3,\ F(s) = \mathcal{L}\left[f(t)\right]$ とおくと，

$\cdot\ \mathcal{L}\left[t^n\right] = \dfrac{\Gamma(n+1)}{s^{n+1}}$

$F(s) = \mathcal{L}\left[t^3\right] = \dfrac{\Gamma(4)}{s^4} = \dfrac{3!}{s^4} = \boxed{(イ)}$ となる。

$\cdot\ \mathcal{L}\left[f(t-a) \cdot u(t-a)\right] = e^{-as}F(s)$

$\therefore\ \mathcal{L}\left[(t-1)^3 \cdot u(t-1)\right] = \mathcal{L}\left[f(t-1) \cdot u(t-1)\right]$

$= e^{-s} \cdot F(s) = \boxed{(ウ)}$

(3) $f(t) = \sin 3t,\ F(s) = \mathcal{L}\left[f(t)\right]$ とおくと，

$F(s) = \mathcal{L}\left[\sin 3t\right] = \boxed{(エ)}$　⟵　$\cdot\ \mathcal{L}\left[\sin at\right] = \dfrac{a}{s^2+a^2}$

$\therefore\ \mathcal{L}\left[\sin 3(t-4) \cdot u(t-4)\right]$

$= \mathcal{L}\left[f(t-4) \cdot u(t-4)\right]$

$= e^{-4s}F(s) = \boxed{(オ)}$　⟵　$\cdot\ \mathcal{L}\left[f(t-a) \cdot u(t-a)\right] = e^{-as}F(s)$

解答　(ア) $\dfrac{e^{-2s}}{s}$　　(イ) $\dfrac{6}{s^4}$　　(ウ) $\dfrac{6e^{-s}}{s^4}$　　(エ) $\dfrac{3}{s^2+9}$　　(オ) $\dfrac{3e^{-4s}}{s^2+9}$

次のラプラス変換を求めよ。

(1) $\mathcal{L}\left[e^{2t}erf(\sqrt{t}\,)\right]$　　　　　(2) $\mathcal{L}\left[\cosh 2t \cdot \cos t\right]$

ヒント！　公式：$\mathcal{L}\left[e^{at}f(t)\right] = F(s-a)$,　$\mathcal{L}\left[erf(\sqrt{t}\,)\right] = \dfrac{1}{s\sqrt{s+1}}$

を用いて計算すればいいね。

解答＆解説

(1) $f(t) = erf(\sqrt{t}\,)$, $F(s) = \mathcal{L}\left[f(t)\right]$ とおくと,

$\quad F(s) = \mathcal{L}\left[erf(\sqrt{t}\,)\right] = \dfrac{1}{s\sqrt{s+1}}$ となる。　$\boxed{\cdot\ \mathcal{L}\left[e^{at}f(t)\right] = F(s-a)}$

$\quad \therefore \mathcal{L}\left[e^{2t}erf(\sqrt{t}\,)\right] = F(s-2)$

$\qquad = \dfrac{1}{(s-2)\sqrt{s-2+1}} = \dfrac{1}{(s-2)\sqrt{s-1}}$

(2) $\mathcal{L}\left[\cosh 2t \cdot \cos t\right] = \mathcal{L}\left[\dfrac{1}{2}(e^{2t} + e^{-2t}) \cdot \cos t\right]$

$\qquad = \dfrac{1}{2}\left\{\mathcal{L}\left[e^{2t}\cos t\right] + \mathcal{L}\left[e^{-2t}\cos t\right]\right\}$　←$\boxed{\text{線形性}}$

ここで, $f(t) = \cos t$, $F(s) = \mathcal{L}\left[f(t)\right]$ とおくと,

$\quad F(s) = \mathcal{L}\left[\cos t\right] = \dfrac{s}{s^2+1}$　←$\boxed{\cdot\ \mathcal{L}\left[\cos at\right] = \dfrac{s}{s^2+a^2}}$

$\quad \therefore$ 与式 $= \dfrac{1}{2}\left\{\mathcal{L}\left[e^{2t}f(t)\right] + \mathcal{L}\left[e^{-2t}f(t)\right]\right\}$　$\boxed{\begin{array}{l}\cdot\ \mathcal{L}\left[e^{at}f(t)\right] \\ \quad = F(s-a)\end{array}}$

$\qquad = \dfrac{1}{2}\left\{F(s-2) + F(s+2)\right\}$

$\qquad = \dfrac{1}{2}\left\{\dfrac{s-2}{(s-2)^2+1} + \dfrac{s+2}{(s+2)^2+1}\right\}$

これをまとめて,

$\quad \mathcal{L}\left[\cosh 2t \cdot \cos t\right] = \dfrac{s(s^2-3)}{(s^2-4s+5)(s^2+4s+5)}$

実践問題 4 ● ラプラス変換の計算 (Ⅳ) ●

次のラプラス変換を求めよ。

(1) $\mathcal{L}\left[e^{3t}J_0(2t)\right]$　　　　**(2)** $\mathcal{L}\left[\sinh t \cdot \sin t\right]$

ヒント! 前問同様，ラプラス変換の公式を利用して解いてみよう。

解答 & 解説

(1) $f(t) = J_0(2t)$, $F(s) = \mathcal{L}\left[f(t)\right]$ とおくと，

> $\cdot\ \mathcal{L}\left[J_0(at)\right] = \dfrac{1}{\sqrt{s^2 + a^2}}$

$F(s) = \mathcal{L}\left[J_0(2t)\right] = \dfrac{1}{\sqrt{s^2 + 4}}$ となる。

$\therefore\ \mathcal{L}\left[e^{3t}J_0(2t)\right] = F(s-3)$　←　$\cdot\ \mathcal{L}\left[e^{at}f(t)\right] = F(s-a)$

$= \dfrac{1}{\sqrt{(s-3)^2 + 4}} = \boxed{(\text{ア})}$

(2) $\mathcal{L}\left[\sinh t \cdot \sin t\right] = \mathcal{L}\left[\dfrac{1}{2}(e^t - e^{-t}) \cdot \sin t\right]$

$= \dfrac{1}{2}\left\{\mathcal{L}\left[e^t \sin t\right] - \mathcal{L}\left[e^{-t}\sin t\right]\right\}$　←　線形性

ここで，$f(t) = \sin t$, $F(s) = \mathcal{L}\left[f(t)\right]$ とおくと，

$F(s) = \mathcal{L}\left[\sin t\right] = \boxed{(\text{イ})}$　←　$\cdot\ \mathcal{L}\left[\sin ax\right] = \dfrac{a}{s^2 + a^2}$

$\therefore 与式 = \dfrac{1}{2}\left\{\mathcal{L}\left[e^t f(t)\right] - \mathcal{L}\left[e^{-t}f(t)\right]\right\}$

$= \dfrac{1}{2}\left\{F(s-1) - F(s+1)\right\}$　←　$\cdot\ \mathcal{L}\left[e^{at}f(t)\right] = F(s-a)$

$= \dfrac{1}{2}\left\{\dfrac{1}{(s-1)^2 + 1} - \dfrac{1}{(s+1)^2 + 1}\right\}$

これをまとめて，

$\mathcal{L}\left[\sinh t \cdot \sin t\right] = \boxed{(\text{ウ})}$

解答　(ア) $\dfrac{1}{\sqrt{s^2 - 6s + 13}}$　　(イ) $\dfrac{1}{s^2 + 1}$　　(ウ) $\dfrac{2s}{(s^2 - 2s + 2)(s^2 + 2s + 2)}$

§3. ラプラス変換の性質

ラプラス変換についても，様々な公式を教えてきたのでかなり計算力にも自信が付いてきたと思う。

この講義では，ラプラス変換の総仕上げとして $f'(t)$ や $f''(t)$，それに $\int_0^t f(u)\,du$ など，導関数や定積分された関数のラプラス変換について，解説しようと思う。もちろん，これは後に微分方程式や積分方程式を解く上での重要な基礎知識となるものなんだ。

そしてさらにここでは，合成積 $f(t) * g(t) = \int_0^t f(u)g(t-u)\,du$ のラプラス変換についても教えるつもりだ。

● 導関数 $f'(t)$，$f''(t)$，$f^{(n)}(t)$ のラプラス変換を求めよう！

原関数 $f(t)$ の 1 階導関数 $f'(t)$ のラプラス変換の公式を下に示す。

■ $f'(t)$ のラプラス変換

$f(t)$ は区間 $[0,\infty)$ で連続，かつ指数 α 位の関数とする。さらに，この 1 階導関数 $f'(t)$ が $[0,\infty)$ で区分的に連続な関数とするとき，次式が成り立つ。

$$\mathcal{L}[f'(t)] = sF(s) - f(0) \quad \cdots\cdots (*f_0)$$

（ただし，$F(s) = \mathcal{L}[f(t)]$，$s > \alpha$ とする。）

ではまず，$(*f_0)$ が成り立つことを証明してみよう。

$$\mathcal{L}[f'(t)] = \int_0^\infty f'(t)e^{-st}\,dt \quad \longleftarrow \boxed{\text{ラプラス変換の定義より}}$$

$\boxed{\begin{array}{l} \text{部分積分の公式} \\ \int f' \cdot g\,dt \\ = f \cdot g - \int f \cdot g'\,dt \end{array}}$

$$= \lim_{p \to \infty} \int_0^p f'(t)e^{-st}\,dt$$

$$= \lim_{p \to \infty} \left\{ [f(t)e^{-st}]_0^p - \int_0^p f(t)\cdot(-s)e^{-st}\,dt \right\}$$

$$= \lim_{p \to \infty} \underbrace{\{f(p)e^{-sp} - f(0)\}}_{\substack{(\mathrm{i}) \\ \boxed{0}}} + s\underbrace{\int_0^\infty f(t)e^{-st}\,dt}_{F(s)}$$

（ i ）の極限 $\lim_{p \to \infty} f(p)e^{-sp}$ について，$f(t)$ を指数 α 位の関数とすると，

$|f(p)| \leqq Me^{\alpha p}$ より，

$$\lim_{p \to \infty} |f(p)| e^{-sp} \leqq \lim_{p \to \infty} Me^{\alpha p} e^{-sp} = \lim_{p \to \infty} Me^{\underbrace{-(s-\alpha)p}_{\textstyle 0}} = 0 \qquad (s > \alpha \text{ より})$$

となる。よって，$\lim_{p \to \infty} f(p)e^{-sp} = 0$　となる。

よって，公式：$\mathcal{L}[f'(t)] = sF(s) - f(0) \cdots\cdots(*f_0)$ が成り立つんだね。

大丈夫？

　それでは，この $(*f_0)$ を利用して次の例題を解いてみよう。

例題 22　$f(t) = \sin at$，$F(s) = \mathcal{L}[f(t)] = \dfrac{a}{s^2 + a^2}$

　　　　が与えられているものとして，

　　　　公式：$\mathcal{L}[f'(t)] = sF(s) - f(0) \cdots\cdots(*f_0)$ を用いて，

　　　　$\mathcal{L}[\cos at] = \dfrac{s}{s^2 + a^2}$ を導いてみよう。(ただし，$a \neq 0$)

$f(t) = \sin at$ より，$f'(t) = a\cos at$，$f(0) = \sin 0 = 0$ だね。よって，$(*f_0)$ より，

$$\underbrace{\mathcal{L}[f'(t)]}_{\textstyle a\cos at} = s\underbrace{F(s)}_{\textstyle \frac{a}{s^2+a^2}} - \underbrace{f(0)}_{\textstyle 0}, \qquad \underbrace{\mathcal{L}[a\cos at]}_{\textstyle a\mathcal{L}[\cos at]} = s \cdot \dfrac{a}{s^2 + a^2} \quad \longleftarrow \boxed{線形性}$$

$a\mathcal{L}[\cos at] = \dfrac{s \cdot a}{s^2 + a^2}$ 　　　両辺を $a\,(\neq 0)$ で割って，

$\mathcal{L}[\cos at] = \dfrac{s}{s^2 + a^2}$ 　が導けるんだね。結果は当然分かっていたわけだけど，

公式 $(*f_0)$ を使ういい練習になったと思う。

この $(*f_0)$ の応用として，次の公式も成り立つんだよ。

・$\mathcal{L}[f''(t)] = s^2 F(s) - \{sf(0) + f'(0)\} \cdots\cdots\cdots\cdots\cdots\cdots\cdots(*f_0)'$

・$\mathcal{L}[f^{(n)}(t)] = s^n F(s) - \{s^{n-1}f(0) + s^{n-2}f'(0) + s^{n-3}f''(0) + \cdots + f^{(n-1)}(0)\}$

　　　　　　　　$= s^n F(s) - \displaystyle\sum_{k=1}^{n} s^{n-k} f^{(k-1)}(0) \cdots\cdots\cdots\cdots\cdots(*f_0)''$

次の例題で証明をやっておこう。

例題 23 $f(t)$, $f'(t)$ は区間 $[0, \infty)$ で連続，かつ指数 α 位の関数とする。さらに，2 階導関数 $f''(t)$ が $[0, \infty)$ で区分的に連続な関数とするき，次式が成り立つことを示してみよう。

$$\mathcal{L}[f''(t)] = s^2 F(s) - \{sf(0) + f'(0)\} \quad \cdots\cdots(*f_0)'$$

（ただし，$F(s) = \mathcal{L}[f(t)]$，$s > \alpha$ とする。）

$$\mathcal{L}[f''(t)] = \int_0^\infty f''(t)e^{-st}\,dt \quad \leftarrow \boxed{\text{ラプラス変換の定義より}}$$

$$= \lim_{p \to \infty} \int_0^p f''(t)e^{-st}\,dt$$

$\boxed{\begin{array}{l} \text{部分積分の公式} \\ \int f' \cdot g\,dt \\ = f \cdot g - \int f \cdot g'\,dt \end{array}}$

$$= \lim_{p \to \infty} \left\{ [f'(t)e^{-st}]_0^p - \int_0^p f'(t)\cdot(-s)e^{-st}\,dt \right\}$$

$$= \lim_{p \to \infty} \{\underbrace{f'(p)e^{-sp}}_{\boxed{0}} - f'(0)\} + \underbrace{s\int_0^\infty f'(t)e^{-st}\,dt}_{\boxed{\mathcal{L}[f'(t)] = sF(s) - f(0) \ ((*f_0)\text{ より})}}$$

$\boxed{(\because |f'(p)| \leqq Me^{\alpha p})}$

$$= -f'(0) + s\{sF(s) - f(0)\}$$

$$\therefore \mathcal{L}[f''(t)] = s^2 F(s) - \{sf(0) + f'(0)\} \quad \cdots\cdots(*f_0)' \text{ は成り立つ。}$$

$$\begin{cases} \mathcal{L}[f'(t)] = sF(s) - f(0) \quad\cdots\cdots\cdots\cdots\cdots\cdots(*f_0) \\ \mathcal{L}[f''(t)] = s^2 F(s) - \{sf(0) + f'(0)\} \quad\cdots\cdots(*f_0)' \end{cases} \text{ より，}$$

$$\mathcal{L}[\underline{f^{(3)}(t)}] = s^3 F(s) - \{s^2 f(0) + sf'(0) + f''(0)\}$$

$\boxed{f(t) \text{ の 3 階導関数}}$

$$\mathcal{L}[\underline{f^{(4)}(t)}] = s^4 F(s) - \{s^3 f(0) + s^2 f^{(1)}(0) + sf^{(2)}(0) + f^{(3)}(0)\}$$

$\boxed{f(t) \text{ の 4 階導関数}}$

$\cdots\cdots\cdots\cdots\cdots\cdots\cdots\cdots$となることが類推できると思う。

そして，これを一般化したものが，次の n 階導関数のラプラス変換の公式なんだね。

$$\mathcal{L}[f^{(n)}(t)] = s^n F(s) - \{s^{n-1}f(0) + s^{n-2}f'(0) + \cdots + f^{(n-1)}(0)\} \quad\cdots\cdots(*f_0)''$$

$(n = 1, 2, 3, \cdots)$　これも，次の例題で証明しておこう。

例題 24 $f(t)$, $f'(t)$, $\cdots$, $f^{(n-1)}(t)$ は，区間 $[0 , \infty)$ で連続かつ指数 α 位
の関数とする。さらに，n 階導関数 $f^{(n)}(t)$ が $[0 , \infty)$ で区分的に連続な
関数とするとき，次式が成り立つことを示してみよう。

$$\mathcal{L}\left[f^{(n)}(t)\right] = s^n F(s) - \left\{s^{n-1}f(0) + s^{n-2}f'(0) + \cdots + f^{(n-1)}(0)\right\} \cdots(*f_0)''$$

$$(n = 1 , 2 , 3 , \cdots, \ F(s) = \mathcal{L}\left[f(t)\right], \ s > \alpha \text{ とする。})$$

$(*f_0)''$ は，数学的帰納法によって証明すればいいんだね。

(i) $n = 1$ のとき，$(*f_0)''$ は，

$\mathcal{L}\left[f^{(1)}(t)\right] = s^1 F(s) - s^{1-1}f(0)$ であり，

これは，$\mathcal{L}\left[f'(t)\right] = s F(s) - f(0)$ $\cdots\cdots(*f_0)$ のことなので，成り立つ。

(ii) $n = k$ のとき，

$\mathcal{L}\left[f^{(k)}(t)\right] = s^k F(s) - \left\{s^{k-1}f(0) + s^{k-2}f'(0) + \cdots + f^{(k-1)}(0)\right\}$ $\cdots\cdots$①

が成り立つと仮定して，$n = k + 1$ のときについて調べる。

$$\mathcal{L}\left[f^{(k+1)}(t)\right] = \int_0^\infty f^{(k+1)}(t)e^{-st} dt \ \leftarrow \boxed{\text{ラプラス変換の定義より}}$$

$$= \lim_{p \to \infty} \int_0^p f^{(k+1)}(t)e^{-st} dt$$

$\boxed{\begin{array}{l}\text{部分積分の公式}\\ \int f' \cdot g \, dt \\ = f \cdot g - \int f \cdot g' \, dt\end{array}}$

$$= \lim_{p \to \infty} \left\{ [f^{(k)}(t)e^{-st}]_0^p - \int_0^p f^{(k)}(t) \cdot (-s)e^{-st} dt \right\}$$

$$= \lim_{p \to \infty} \left\{ f^{(k)}(p)e^{-sp} - f^{(k)}(0) \right\} + s\int_0^\infty f^{(k)}(t)e^{-st} dt$$

$\boxed{0}$

$\boxed{(\because |f^{(k)}(p)| \leq M e^{\alpha p})}$

$\boxed{\mathcal{L}\left[f^{(k)}(t)\right] = s^k F(s) - \{s^{k-1}f(0) + s^{k-2}f'(0) + \cdots \cdots + f^{(k-1)}(0)\} \ (\text{①より})}$

$$= -f^{(k)}(0) + s[s^k F(s) - \{s^{k-1}f(0) + s^{k-2}f'(0) + \cdots + f^{(k-1)}(0)\}]$$

$$= s^{k+1}F(s) - \{s^k f(0) + s^{k-1}f'(0) + \cdots + sf^{(k-1)}(0) + f^{(k)}(0)\} \text{ となる。}$$

よって，$n = k + 1$ のときも成り立つ。

以上 (i)(ii) より，任意の自然数 n に対して，$(*f_0)''$ は成り立つことが
分かったんだね。納得いった？

● 定積分のラプラス変換も求めてみよう！

それでは次，$f(t)$ の定積分 $\int_0^t f(u)\,du$ のラプラス変換の公式も紹介しよう。

$f(t)$ の定積分のラプラス変換

$f(t)$ は，区間 $[0\,,\infty)$ で連続，かつ指数 α 位の関数とする。
このとき，次の公式が成り立つ。

$$\mathcal{L}\left[\int_0^t f(u)\,du\right] = \frac{1}{s}F(s) \quad\cdots\cdots(*g_0)$$

$$\left(\text{ただし，}\ F(s) = \mathcal{L}[f(t)]\right)$$

$(*g_0)$ が成り立つことを証明しておこう。

まず，$g(t) = \int_0^t f(u)\,du$ ……①，　$G(s) = \mathcal{L}[g(t)]$ ……②とおく。

$f(t)$ は $[0\,,\infty)$ で指数 α 位の関数とすると，

$|f(t)| \leq M e^{\alpha t}$ ……③　　$(t \geq 0,\ M,\ \alpha：定数)$ より，

$$|g(t)| = \left|\int_0^t f(u)\,du\right| \leq \int_0^t |f(u)|\,du \leq \int_0^t M e^{\alpha u}\,du$$

$$= M\left[\frac{1}{\alpha}e^{\alpha u}\right]_0^t = \frac{M}{\alpha}(e^{\alpha t}-1) \leq \underbrace{\frac{M}{\alpha}}_{M'(\text{定数})}e^{\alpha t}$$

ここで，$\dfrac{M}{\alpha} = M'$（正の定数）とおくと，$g(t)$ も指数 α 位の関数であることが分かった。よって，このラプラス変換 $\mathcal{L}[g(t)]$ は存在するので，これを求めてみよう。

$g'(t)$ のラプラス変換は公式 $(*f_0)$ を用いて，

$$\underbrace{\mathcal{L}[g'(t)]}_{\mathcal{L}[f(t)]=F(s)} = sG(s) - \underbrace{g(0)}_{\int_0^0 f(u)\,du = 0}\quad \text{となる。} \longleftarrow \boxed{\text{公式}：\mathcal{L}[f'(t)] = sF(s) - f(0)\ \cdots(*f_0)}$$

ここで，①の両辺を t で微分すると，$g'(t) = f(t)$ より，

$$\mathcal{L}[g'(t)] = \mathcal{L}[f(t)] = F(s)\qquad \text{また，}\ g(0) = \int_0^0 f(u)\,du = 0\quad \text{より，}$$

$F(s) = sG(s)$　　　よって，$\underline{G(s) = \dfrac{1}{s}F(s)}$ となる。

$$\boxed{\mathcal{L}[g(t)] = \mathcal{L}\left[\int_0^t f(u)\,du\right]}$$

∴ 公式：$\mathcal{L}\left[\displaystyle\int_0^t f(u)\,du\right] = \dfrac{1}{s}F(s)$ ……$(*g_0)$ は成り立つんだね。

そしてこれは，導関数のラプラス変換のときと同様に，次のように拡張して，多重積分のラプラス変換に一般化できる。ただしこの場合，積分区間と独立変数の表現に気を付けよう。

$$\mathcal{L}\left[\int_0^t \int_0^{u_1} f(u)\,du\,du_1\right] = \dfrac{1}{s^2}F(s)$$

u_1 の関数
t の関数

$$\mathcal{L}\left[\int_0^t \int_0^{u_2} \int_0^{u_1} f(u)\,du\,du_1\,du_2\right] = \dfrac{1}{s^3}F(s)$$

u_1 の関数
u_2 の関数
t の関数

....

そして，n 重積分のラプラス変換公式は次のようになる。

$$\mathcal{L}\left[\int_0^t \int_0^{u_{n-1}} \int_0^{u_{n-2}} \cdots \int_0^{u_1} f(u)\,du \cdots du_{n-3}\,du_{n-2}\,du_{n-1}\right] = \dfrac{1}{s^n}F(s) \cdots (*g_0)'$$

u_1 の関数
....
u_{n-2} の関数
u_{n-1} の関数
t の関数

この $(*g_0)'$ の証明には，当然数学的帰納法を利用すればいいんだね。次の例題で早速やってみよう。

例題25 $f(t)$ は，区間 $[0, \infty)$ で連続，かつ指数 α 位の関数とする。このとき，次の公式が成り立つことを示してみよう。

$$\mathcal{L}\left[\int_0^t \int_0^{u_{n-1}} \int_0^{u_{n-2}} \cdots \int_0^{u_1} f(u) \, du \cdots du_{n-3} \, du_{n-2} \, du_{n-1}\right] = \frac{1}{s^n} F(s) \cdots (*g_0)'$$

$$\left(\text{ただし，} \, n = 1, 2, 3, \cdots, \quad F(s) = \mathcal{L}[f(t)]\right)$$

(ⅰ) $n = 1$ のとき，

$(*g_0)'$ の（左辺）$= \mathcal{L}\left[\int_0^t f(u) \, du\right]$ となり，

これは，公式：

公式：
$\mathcal{L}\left[\int_0^t f(u) \, du\right] = \frac{1}{s} F(s) \cdots (*g_0)$

$$\mathcal{L}\left[\int_0^t f(u) \, du\right] = \frac{1}{s} F(s) \cdots (*g_0)$$

より，$\frac{1}{s} F(s)$ と等しい。よって，$(*g_0)'$ は成り立つ。

(ⅱ) $n = k$ のとき，

$$\begin{cases} g_k(t) = \int_0^t \int_0^{u_{k-1}} \int_0^{u_{k-2}} \cdots \int_0^{u_1} f(u) \, du \cdots du_{k-3} \, du_{k-2} \, du_{k-1} \cdots \text{①} \\ G(s) = \mathcal{L}[g_k(t)] \cdots \text{②} \quad \text{とおき，} \end{cases}$$

$\mathcal{L}[g_k(t)] = \frac{1}{s^k} F(s) \cdots \text{③}$　が成り立つと仮定して，

$n = k + 1$ のときについても調べよう。

$$\mathcal{L}\left[\int_0^t \underbrace{\int_0^{u_k} \int_0^{u_{k-1}} \cdots \int_0^{u_1} f(u) \, du \cdots du_{k-2} \, du_{k-1}}_{g_k(u_k)（①より）} \, du_k\right]$$

$$= \mathcal{L}\left[\int_0^t g_k(u_k) \, du_k\right] = \frac{1}{s} G(s) \quad \longleftarrow \boxed{\text{公式}(*g_0) \text{より}}$$

$$= \frac{1}{s} \cdot \mathcal{L}[g_k(t)] = \frac{1}{s} \cdot \frac{1}{s^k} F(s) \quad （②，③より）$$

$$= \frac{1}{s^{k+1}} F(s) \quad \text{となる。}$$

$\therefore n = k+1$ のときも成り立つ。

以上（ⅰ）（ⅱ）より，数学的帰納法によって，任意の自然数 n に対して公式 $(*g_0)'$ が成り立つことを示せたんだね。納得いった？

例題 26　$f(t) = \sinh at,\ F(s) = \mathcal{L}[f(t)] = \dfrac{a}{s^2 - a^2}$

　　　　が与えられているものとして，

　　　公式：$\mathcal{L}\left[\displaystyle\int_0^t f(u)\,du\right] = \dfrac{1}{s} F(s)$ ……$(*g_0)$ を用いて，

　　　　$\mathcal{L}[\cosh at] = \dfrac{s}{s^2 - a^2}$ を導いてみよう。　（ただし，$a \neq 0$）

$f(t) = \sinh at$ より，$F(s) = \mathcal{L}[f(t)] = \mathcal{L}[\sinh at] = \dfrac{a}{s^2 - a^2}$

これと $(*g_0)$ を用いると，

$\mathcal{L}\left[\displaystyle\int_0^t f(u)\,du\right] = \dfrac{1}{s}\cdot\dfrac{a}{s^2 - a^2}$ ……① となる。

ここで，$\displaystyle\int_0^t f(u)\,du = \int_0^t \sinh au\,du = \left[\dfrac{1}{a}\cosh au\right]_0^t$

$\qquad\qquad = \dfrac{1}{a}(\cosh at - \underset{\boxed{1}}{\cosh 0}) = \dfrac{1}{a}(\cosh at - 1)$ ……② となる。

②を①に代入して，

$\mathcal{L}\left[\dfrac{1}{a}(\cosh at - 1)\right] = \dfrac{a}{s(s^2 - a^2)}$

$\boxed{\dfrac{1}{a}\left(\mathcal{L}[\cosh at] - \mathcal{L}[1]\right) = \dfrac{1}{a}\left(\mathcal{L}[\cosh at] - \dfrac{1}{s}\right)}$

ラプラス変換の線形性

$\dfrac{1}{a}\left(\mathcal{L}[\cosh at] - \dfrac{1}{s}\right) = \dfrac{a}{s(s^2 - a^2)}$

$\therefore \mathcal{L}[\cosh at] = \dfrac{a^2}{s(s^2 - a^2)} + \dfrac{1}{s} = \dfrac{a^2 + s^2 - a^2}{s(s^2 - a^2)} = \dfrac{s}{s^2 - a^2}$　が導けた。

それではこれま
で解説してきた導
関数 $f'(t)$, $f''(t)$,
$f^{(n)}(t)$ と定積分
$\int_0^t f(u)\,du$ などの
ラプラス変換の結
果を表7にまとめ
て示しておくので
シッカリ頭に入れ
ておこう。

表7 ラプラス変換表 (VII)

$f(t)$	$F(s)$
$f'(t)$	$sF(s) - f(0)$
$f''(t)$	$s^2 F(s) - \left\{ sf(0) + f'(0) \right\}$
$f^{(n)}(t)$	$s^n F(s) - \sum\limits_{k=1}^{n} s^{n-k} f^{(k-1)}(0)$
$\int_0^t f(u)\,du$	$\dfrac{1}{s} F(s)$
$\int_0^t \int_0^{u_{n-1}} \cdots \int_0^{u_1} f(u)\,du \cdots du_{n-2}\,du_{n-1}$	$\dfrac{1}{s^n} F(s)$

● $tf(t)$, $t^n f(t)$ のラプラス変換も調べてみよう！

原関数 $f(t)$ の導関数 $f'(t)$ や $f''(t)$ などのラプラス変換については既に
解説した。では，像関数 $F(s)$ の導関数 $\dfrac{d}{ds} F(s)$ に写される原関数がどの
ようなものになるか？ 興味のあるところだろうね。これについては，次
の公式があるんだよ。

$tf(t)$ のラプラス変換

$f(t)$ は，区間 $[0\,,\,\infty)$ で区分的に連続，かつ指数 α 位の関数とする。
このとき，次式が成り立つ。

$$\mathcal{L}\big[tf(t)\big] = -\frac{d}{ds} F(s) \ \cdots\cdots (*h_0)$$

$$\big(\,ただし，\ F(s) = \mathcal{L}\big[f(t)\big]\big)$$

それでは早速，$(*h_0)$ が成り立つことを証明してみよう。

$F(s) = \mathcal{L}\big[f(t)\big] = \int_0^\infty f(t)e^{-st}\,dt \ \cdots\cdots ①$　について，

①の両辺を s で微分すると，

$\dfrac{d}{ds} F(s) = \dfrac{d}{ds} \int_0^\infty f(t)e^{-st}\,dt$　　となる。

この右辺の微分と積分の順序を入れ替えることができるものとすると，

$$\frac{d}{ds}F(s) = \int_0^\infty f(t) \cdot \underbrace{\frac{d}{ds}(e^{-st})}_{-t \cdot e^{-st}} dt$$

$\boxed{t \text{ を定数とみて，} s \text{ で合成関数の微分を行った。}}$

$$= \int_0^\infty (-t)f(t)e^{-st}dt = -\underbrace{\int_0^\infty tf(t) \cdot e^{-st}dt}$$

$\boxed{\text{定義より，これは } tf(t) \text{ のラプラス変換}}$

$$= -\mathcal{L}[tf(t)] \quad \text{となる。}$$

$$\therefore \mathcal{L}[tf(t)] = -\frac{d}{ds}F(s) \quad \cdots\cdots(*h_0) \text{ は成り立つ。大丈夫？}$$

この $(*h_0)$ はさらに拡張して，次のように一般化できる。

$$\mathcal{L}[t^n f(t)] = (-1)^n \frac{d^n}{ds^n}F(s) \quad \cdots\cdots(*h_0)' \quad (n=1,2,3\cdots)$$

当然 $(*h_0)'$ は，数学的帰納法により証明できる。これもやってみよう。

(i) $n=1$ のとき，

$$\mathcal{L}[t^1 f(t)] = (-1)^1 \cdot \frac{d}{ds}F(s) \quad \text{となって，} (*h_0) \text{ と等しい。}$$

　　∴成り立つ。

(ii) $n=k$ のとき，$(k=1,2,3,\cdots)$

$$g(t) = t^k f(t) \cdots\cdots①, \quad G(s) = \mathcal{L}[g(t)] \cdots\cdots② \quad \text{とおき，}$$

$$\mathcal{L}[t^k f(t)] = (-1)^k \frac{d^k}{ds^k}F(s) \cdots\cdots③ \quad \text{が成り立つと仮定して，}$$

$n=k+1$ のときについて調べると，

$$\mathcal{L}[t^{k+1}f(t)] = \mathcal{L}[t \cdot g(t)] \quad (①より)$$

$$= -\frac{d}{ds}\underline{\underline{G(s)}} \quad ((*h_0) より)$$

$\boxed{\mathcal{L}[g(t)] = \mathcal{L}[t^k f(t)] = (-1)^k \cdot \frac{d^k}{ds^k}F(s) \quad (③より)}$

$$= (-1) \cdot \frac{d}{ds}(-1)^k \frac{d^k}{ds^k}F(s) = (-1)^{k+1}\frac{d^{k+1}}{ds^{k+1}}F(s)$$

となって，$n=k+1$ のときも成り立つ。

以上（ⅰ）（ⅱ）より，数学的帰納法により，任意の自然数 n に対して，

$$\mathcal{L}\left[t^n f(t)\right] = (-1)^n \frac{d^n}{ds^n} F(s) \quad \cdots\cdots (*h_0)' \quad$$ が成り立つことが

証明できたんだね。納得いった？

　それでは次の例題で，公式：$\mathcal{L}\left[tf(t)\right] = -\dfrac{d}{ds} F(s) \quad \cdots\cdots (*h_0)$ や $(*h_0)'$

を実際に利用してみよう。

例題 27　次のラプラス変換を求めよう。

$\quad$ (1) $\mathcal{L}\left[t\sin3t\right]$ $\qquad\qquad$ (2) $\mathcal{L}\left[t^2 e^{2t}\right]$

---

(1) $f(t) = \sin3t$, $\quad F(s) = \mathcal{L}\left[f(t)\right]$ とおくと，

$$F(s) = \mathcal{L}\left[\sin3t\right] = \frac{3}{s^2+9} \quad \longleftarrow \boxed{\mathcal{L}\left[\sin ax\right] = \frac{a}{s^2+a^2}}$$

よって，公式：$\mathcal{L}\left[tf(t)\right] = -\dfrac{d}{ds} F(s) \quad \cdots\cdots (*h_0)$ を用いると，

$$\mathcal{L}\left[t \cdot \sin3t\right] = -\frac{d}{ds} 3(s^2+9)^{-1} = -3 \cdot \underbrace{(-1)(s^2+9)^{-2} \cdot 2s}_{\boxed{\text{合成関数の微分}}}$$

$$= \frac{6s}{(s^2+9)^2} \quad \text{となる。}$$

(2) $g(t) = e^{2t}$, $\quad G(s) = \mathcal{L}\left[g(t)\right]$ とおくと，

$$G(s) = \mathcal{L}\left[e^{2t}\right] = \frac{1}{s-2} \quad \longleftarrow \boxed{\mathcal{L}\left[e^{at}\right] = \frac{1}{s-a}}$$

よって，公式：$\mathcal{L}\left[t^2 g(t)\right] = (-1)^2 \dfrac{d^2}{ds^2} G(s) = \dfrac{d^2}{ds^2} G(s) \quad \cdots\cdots (*h_0)'$

を用いると，

$$\mathcal{L}\left[t^2 \cdot e^{2t}\right] = \frac{d^2}{ds^2}(s-2)^{-1} = \frac{d}{ds}(-1)(s-2)^{-2} = 2 \cdot (s-2)^{-3}$$

$$= \frac{2}{(s-2)^3} \quad \text{となって，答えだ。}$$

もちろん，(2) の別解として，次のように解いても同じ結果が導ける。

(2) の別解

公式 : $\mathcal{L}\left[e^{at}f(t)\right] = F(s-a)$ ……($*b_0$) $\left(F(s) = \mathcal{L}\left[f(t)\right]\right)$ を用いる。

$f(t) = t^2$ とおくと,

公式 : $\mathcal{L}\left[t^n\right] = \dfrac{\Gamma(n+1)}{s^{n+1}}$

$F(s) = \mathcal{L}\left[f(t)\right] = \mathcal{L}\left[t^2\right] = \dfrac{\Gamma(3)}{s^3} = \dfrac{2!}{s^3} = \dfrac{2}{s^3}$ より,

$\mathcal{L}\left[t^2 \cdot e^{2t}\right] = \mathcal{L}\left[e^{2t} \cdot f(t)\right] = F(s-2) = \dfrac{2}{(s-2)^3}$ となる。

このように知識が増えてくると, 多彩な解き方が出来るようになるんだね。

● $\dfrac{f(t)}{t}$, $\dfrac{f(t)}{t^n}$ のラプラス変換も求めてみよう！

$tf(t)$ のラプラス変換が $-\dfrac{d}{ds}F(s)$ となることが分かったので, 今度は $\dfrac{f(t)}{t}$ ($t>0$) のラプラス変換を調べると, 次の公式が導ける。

$$\mathcal{L}\left[\dfrac{f(t)}{t}\right] = \int_s^\infty F(s)\,ds \quad ……(*i_0) \qquad \left(\text{ただし, } F(s) = \mathcal{L}\left[f(t)\right]\right)$$

では, ($*i_0$) も証明してみよう。

($*i_0$) の右辺 $= \displaystyle\int_s^\infty F(s)\,ds$

$\mathcal{L}\left[f(t)\right] = \displaystyle\int_0^\infty f(t)e^{-st}\,dt$

$= \displaystyle\int_s^\infty \left\{\int_0^\infty f(t)e^{-st}\,dt\right\}ds$ ……①

ここで, 積分の順序を入れ替えることができるものとすると,

① $= \displaystyle\int_0^\infty f(t)\left\{\int_s^\infty e^{-st}\,ds\right\}dt = \int_0^\infty \dfrac{f(t)}{t}e^{-st}\,dt = \mathcal{L}\left[\dfrac{f(t)}{t}\right]$ となる。

$\displaystyle\lim_{p\to\infty}\int_s^p e^{-st}\,ds = \lim_{p\to\infty}\left[-\dfrac{1}{t}e^{-st}\right]_s^p = \lim_{p\to\infty}\left(-\dfrac{1}{t}e^{-pt} + \dfrac{1}{t}e^{-st}\right)$

$0(\because pt>0)$

∴ 公式 : $\mathcal{L}\left[\dfrac{f(t)}{t}\right] = \displaystyle\int_s^\infty F(s)\,ds$ ……($*i_0$) は成り立つんだね。

99

公式：$\mathcal{L}\left[\dfrac{f(t)}{t}\right] = \displaystyle\int_s^\infty F(s)\,ds$ ……$(*i_0)$ は，さらに拡張して，次のように，

任意の自然数 n に対する公式として一般化できる。

$$\mathcal{L}\left[\dfrac{f(t)}{t^n}\right] = \int_s^\infty \int_s^\infty \cdots \int_s^\infty F(s)\,(ds)^n \ \ \text{……}(*i_0)' \quad \left(F(s) = \mathcal{L}[f(t)]\right)$$

この $(*i_0)'$ は，次のように数学的帰納法で証明できる。

（ⅰ）$n = 1$ のとき，

　　　$\mathcal{L}\left[\dfrac{f(t)}{t^1}\right] = \displaystyle\int_s^\infty F(s)\,ds$ となって，これは $(*i_0)$ と等しい。

　　　$\therefore$ 成り立つ。

（ⅱ）$n = k$ のとき，　$(k = 1, 2, 3, \cdots)$

　　　$g(t) = \dfrac{f(t)}{t^k}$ ……① 　　$G(s) = \mathcal{L}[g(t)]$ 　とおき，

　　　$\mathcal{L}\left[\dfrac{f(t)}{t^k}\right] = \displaystyle\int_s^\infty \int_s^\infty \cdots \int_s^\infty F(s)\,(ds)^k$ ……② 　が成り立つと仮定して，

　　　$n = k + 1$ のときについて調べると，

　　　$\mathcal{L}\left[\dfrac{f(t)}{t^{k+1}}\right] = \mathcal{L}\left[\dfrac{g(t)}{t}\right]$ 　　（①より）

　　　　　　　$= \displaystyle\int_s^\infty \underline{G(s)}\,ds$ 　　（$(*i_0)$ より）

　　　　　　　$\boxed{\mathcal{L}[g(t)] = \displaystyle\int_s^\infty \int_s^\infty \cdots \int_s^\infty F(s)\,(ds)^k \ (\text{②より})}$

　　　　　　　$= \displaystyle\int_s^\infty \int_s^\infty \cdots \int_s^\infty F(s)\,(ds)^{k+1}$ 　となって，

　　　$n = k + 1$ のときも成り立つ。

以上（ⅰ）（ⅱ）より，任意の自然数 n に対して $(*i_0)'$ が成り立つことが示せた

んだね。納得いった？

それでは，次の例題で，実際に公式 $(*i_0)$ を利用してみよう。

例題 28 ラプラス変換 $\mathcal{L}\left[\dfrac{\sin t}{t}\right]$ を求めてみよう。

$f(t) = \sin t$, $F(s) = \mathcal{L}[f(t)] = \mathcal{L}[\sin t]$ とおくと,

$F(s) = \dfrac{1}{s^2 + 1}$ ← 公式 $\mathcal{L}[\sin ax] = \dfrac{a}{s^2 + a^2}$

よって, 公式: $\mathcal{L}\left[\dfrac{f(t)}{t}\right] = \displaystyle\int_s^\infty F(s)\,ds$ ……$(*i_0)$ より,

$\mathcal{L}\left[\dfrac{\sin t}{t}\right] = \displaystyle\int_s^\infty F(s)\,ds = \int_s^\infty \dfrac{1}{1+s^2}\,ds$

積分公式
$$\int \dfrac{1}{1+x^2}\,dx = \tan^{-1}x + C$$

$\qquad = \displaystyle\lim_{p \to \infty} \int_s^p \dfrac{1}{1+s^2}\,ds = \lim_{p \to \infty}\left[\tan^{-1}s\right]_s^p$

$\qquad = \displaystyle\lim_{p \to \infty}(\underbrace{\tan^{-1}p}_{\boxed{\frac{\pi}{2}}} - \tan^{-1}s)$

$\qquad = \dfrac{\pi}{2} - \tan^{-1}s = \tan^{-1}\dfrac{1}{s}$ となって, 答えだ。

$\tan^{-1}s = \theta$ とおくと, $s = \tan\theta$ より, $\tan\left(\dfrac{\pi}{2} - \theta\right) = \dfrac{1}{\tan\theta} = \dfrac{1}{s}$

これから, $\dfrac{\pi}{2} - \theta = \dfrac{\pi}{2} - \tan^{-1}s = \tan^{-1}\dfrac{1}{s}$ と変形できるんだね。

それでは, これまで解説した $tf(t)$, $t^n f(t)$, $\dfrac{f(t)}{t}$, $\dfrac{f(t)}{t^n}$ のラプラス変換の結果を表8 にまとめて示す。

これで, ラプラス変換の幅がさらに広がるので, シッカリ頭に入れておいてくれ。

表8 ラプラス変換表 (Ⅷ)

$f(t)$	$F(s)$
$tf(t)$	$-\dfrac{d}{ds}F(s)$
$t^n f(t)$	$(-1)^n \dfrac{d^n}{ds^n}F(s)$
$\dfrac{f(t)}{t}$	$\displaystyle\int_s^\infty F(s)\,ds$
$\dfrac{f(t)}{t^n}$	$\displaystyle\int_s^\infty \cdots \int_s^\infty F(s)\,(ds)^n$

● 合成積のラプラス変換も調べよう！

区間 $[0, \infty)$ で定義された 2 つの関数 $f(t)$, $g(t)$ に対して，

$$f(t) * g(t) = \int_0^t f(u)g(t-u)\,du \quad\cdots\cdots(*j_0)$$

を，$f(t)$ と $g(t)$ の "**合成積**" (または "**コンボリューション積分**"，または "**たたみ込み積分**") という。このグラフ的な意味についても解説しておこう。

$u \geqq 0$, $v \geqq 0$ で定義された 2 変数関数 $y = h(u, v)$ が，次のように 2 つの独立な関数 $f(u)$ と $g(v)$ の積で表されるものとしよう。

$y = h(u, v) = f(u)g(v) \quad\cdots①$
この $y = f(u)g(v)$ は，図 1(i)
に示すように，uvy 座標空間上
で 1 つの曲面を表すものと考え
られる。これを，平面 $u + v = t$
で切ってできる曲線は，
$v = t - u$ を①に代入して，
$y = f(u)g(t-u) \quad\cdots\cdots②$
となるんだね。

図 1　合成積のグラフ的なイメージ

(i)

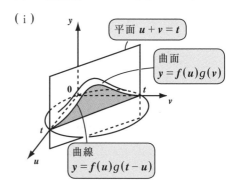

　　これを u について，積
分区間 $[0, t]$ で積分する
ということは，図 1(ii)
に示すように，曲線②と
uv 平面とで挟まれた図
形を uy 平面に $[0, t]$ の
範囲で正射影したものの
面積を求めることに他な
らない。そしてこれが合
成積

(ii)

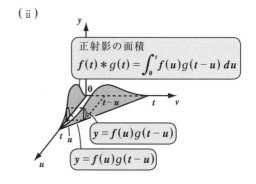

$$f(t) * g(t) = \int_0^t f(u)g(t-u)\,du \quad\cdots\cdots(*j_0)$$ のことなんだね。納得いった？

それでは，この合成積について成り立つ 3 つの性質を次に示そう。

合成積の 3 つの性質

(1) $f(t) * g(t) = g(t) * f(t)$ （交換法則）

(2) $\{f(t) * g(t)\} * h(t) = f(t) * \{g(t) * h(t)\}$ （結合法則）

(3) $f(t) * \{g(t) + h(t)\} = f(t) * g(t) + f(t) * h(t)$ （分配法則）

ここでは，最も重要な (1) の交換法則が成り立つことを示しておこう。

(1) $f(t) * g(t) = \displaystyle\int_0^t f(u)g(t-u)\,du$ ……(a) について，

> u の関数 $f(u) \cdot g(t-u)$ を u で積分した結果に t と 0 を代入して引き算するので，最終的にこれは t の関数になる。

$t - u = v$ とおくと，$u : 0 \to t$ のとき，$v : t \to 0$ また，

（まず定数扱い）（変数 u を変数 v に置き換える。）

$-1 \cdot du = dv$ より，$du = -dv$ よって，(a) は，

$$f(t) * g(t) = \int_t^0 f(t-v)g(v)\,(-1)dv = \int_0^t f(t-v)g(v)\,dv$$

$$= \int_0^t g(u)f(t-u)\,du = g(t) * f(t) \quad となって，$$

（最後に積分変数を v から u にまた戻した。）

交換法則が成り立つことが示せたんだね。

それでは次，この合成積 $f(t) * g(t)$ のラプラス変換の公式を下に示そう。

$$\mathcal{L}[f(t) * g(t)] = F(s)G(s) \quad ……(*k_0)$$

（ただし，$F(s) = \mathcal{L}[f(t)]$，$G(s) = \mathcal{L}[g(t)]$）

エッ，非常にシンプルな結果なのでビックリしたって？そうだね。でもこの証明は，重積分が関わってくるのでそれ程簡単ではないんだ。しかし，重要公式だから証明もていねいに示しておこう。この証明では，$(*k_0)$ の右辺を変形して，左辺を導くことにする。

$\underline{\mathcal{L}\big[f(t) * g(t)\big]} = F(s)G(s)$ ……($*k_0$) が成り立つことを示す。

$$\int_0^\infty f(t) * g(t) \cdot e^{-st}\,dt = \int_0^\infty \left\{ \int_0^t f(u)g(t-u)\,du \right\} e^{-st}\,dt$$

($*k_0$) の右辺 $= \underline{F(s)} \cdot \underline{\underline{G(s)}} = \underline{\int_0^\infty f(u)e^{-su}\,du} \cdot \underline{\underline{\int_0^\infty g(v)e^{-sv}\,dv}}$

ラプラス変換の定義を使った。
積分変数は t の代わりに u や v を用いた。

$$= \int_0^\infty \int_0^\infty f(u)g\overset{x}{(v)}e^{-s\overset{t}{(u+v)}}\,du\,dv \quad \cdots\cdots ①$$

ここで, この u と v の2変数による重積分①を, $u+v=t$, $v=x$, すなわち,
$u = t - x$ ……② $\qquad v = x$ ……③ とおいて, t と x での重積分に置き換えよう。

まず, ②, ③より, ヤコビアン $J = \dfrac{\partial(u,\ v)}{\partial(t,\ x)}$ を求めよう。

$$J = \frac{\partial(u,\ v)}{\partial(t,\ x)} = \begin{vmatrix} \dfrac{\partial u}{\partial t} & \dfrac{\partial u}{\partial x} \\[2mm] \dfrac{\partial v}{\partial t} & \dfrac{\partial v}{\partial x} \end{vmatrix} = \begin{vmatrix} 1 & -1 \\ 0 & 1 \end{vmatrix} = 1^2 - (-1)\cdot 0 = 1$$

また, u, v の積分領域は,

$\underline{u \geqq 0}$ かつ $\underline{v \geqq 0}$ より,

いずれも, $[0,\ \infty)$ の区間

図（ⅰ）の領域になる。

ここで, ②, ③より,

$u = t - x \geqq 0$ かつ $v = x \geqq 0$

から, t, x の積分領域は,

図（ⅱ）に示すように,

$x \leqq t$ かつ $x \geqq 0$

となる。

（ⅰ）$(u,\ v)$ の積分領域

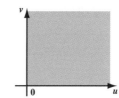

（ⅱ）$(t,\ x)$ の積分領域

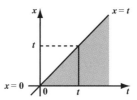

よって, 変数 $t(\geqq 0)$ をある値 t にまず固定して, （ⅰ）変数 x を区間 $[0,\ t]$ の範囲で積分し, （ⅱ）その後 t を区間 $[0,\ \infty)$ の範囲で動かして, 積分すればよいことが分かるんだね。以上より, ①をさらに変形すると,

$$(* k_0) \text{ の右辺} = \int_0^\infty \int_0^t f(t-x)g(x)e^{-st} \boxed{|J|} \, dx \, dt \quad \overset{|1|=1}{}$$

（ i ）区間 $[0 , t]$ で x で積分

（ ii ）区間 $[0 , \infty)$ で t で積分

$$= \int_0^\infty \left\{ \int_0^t f(t-x)g(x) \, dx \right\} e^{-st} \, dt$$

$$\underline{\int_0^t g(u)f(t-u) \, du} = g(t) * f(t) = f(t) * g(t)$$

積分変数を x から u に変えた。　交換法則

$$= \int_0^\infty \left\{ f(t) * g(t) \right\} e^{-st} \, dt = \mathcal{L}\left[f(t) * g(t) \right] = (* k_0) \text{ の左辺}$$

∴公式：$\mathcal{L}\left[f(t) * g(t) \right] = F(s)G(s)$ ……$(* k_0)$ は成り立つ。大丈夫だった？

それでは，$(* k_0)$ の公式を実際に次の例題で使ってみよう。

例題 29　ラプラス変換 $\mathcal{L}\left[\int_0^t \sin u \cdot \cos(t-u) \, du \right]$ を求めてみよう。

$f(t) = \sin t$, $g(t) = \cos t$ とおき，

$$\begin{cases} F(s) = \mathcal{L}\left[f(t) \right] = \mathcal{L}\left[\sin t \right] = \dfrac{1}{s^2+1} \\[3mm] G(s) = \mathcal{L}\left[g(t) \right] = \mathcal{L}\left[\cos t \right] = \dfrac{s}{s^2+1} \end{cases}$$

$$\mathcal{L}[\sin at] = \dfrac{a}{s^2+a^2}$$
$$\mathcal{L}[\cos at] = \dfrac{s}{s^2+a^2}$$

とおく。公式 $\mathcal{L}\left[f(t) * g(t) \right] = F(s)G(s)$ ……$(* k_0)$ を用いると，

$$\mathcal{L}\left[\int_0^t \sin u \cdot \cos(t-u) \, du \right] = \mathcal{L}\left[f(t) * g(t) \right]$$

$$= F(s) \cdot G(s) = \frac{1}{s^2+1} \cdot \frac{s}{s^2+1} = \frac{s}{(s^2+1)^2} \quad \text{となって，答えだ。}$$

最後に，$f(t) * g(t)$ のラプラス変換の結果も表 9 に示しておくので，頭に入れよう。

表 9　ラプラス変換表（Ⅸ）

$f(t)$	$F(s)$
$f(t) * g(t)$	$F(s)G(s)$

(1) ラプラス変換 $\mathcal{L}\left[\int_0^t \sin au\, du\right]$ を求めよ。

(2) $\mathcal{L}\left[f(t)\right] = F(s)$ とする。このとき，$\mathcal{L}\left[t^2 f''(t)\right]$ を求めよ。

ヒント！　(1) は，公式 $\mathcal{L}\left[\int_0^t f(u)\, du\right] = \dfrac{1}{s} F(s)$ を使う。(2)では，公式

$\mathcal{L}\left[f''(t)\right] = s^2 F(s) - \{sf(0) + f'(0)\}$ と $\mathcal{L}\left[t^2 f(t)\right] = (-1)^2 \dfrac{d^2}{ds^2} F(s)$ を使えばいい。

解答＆解説

(1) $f(t) = \sin at$，$F(s) = \mathcal{L}\left[f(t)\right] = \dfrac{a}{s^2 + a^2}$ とおくと，

公式：$\mathcal{L}\left[\int_0^t f(u)\, du\right] = \dfrac{1}{s} F(s)$ より，

$$\mathcal{L}\left[\int_0^t \sin au\, du\right] = \frac{1}{s} F(s) = \frac{a}{s(s^2 + a^2)} \quad \text{となる。}$$

(2) $\mathcal{L}\left[f(t)\right] = F(s)$ とおくと，$f''(t)$ のラプラス変換は，

$$\mathcal{L}\left[f''(t)\right] = s^2 F(s) - \{sf(0) + f'(0)\} \quad \cdots\cdots① \quad \text{となる。}$$

公式：$\mathcal{L}\left[f^{(n)}(t)\right] = s^n F(s) - \{s^{n-1} f(0) + s^{n-2} f'(0) + \cdots + f^{(n-1)}(0)\}$

また，公式：$\mathcal{L}\left[t^2 g(t)\right] = (-1)^2 \dfrac{d^2}{ds^2} G(s) \quad (G(s) = \mathcal{L}\left[g(t)\right])$ を

用いると，　$f''(t)$　$\mathcal{L}\left[f''(t)\right]$ と考えればいい。

$$\mathcal{L}\left[t^2 f''(t)\right] = (-1)^2 \frac{d^2}{ds^2} \mathcal{L}\left[f''(t)\right] = \frac{d^2}{ds^2}\{s^2 F(s) - sf(0) - f'(0)\} \quad (①より)$$

定数　定数

$$= \frac{d}{ds}\{2sF(s) + s^2 \frac{dF(s)}{ds} - f(0)\}$$

$$= 2F(s) + 2s\frac{dF(s)}{ds} + 2s\frac{dF(s)}{ds} + s^2\frac{d^2 F(s)}{ds^2}$$

$$= s^2\frac{d^2 F(s)}{ds^2} + 4s\frac{dF(s)}{ds} + 2F(s) \quad \text{となる。}$$

```
実践問題 5        ●ラプラス変換の計算 (V)●
```

(1) ラプラス変換 $\mathcal{L}\left[\int_0^t \cos au\, du\right]$ を求めよ。

(2) $\mathcal{L}[f(t)] = F(s)$ とする。このとき,$\mathcal{L}[tf^{(3)}(t)]$ を求めよ。

ヒント! 同様に,ラプラス変換の公式を利用して解けばいいんだね。

解答&解説

(1) $f(t) = \cos at$, $F(s) = \mathcal{L}[f(t)] = \boxed{(\textrm{ア})}$ とおくと,

公式:$\mathcal{L}\left[\int_0^t f(u)\, du\right] = \dfrac{1}{s}F(s)$ より,

$\mathcal{L}\left[\int_0^t \cos au\, du\right] = \dfrac{1}{s}F(s) = \boxed{(\textrm{イ})}$ となる。

(2) $\mathcal{L}[f(t)] = F(s)$ とおくと,$f^{(3)}(t)$ のラプラス変換は,

$\mathcal{L}[f^{(3)}(t)] = \boxed{(\textrm{ウ})} - \{s^2 f(0) + s f'(0) + f''(0)\}$ ……① となる。

公式:$\mathcal{L}[f^{(n)}(t)] = s^n F(s) - \{s^{n-1}f(0) + s^{n-2}f'(0) + \cdots + f^{(n-1)}(0)\}$

また,公式:$\mathcal{L}[t\underbrace{g(t)}] = -\dfrac{d}{ds}\underbrace{G(s)}$ $(G(s) = \mathcal{L}[g(t)])$ を用いると,

$\underbrace{f^{(3)}(t)}$ $\underbrace{\mathcal{L}[f^{(3)}(t)] \text{と考えればいい。}}$

$\mathcal{L}[tf^{(3)}(t)] = -\dfrac{d}{ds}\mathcal{L}[f^{(3)}(t)]$

$= -\dfrac{d}{ds}\{\boxed{(\textrm{ウ})} - \underbrace{s^2 f(0)}_{\text{定数}} - \underbrace{sf'(0)}_{\text{定数}} - \underbrace{f''(0)}_{\text{定数}}\}$ （①より）

$= -\{3s^2 F(s) + s^3 \dfrac{dF(s)}{ds} - 2sf(0) - f'(0)\}$

$= -s^3 \dfrac{dF(s)}{ds} - \boxed{(\textrm{エ})} + 2sf(0) + f'(0)$ となる。

解答 (ア) $\dfrac{s}{s^2+a^2}$　　(イ) $\dfrac{1}{s^2+a^2}$　　(ウ) $s^3 F(s)$　　(エ) $3s^2 F(s)$

次のラプラス変換を求めよ。

(1) $\mathcal{L}\left[\dfrac{\cos t - 1}{t}\right]$ (2) $\mathcal{L}\left[\displaystyle\int_0^t e^{-u}\sqrt{t-u}\,du\right]$

ヒント！ (1) は公式：$\mathcal{L}\left[\dfrac{f(t)}{t}\right] = \displaystyle\int_s^\infty F(s)\,ds$ を使えばいいし，(2)では，公式

$\mathcal{L}[f(t) * g(t)] = F(s)G(s)$ を利用すればいいんだね。

解答＆解説

(1) $f(t) = \cos t - 1$, $F(s) = \mathcal{L}[f(t)] = \dfrac{s}{s^2+1} - \dfrac{1}{s}$

とおく。

$\boxed{\begin{array}{l}\mathcal{L}[\cos ax] = \dfrac{s}{s^2+a^2}\\[2mm]\mathcal{L}[1] = \dfrac{1}{s}\end{array}}$

線形性

公式：$\mathcal{L}\left[\dfrac{f(t)}{t}\right] = \displaystyle\int_s^\infty F(s)\,ds$ より，

$\mathcal{L}\left[\dfrac{\cos t - 1}{t}\right] = \displaystyle\int_s^\infty \left(\dfrac{s}{s^2+1} - \dfrac{1}{s}\right) ds = \lim_{p\to\infty}\left[\dfrac{1}{2}\log(s^2+1) - \log s\right]_s^p$

$= \lim_{p\to\infty}\left[\log\dfrac{\sqrt{s^2+1}}{s}\right]_s^p = \lim_{p\to\infty}\left(\log\dfrac{\sqrt{p^2+1}}{p} - \log\dfrac{\sqrt{s^2+1}}{s}\right)$

$= -\log\dfrac{\sqrt{s^2+1}}{s}$ となる。

$\boxed{\log\sqrt{1 + \dfrac{1}{p^2}} \to \log 1 = 0}$

(2) $f(t) = e^{-t}$, $g(t) = \sqrt{t}$ とおき，また，

$\boxed{\dfrac{1}{2}\Gamma\left(\dfrac{1}{2}\right) = \dfrac{1}{2}\sqrt{\pi}}$

$F(s) = \mathcal{L}[f(t)] = \dfrac{1}{s+1}$, $G(s) = \mathcal{L}[g(t)] = \dfrac{\Gamma\left(\dfrac{3}{2}\right)}{s^{\frac{3}{2}}} = \dfrac{\sqrt{\pi}}{2s\sqrt{s}}$ とおく。

公式：$\mathcal{L}[f(t) * g(t)] = \mathcal{L}\left[\displaystyle\int_0^t f(u)g(t-u)\,du\right] = F(s)G(s)$ より，

$\mathcal{L}\left[\displaystyle\int_0^t e^{-u}\sqrt{t-u}\,du\right] = \mathcal{L}\left[\displaystyle\int_0^t f(u)g(t-u)\,du\right] = \mathcal{L}[f(t) * g(t)]$

$= F(s) \cdot G(s) = \dfrac{1}{s+1} \cdot \dfrac{\sqrt{\pi}}{2s\sqrt{s}} = \dfrac{\sqrt{\pi}}{2s\sqrt{s}\,(s+1)}$ となる。

実践問題 6 　　● ラプラス変換の計算 (VI) ●

次のラプラス変換を求めよ。

(1) $\mathcal{L}\left[\dfrac{e^{-2t} - e^{-t}}{t}\right]$ 　　　　(2) $\mathcal{L}\left[\displaystyle\int_0^t e^{2u}\cos(t - u)\, du\right]$

ヒント！ 同様に，ラプラス変換の公式を利用して解けばいいんだね。

解答＆解説

(1) $f(t) = e^{-2t} - e^{-t}$, $F(s) = \mathcal{L}[f(t)] = \boxed{(ア)} - \dfrac{1}{s + 1}$ ← $\mathcal{L}[e^{at}] = \dfrac{1}{s - a}$

とおく。　　　　　　　　　　　　　　　　　線形性

公式 : $\mathcal{L}\left[\dfrac{f(t)}{t}\right] = \displaystyle\int_s^\infty F(s)\, ds$ より，

$\mathcal{L}\left[\dfrac{e^{-2t} - e^{-t}}{t}\right] = \displaystyle\int_s^\infty \left(\boxed{(ア)} - \dfrac{1}{s + 1}\right) ds = \lim_{p \to \infty}\left[\boxed{(イ)} - \log(s + 1)\right]_s^p$

$= \lim_{p \to \infty}\left[\log\dfrac{s + 2}{s + 1}\right]_s^p = \lim_{p \to \infty}\left(\log\dfrac{\cancel{p + 2}}{p + 1} - \log\dfrac{s + 2}{s + 1}\right)$

$= -\log\dfrac{s + 2}{s + 1}$ 　となる。　　$\log\dfrac{1 + \frac{2}{\cancel{p}}}{1 + \frac{1}{\cancel{p}}} \to \log 1 = 0$

(2) $f(t) = e^{2t}$, $g(t) = \cos t$ とおき，また，

$F(s) = \mathcal{L}[f(t)] = \boxed{(ウ)}$, $G(s) = \mathcal{L}[g(t)] = \boxed{(エ)}$ とおく。

公式 : $\mathcal{L}[f(t) * g(t)] = \mathcal{L}\left[\displaystyle\int_0^t f(u)g(t - u)\, du\right] = F(s)G(s)$ より，

$\mathcal{L}\left[\displaystyle\int_0^t e^{2u}\cos(t - u)\, du\right] = \mathcal{L}\left[\displaystyle\int_0^t f(u)g(t - u)\, du\right] = \mathcal{L}[f(t) * g(t)]$

$= F(s) \cdot G(s) = \boxed{(ウ)} \cdot \boxed{(エ)} = \boxed{(オ)}$ となる。

....

解答 　(ア) $\dfrac{1}{s + 2}$ 　　(イ) $\log(s + 2)$ 　　(ウ) $\dfrac{1}{s - 2}$ 　　(エ) $\dfrac{s}{s^2 + 1}$ 　　(オ) $\dfrac{s}{(s - 2)(s^2 + 1)}$

1. ラプラス変換 $F(s) = \mathcal{L}[f(t)]$ の定義

$$F(s) = \mathcal{L}[f(t)] = \int_0^\infty f(t)e^{-st}\,dt \qquad (t \geqq 0,\ s：実数)$$

2. ラプラス変換表

$f(t)$	$F(s)$	$f(t)$	$F(s)$
1，または $u(t)\ (t \geqq 0)$	$\dfrac{1}{s}\ \ (s>0)$	$\cos at\ (t \geqq 0)$	$\dfrac{s}{s^2+a^2}\ (s>0)$
$t\ (t>0)$	$\dfrac{1}{s^2}\ \ (s>0)$	$\sin at\ (t \geqq 0)$	$\dfrac{a}{s^2+a^2}\ (s>0)$
$t^n\ (t>0)$ $(n=0,1,2,\cdots)$	$\dfrac{\Gamma(n+1)}{s^{n+1}}\ (s>0)$	$\cosh at\ (t \geqq 0)$	$\dfrac{s}{s^2-a^2}\ (s>0)$
$t^\alpha\ (t>0)$ $(\alpha>0)$	$\dfrac{\Gamma(\alpha+1)}{s^{\alpha+1}}\ (s>0)$	$\sinh at\ (t \geqq 0)$	$\dfrac{a}{s^2-a^2}\ (s>0)$
$e^{at}\ (t \geqq 0)$	$\dfrac{1}{s-a}\ \ (s>0)$	………………	………………

3. ラプラス変換の存在条件

区間 $[0,\infty)$ で定義された関数 $f(t)$ が区分的に連続であり，かつ指数 α 位の関数であるとき，$s>\alpha$ をみたすすべての s について，$f(t)$ のラプラス変換 $\mathcal{L}[f(t)]$ が存在する。

4. ラプラス変換の性質

（ⅰ）線形性：$\mathcal{L}[af(t)+bg(t)] = aF(s)+bG(s)$　　$(a,b：定数)$

（ⅱ）と対称性：$\mathcal{L}[f(at)] = \dfrac{1}{a}F\left(\dfrac{s}{a}\right)$　　　　　　$(a>0)$

（ただし，$F(s)=\mathcal{L}[f(t)]$，$G(s)=\mathcal{L}[g(t)]$　$(t\geqq0)$　とする。）

5. デルタ関数 $\delta(t)$ と単位階段関数 $u(t-a)$ のラプラス変換

（ⅰ）$\mathcal{L}[\delta(t)] = 1$　　　　（ⅱ）$\mathcal{L}[u(t-a)] = \dfrac{e^{-as}}{s}\ (a\geqq0,\ s>0)$

6. 合成積 $f(t)*g(t)$ のラプラス変換

$$\mathcal{L}[f(t)*g(t)] = F(s)\cdot G(s)\qquad \big(F(s)=\mathcal{L}[f(t)],\ G(s)=\mathcal{L}[g(t)]\big)$$

講　義
Lecture **3**

ラプラス逆変換

テーマ

▶ **ラプラス逆変換の基本**
$$\left(\mathcal{L}^{-1}\left[\frac{1}{s^{\alpha}} \right] = \frac{t^{\alpha-1}}{\Gamma(\alpha)} \quad \text{など} \right)$$

▶ **ラプラス逆変換の応用**
$$\left(\mathcal{L}^{-1}[F(s)G(s)] = \int_{0}^{t} f(u)g(t-u)\,du \quad \text{など} \right)$$

▶ **ブロムウィッチ積分**
$$\left(f(t) = \frac{1}{2\pi i} \int_{p-i\infty}^{p+i\infty} F(s)e^{st}\,ds \right)$$

§1. ラプラス逆変換の基本

さァ，これから"ラプラス逆変換"の講義に入ろう。ラプラス逆変換とは文字通り，ラプラス変換の逆の操作のことだ。ラプラス変換とは，原関数 $f(t)$ から像関数 $F(s)$ への変換のことだったけれど，これに対して，ラプラス逆変換は像関数 $F(s)$ から原関数 $f(t)$ への変換のことなんだね。

そして，ラプラス変換：$f(t) \to F(s)$ と，ラプラス逆変換：$F(s) \to f(t)$ を組み合わせることによって，微分方程式を代数的に解くことができることをプロローグで既に解説した。そのための準備として，このラプラス逆変換にも習熟しておく必要があるんだね。

この講義では，ラプラス逆変換の基本操作を，例題を沢山解きながらマスターしていくことにしよう。

● 本当は，ラプラス逆変換は無限に存在する！

これまで，$f(t) \to F(s)$ のラプラス変換：

$$F(s) = \mathcal{L}[f(t)] = \int_0^\infty f(t)e^{-st}dt \quad \cdots\cdots(*n) \quad (s：実数) \leftarrow \boxed{\text{P44}}$$

について詳しく学習してきた。そして，さまざまな原関数 $f(t)$ のラプラス変換 $F(s)$ を求めたんだね。その結果の1部を，2つの関数の集合の写像の形で，図1に示す。

今回の講義では，この逆写像 $F(s) \to f(t)$ の対応関係，すなわち"**ラプラス逆変換**"(*inverse Laplace transformation*)について詳しく調べようと思う。しかし，図1から明らかなように $f(t)=1$ と $f(t)=\underline{u(t)}$ の2つの異なる関数

<u>単位階段関数</u>

が，同じ $F(s) = \dfrac{1}{s}$ に写像されるので，ラプラス変換は厳密には"**1対1**"対応ではないことが分かる。

図1 ラプラス変換

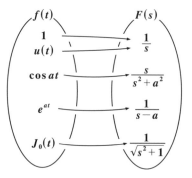

$$f(t)$$
$$1$$
$$u(t)$$
$$\cos at$$
$$e^{at}$$
$$J_0(t)$$

$$F(s)$$
$$\frac{1}{s}$$
$$\frac{s}{s^2+a^2}$$
$$\frac{1}{s-a}$$
$$\frac{1}{\sqrt{s^2+1}}$$

では，1 対 1 対応ではないので，この逆変換 (ラプラス逆変換) は存在しないのだろうか？　少し考えてみよう。

ラプラス変換の定義式 (*n) から，$f_1(t) = 1$ $(t \geqq 0)$, $f_2(t) = u(t)$ のみでなく，たとえば，

$$f_3(t) = \begin{cases} 1 & (t \geqq 0 \text{かつ} t \neq 2, \ 3) \\ 2 & (t = 2, \ 3) \end{cases}$$ などの関数に対して，これらに e^{-st} を

かけて，区間 $[0, \ \infty)$ で t で積分すると，すべて同じ $F(s) = \dfrac{1}{s}$ になること

が分かると思う。たとえ，$f_3(t)$ のように複数の不連続点が存在したとしても，積分操作によって，その違いは検出されることなく，図 2 に示すように同じ $F(s) = \dfrac{1}{s}$ に写されることになるんだね。

したがって，ラプラス変換は，多対 1 の写像であることが分かる。しかし，無数に存在する原関数 $f(t)$ といっても，たかだか有限個の不連続点が異なるだけだから，$F(s) = \dfrac{1}{s}$ に写される原関数として連続な関数 $f(t) = 1$ $(t \geqq 0)$ を取るものと決めると，ラプラス変換は 1 対 1 対応であると考えていい。これから，ラプラス逆変換も存在すると考えていいんだね。

図 2 $F(s) = \dfrac{1}{s}$ に対応する原関数 $f(t)$

(i) $f_1(t) = 1$ $(t \geqq 0)$

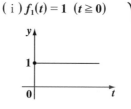

(ii) $f_2(t) = u(t)$

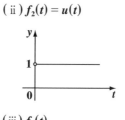

(iii) $f_3(t)$

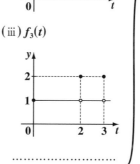

$\longrightarrow F(s) = \dfrac{1}{s}$

以上を定理としてまとめて，次に示しておこう。

■ ラプラス変換の定理

$t \geqq 0$ で定義された区分的に連続な 2 つの関数 $f(t)$ と $g(t)$ が

$\mathcal{L}[f(t)] = \mathcal{L}[g(t)]$ をみたすとき，不連続な点を除けば，

$f(t) = g(t)$ が成り立つ。

よって，すべての原関数 $f(t)$ $(t \geqq 0)$ に対して，$f(t)$ を連続な関数とすることにより，$f(t)$ とそのラプラス変換 $F(s)$ との間には 1 対 1 対応の関係が成り立つので，次のようにラプラス逆変換も定義できるんだね。

■ ラプラス逆変換の定義

s の関数 $F(s)$ に対して，$F(s) = \mathcal{L}[f(t)]$ をみたす関数 $f(t)$ が存在するとき，この $f(t)$ を $F(s)$ の "**ラプラス逆変換**" または単に "**逆変換**" と呼び，

$f(t) = \mathcal{L}^{-1}[F(s)]$ ……$(*l_0)$ と表す。

これは，"エル インバース" と読む。

それでは，これまでに求めたラプラス変換を基に，ラプラス逆変換の逆変換表を求めてみよう。これは丁度，英和辞書を基に和英辞書を作るようなものなんだね。

(1) $\mathcal{L}[1] = \dfrac{1}{s}$ $\left(\text{または } \mathcal{L}[u(t)] = \dfrac{1}{s}\right)$ より，$\mathcal{L}^{-1}\left[\dfrac{1}{s}\right] = 1$ ($\text{または } u(t)$)

(2) $\mathcal{L}[t] = \dfrac{1}{s^2}$ より，$\mathcal{L}^{-1}\left[\dfrac{1}{s^2}\right] = t$

(3) $\mathcal{L}[t^n] = \dfrac{\Gamma(n+1)}{s^{n+1}}$ より，$\mathcal{L}[t^{n-1}] = \dfrac{\overset{\text{定数}}{\Gamma(n)}}{s^n}$ ← n の代わりに $n-1$ を使った。

よって，$\mathcal{L}^{-1}\left[\dfrac{1}{s^n}\right] = \dfrac{t^{n-1}}{\Gamma(n)}$ $(n = 1, 2, 3, \cdots)$ α の代わりに $\alpha-1$ を使った。

(4) 同様に，$\mathcal{L}[t^\alpha] = \dfrac{\Gamma(\alpha+1)}{s^{\alpha+1}}$ より，$\mathcal{L}^{-1}\left[\dfrac{1}{s^\alpha}\right] = \dfrac{t^{\alpha-1}}{\Gamma(\alpha)}$ $(\alpha > 0)$

(5) $\mathcal{L}[e^{at}] = \dfrac{1}{s-a}$ より, $\mathcal{L}^{-1}\left[\dfrac{1}{s-a}\right] = e^{at}$

(6) $\mathcal{L}[\cos at] = \dfrac{s}{s^2+a^2}$ より, $\mathcal{L}^{-1}\left[\dfrac{s}{s^2+a^2}\right] = \cos at$

(7) $\mathcal{L}[\sin at] = \dfrac{a}{s^2+a^2}$ より, $\mathcal{L}\left[\dfrac{1}{a}\sin at\right] = \dfrac{1}{s^2+a^2}$

　　よって, $\mathcal{L}^{-1}\left[\dfrac{1}{s^2+a^2}\right] = \dfrac{1}{a}\sin at$

(8) $\mathcal{L}[\cosh at] = \dfrac{s}{s^2-a^2}$ より, $\mathcal{L}^{-1}\left[\dfrac{s}{s^2-a^2}\right] = \cosh at$

(9) $\mathcal{L}[\sinh at] = \dfrac{a}{s^2-a^2}$ より, $\mathcal{L}\left[\dfrac{1}{a}\sinh at\right] = \dfrac{1}{s^2-a^2}$

　　よって, $\mathcal{L}^{-1}\left[\dfrac{1}{s^2-a^2}\right] = \dfrac{1}{a}\sinh at$

さらに, ラプラス変換の線形性や対称性の性質はラプラス逆変換において
も成り立つんだね。

(10) $\mathcal{L}[af(t)+bg(t)] = aF(s)+bG(s)$ ← ラプラス変換の線形性

　　(ただし, $F(s)=\mathcal{L}[f(t)]$, $G(s)=\mathcal{L}[g(t)]$) より,

　　　$\mathcal{L}^{-1}[aF(s)+bG(s)] = af(t)+bg(t)$

　　これは具体的には,

　　　$\mathcal{L}^{-1}[aF(s)+bG(s)] = \mathcal{L}^{-1}[aF(s)] + \mathcal{L}^{-1}[bG(s)]$

　　　　　　　　　　　　　$= a\mathcal{L}^{-1}[F(s)] + b\mathcal{L}^{-1}[G(s)] = af(t)+bg(t)$

　　と計算できる。つまり, ラプラス逆変換においても, 線形性は成り
　　立つ。

(11) $\mathcal{L}[f(at)] = \dfrac{1}{a}F\left(\dfrac{s}{a}\right)$ より, $\dfrac{1}{a}=b$ (定数) とおくと,

　　　　　　　　　ラプラス変換の対称性

　　$\mathcal{L}\left[f\left(\dfrac{t}{b}\right)\right] = bF(bs)$, $\mathcal{L}\left[\dfrac{1}{b}f\left(\dfrac{t}{b}\right)\right] = F(bs)$ となる。

　　よって, $\mathcal{L}^{-1}[F(bs)] = \dfrac{1}{b}f\left(\dfrac{t}{b}\right)$ となって, ラプラス逆変換においても
　　対称性が成り立つんだね。

以上をラプラス逆変換の変換表として, 次の表1にまとめて示そう。

$\dfrac{1}{s}$ の逆変換のみは **1** または $u(t)$ すなわち,

$\mathcal{L}^{-1}\left[\dfrac{1}{s}\right] = 1$ または $u(t)$ と **2** 通りを表したけれど,他のすべて像関数 $F(s)$ の逆変換 $\mathcal{L}^{-1}[F(s)]$ についても,実は不連続点のみが異なる無数の $f(t)$ が存在することを忘れないでくれ。

だから,たとえば,$F(s) = \dfrac{1}{s-a}$ の逆変換 $\mathcal{L}^{-1}[F(s)]$ は図 **3** に示すように,（ i ）$f_1(t) = e^{at}$ だけでなく,図 **3**（ ii ），（ iii ），… と不連続点のみが異なる原関数 $f_2(t)$,$f_3(t)$,… が無数に対応することになる。表 **1** の $f(t)$ は,その中の連続な関数を代表として表記していることに気を付けよう。

それでは,ラプラス逆変換の計算に慣れるために,これから例題を沢山解いて,シッカリ練習しておこう。頭をラプラス変換モードからラプラス逆変換モードに切り替えてくれ。

表 **1** ラプラス逆変換表（ I ）

$F(s)$	$f(t)$
$\dfrac{1}{s}$	**1**（または $u(t)$）
$\dfrac{1}{s^2}$	t
$\dfrac{1}{s^n}$ $(n = 1,\ 2,\ \cdots)$	$\dfrac{t^{n-1}}{\Gamma(n)}$
$\dfrac{1}{s^\alpha}$ $(\alpha > 0)$	$\dfrac{t^{\alpha-1}}{\Gamma(\alpha)}$
$\dfrac{1}{s-a}$	e^{at}
$\dfrac{s}{s^2+a^2}$	$\cos at$
$\dfrac{1}{s^2+a^2}$	$\dfrac{1}{a}\sin at$
$\dfrac{s}{s^2-a^2}$	$\cosh at$
$\dfrac{1}{s^2-a^2}$	$\dfrac{1}{a}\sinh at$
$aF(s) + bG(s)$	$af(t) + bg(t)$
$F(bs)$	$\dfrac{1}{b}f\left(\dfrac{t}{b}\right)$

図 **3** $F(s) = \dfrac{1}{s-a}$ に対応する原関数 $f(t)$

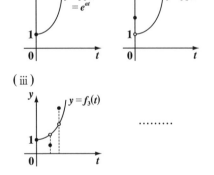

（ i ）　　　　　　（ ii ）

（ iii ）

………

例題 30　次のラプラス逆変換を求めてみよう。

(1) $\mathcal{L}^{-1}\left[\dfrac{1}{s}\right]$　　(2) $\mathcal{L}^{-1}\left[\dfrac{2}{s^2}\right]$　　(3) $\mathcal{L}^{-1}\left[\dfrac{1}{s^4}\right]$

(4) $\mathcal{L}^{-1}\left[\dfrac{1}{\sqrt{s}}\right]$　　(5) $\mathcal{L}^{-1}\left[\dfrac{1}{s-2}\right]$　　(6) $\mathcal{L}^{-1}\left[\dfrac{s}{s^2+2}\right]$

(7) $\mathcal{L}^{-1}\left[\dfrac{1}{s^2+4}\right]$　　(8) $\mathcal{L}^{-1}\left[\dfrac{s}{s^2-3}\right]$　　(9) $\mathcal{L}^{-1}\left[\dfrac{2}{s^2-9}\right]$

(1) $\mathcal{L}^{-1}\left[\dfrac{1}{s}\right]=1$　（または $u(t)$）

(2) $\mathcal{L}^{-1}\left[\dfrac{2}{s^2}\right]=2\mathcal{L}^{-1}\left[\dfrac{1}{s^2}\right]=2t$　公式：$\mathcal{L}^{-1}\left[\dfrac{1}{s^2}\right]=t$

線形性より，定数係数は表に出せる。

(3) $\mathcal{L}^{-1}\left[\dfrac{1}{s^4}\right]=\dfrac{t^3}{\Gamma(4)}=\dfrac{t^3}{6}$　公式：$\mathcal{L}^{-1}\left[\dfrac{1}{s^n}\right]=\dfrac{t^{n-1}}{\Gamma(n)}$

$3!=3\cdot2\cdot1=6$

(4) $\mathcal{L}^{-1}\left[\dfrac{1}{\sqrt{s}}\right]=\mathcal{L}^{-1}\left[\dfrac{1}{s^{\frac{1}{2}}}\right]=\dfrac{t^{-\frac{1}{2}}}{\Gamma\left(\frac{1}{2}\right)}=\dfrac{1}{\sqrt{\pi t}}$　公式：$\mathcal{L}^{-1}\left[\dfrac{1}{s^\alpha}\right]=\dfrac{t^{\alpha-1}}{\Gamma(\alpha)}$

$\sqrt{\pi}$

(5) $\mathcal{L}^{-1}\left[\dfrac{1}{s-2}\right]=e^{2t}$　公式：$\mathcal{L}^{-1}\left[\dfrac{1}{s-a}\right]=e^{at}$

(6) $\mathcal{L}^{-1}\left[\dfrac{s}{s^2+2}\right]=\mathcal{L}^{-1}\left[\dfrac{s}{s^2+(\sqrt{2})^2}\right]=\cos\sqrt{2}t$　公式：$\mathcal{L}^{-1}\left[\dfrac{s}{s^2+a^2}\right]=\cos at$

(7) $\mathcal{L}^{-1}\left[\dfrac{1}{s^2+4}\right]=\mathcal{L}^{-1}\left[\dfrac{1}{s^2+2^2}\right]=\dfrac{1}{2}\sin2t$　公式：$\mathcal{L}^{-1}\left[\dfrac{1}{s^2+a^2}\right]=\dfrac{1}{a}\sin at$

(8) $\mathcal{L}^{-1}\left[\dfrac{s}{s^2-3}\right]=\mathcal{L}^{-1}\left[\dfrac{s}{s^2-(\sqrt{3})^2}\right]=\cosh\sqrt{3}t$　公式：$\mathcal{L}^{-1}\left[\dfrac{s}{s^2-a^2}\right]=\cosh at$

(9) $\mathcal{L}^{-1}\left[\dfrac{2}{s^2-9}\right]=2\mathcal{L}^{-1}\left[\dfrac{1}{s^2-3^2}\right]=\dfrac{2}{3}\sinh3t$　公式：$\mathcal{L}^{-1}\left[\dfrac{1}{s^2-a^2}\right]=\dfrac{1}{a}\sinh at$

線形性

大丈夫だった？　それではさらに次の例題にチャレンジしてみよう。

例題 31　次のラプラス逆変換を求めよう。

(1) $\mathcal{L}^{-1}\left[\dfrac{s}{4s^2+1}\right]$　　　　(2) $\mathcal{L}^{-1}\left[\dfrac{1}{9s^2-4}\right]$　　　　(3) $\mathcal{L}^{-1}\left[\dfrac{2+3s}{s^4}\right]$

(4) $\mathcal{L}^{-1}\left[\dfrac{s+2}{s\sqrt{s}}\right]$　　　　(5) $\mathcal{L}^{-1}\left[\dfrac{1}{s(s-2)}\right]$　　　　(6) $\mathcal{L}^{-1}\left[\dfrac{s^3+s-1}{s^2(s^2+1)}\right]$

---

(1), **(2)** は公式 $\mathcal{L}^{-1}[F(bs)] = \dfrac{1}{b}f\left(\dfrac{t}{b}\right)$ を利用するといいね。

(1) $F(s) = \dfrac{s}{s^2+1}$, $f(t) = \mathcal{L}^{-1}[F(s)] = \mathcal{L}^{-1}\left[\dfrac{s}{s^2+1}\right] = \cos t$

公式 : $\mathcal{L}^{-1}\left[\dfrac{s}{s^2+a^2}\right] = \cos at$

とおくと，求めるラプラス逆変換は，

$$\mathcal{L}^{-1}\left[\frac{s}{4s^2+1}\right] = \frac{1}{2}\mathcal{L}^{-1}\left[\frac{2s}{(2s)^2+1}\right]$$

公式 : $\mathcal{L}^{-1}[F(bs)] = \dfrac{1}{b}f\left(\dfrac{t}{b}\right)$

$$= \frac{1}{2}\mathcal{L}^{-1}[F(2s)] = \frac{1}{2}\cdot\frac{1}{2}f\left(\frac{t}{2}\right)$$

$$= \frac{1}{4}\cdot\cos\frac{t}{2} \quad \text{となって答えだ。}$$

(1) の別解

$$\mathcal{L}^{-1}\left[\frac{s}{4s^2+1}\right] = \frac{1}{4}\mathcal{L}^{-1}\left[\frac{s}{s^2+\frac{1}{4}}\right] = \frac{1}{4}\mathcal{L}^{-1}\left[\frac{s}{s^2+\left(\frac{1}{2}\right)^2}\right]$$

$$= \frac{1}{4}\cos\frac{t}{2} \quad \text{と求めても，もちろんいい。}$$

(2) $F(s) = \dfrac{1}{s^2-4}$ とおき，また，

公式 : $\mathcal{L}^{-1}\left[\dfrac{1}{s^2-a^2}\right] = \dfrac{1}{a}\sinh at$

$$f(t) = \mathcal{L}^{-1}[F(s)] = \mathcal{L}^{-1}\left[\frac{1}{s^2-2^2}\right] = \frac{1}{2}\sinh 2t$$

とおくと，求めるラプラス逆変換は，

$$\mathcal{L}^{-1}\left[\frac{1}{9s^2-4}\right]=\mathcal{L}^{-1}\left[\frac{1}{(3s)^2-4}\right]$$

$$=\mathcal{L}^{-1}[F(3s)]=\frac{1}{3}f\left(\frac{t}{3}\right)\quad\text{公式：}\ \mathcal{L}^{-1}[F(bs)]=\frac{1}{b}f\left(\frac{t}{b}\right)$$

$$=\frac{1}{3}\cdot\frac{1}{2}\sinh\left(2\cdot\frac{t}{3}\right)=\frac{1}{6}\sinh\frac{2}{3}t\quad\text{となる。}$$

$$
\begin{array}{l}
\textbf{(2) の別解}\\[4pt]
\mathcal{L}^{-1}\left[\dfrac{1}{9s^2-4}\right]=\dfrac{1}{9}\mathcal{L}^{-1}\left[\dfrac{1}{s^2-\frac{4}{9}}\right]=\dfrac{1}{9}\mathcal{L}^{-1}\left[\dfrac{1}{s^2-\left(\frac{2}{3}\right)^2}\right]\\[8pt]
\qquad=\dfrac{1}{9}\cdot\dfrac{3}{2}\sinh\dfrac{2}{3}t=\dfrac{1}{6}\sinh\dfrac{2}{3}t\quad\text{と求めてもかまわない。}
\end{array}
$$

(3)(4) は，ラプラス逆変換の線形性 $\mathcal{L}^{-1}[aF(s)+bG(s)]=af(t)+bg(t)$ を用いて解く問題だ。

(3) $\mathcal{L}^{-1}\left[\dfrac{2+3s}{s^4}\right]=\mathcal{L}^{-1}\left[\dfrac{2}{s^4}+\dfrac{3}{s^3}\right]$

$$=2\mathcal{L}^{-1}\left[\frac{1}{s^4}\right]+3\mathcal{L}^{-1}\left[\frac{1}{s^3}\right]\quad\text{←線形性}$$

$$=2\cdot\frac{t^3}{\Gamma(4)}+3\cdot\frac{t^2}{\Gamma(3)}=\frac{t^3}{3}+\frac{3t^2}{2}\quad\text{公式：}\mathcal{L}^{-1}\left[\frac{1}{s^n}\right]=\frac{t^{n-1}}{\Gamma(n)}$$

$$\Gamma(4)\to 3!=6\qquad \Gamma(3)\to 2!=2$$

(4) $\mathcal{L}^{-1}\left[\dfrac{s+2}{s\sqrt{s}}\right]=\mathcal{L}^{-1}\left[\dfrac{1}{\sqrt{s}}+\dfrac{2}{s\sqrt{s}}\right]$

$$=\mathcal{L}^{-1}\left[\frac{1}{s^{\frac{1}{2}}}\right]+2\mathcal{L}^{-1}\left[\frac{1}{s^{\frac{3}{2}}}\right]\quad\text{←線形性}$$

$$=\frac{t^{-\frac{1}{2}}}{\Gamma\left(\frac{1}{2}\right)}+2\cdot\frac{t^{\frac{1}{2}}}{\Gamma\left(\frac{3}{2}\right)}\quad\text{公式：}\mathcal{L}^{-1}\left[\frac{1}{s^{\alpha}}\right]=\frac{t^{\alpha-1}}{\Gamma(\alpha)}$$

$$\Gamma\left(\frac{1}{2}\right)\to\sqrt{\pi}\qquad \Gamma\left(\frac{3}{2}\right)\to\frac{1}{2}\sqrt{\pi}$$

$$=\frac{1}{\sqrt{\pi t}}+4\sqrt{\frac{t}{\pi}}\quad\text{となる。}$$

(5) $\mathcal{L}^{-1}\left[\dfrac{1}{s(s-2)}\right]$, **(6)** $\mathcal{L}^{-1}\left[\dfrac{s^3+s-1}{s^2(s^2+1)}\right]$ は，部分分数に分解することがポイントになる。

(5) まず，$\dfrac{1}{s(s-2)}$ を部分分数に分解してみよう。

$$\dfrac{1}{s(s-2)} = \dfrac{a}{s} + \dfrac{b}{s-2} \quad \text{とおき，定数 } a, \; b \text{ の値を求める。}$$

$$\dfrac{1}{s(s-2)} = \dfrac{a}{s} + \dfrac{b}{s-2} = \dfrac{a(s-2)+bs}{s(s-2)} = \dfrac{(a+b)s - 2a}{s(s-2)}$$

よって，分子の各係数を比較して，$a+b = 0$ かつ $-2a = 1$

$\therefore a = -\dfrac{1}{2}, \; b = \dfrac{1}{2}$ となる。これから求めるラプラス逆変換は，

$$\mathcal{L}^{-1}\left[\dfrac{1}{s(s-2)}\right] = \mathcal{L}^{-1}\left[\dfrac{1}{2}\cdot\dfrac{1}{s-2} - \dfrac{1}{2}\cdot\dfrac{1}{s}\right] \quad \longleftarrow \boxed{\text{部分分数に分解}}$$

$$= \dfrac{1}{2}\mathcal{L}^{-1}\left[\dfrac{1}{s-2}\right] - \dfrac{1}{2}\mathcal{L}^{-1}\left[\dfrac{1}{s}\right] \quad \longleftarrow \boxed{\text{線形性}}$$

$$= \dfrac{1}{2}e^{2t} - \dfrac{1}{2}\cdot 1$$

$$= \dfrac{1}{2}(e^{2t} - 1) \quad \text{となる。} \quad \longleftarrow \boxed{\begin{array}{l}\text{公式}: \mathcal{L}^{-1}\left[\dfrac{1}{s-a}\right] = e^{at} \\[4pt] \mathcal{L}^{-1}\left[\dfrac{1}{s}\right] = 1\end{array}}$$

(6) まず，$\dfrac{s^3+s-1}{s^2(s^2+1)}$ を部分分数に分解してみよう。

$$\dfrac{s^3+s-1}{s^2(s^2+1)} = \dfrac{a}{s} + \dfrac{b}{s^2} + \dfrac{cs+d}{s^2+1} \quad \text{とおき，定数 } a, \; b, \; c, \; d \text{ を求める。}$$

$$\dfrac{s^3+s-1}{s^2(s^2+1)} = \dfrac{as(s^2+1) + b(s^2+1) + s^2(cs+d)}{s^2(s^2+1)}$$

$$= \dfrac{(a+c)s^3 + (b+d)s^2 + as + b}{s^2(s^2+1)}$$

よって，分子の各係数を比較して，

$a+c = 1, \quad b+d = 0, \quad a = 1, \quad b = -1$ より，

$a = 1, \quad b = -1, \quad c = 0, \quad d = 1$ となる。よって，求める逆変換は，

$$\mathcal{L}^{-1}\left[\dfrac{s^3+s-1}{s^2(s^2+1)}\right] = \mathcal{L}^{-1}\left[\dfrac{1}{s} - \dfrac{1}{s^2} + \dfrac{1}{s^2+1}\right] \quad \longleftarrow \boxed{\text{部分分数に分解}}$$

$$= \mathcal{L}^{-1}\left[\dfrac{1}{s}\right] - \mathcal{L}^{-1}\left[\dfrac{1}{s^2}\right] + \mathcal{L}^{-1}\left[\dfrac{1}{s^2+1}\right] \quad \longleftarrow \boxed{\text{線形性}}$$

$= 1 - t + \sin t$ となって答えだ。納得いった？

$$\boxed{\text{公式}: \mathcal{L}^{-1}\left[\dfrac{1}{s}\right] = 1, \quad \mathcal{L}^{-1}\left[\dfrac{1}{s^2}\right] = t, \quad \mathcal{L}^{-1}\left[\dfrac{1}{s^2+a^2}\right] = \dfrac{1}{a}\sin at}$$

それではここで，s の有理式を部分分数に分解する要領を具体的に示しておこう。

$(ex1)$ 分母がすべて s の1次式の積の形に因数分解される場合

$$\frac{P(s)}{(s-\alpha)(s-\beta)(s-\gamma)} = \frac{a}{s-\alpha} + \frac{b}{s-\beta} + \frac{c}{s-\gamma} \quad\cdots\cdots① \quad とおける。$$

（ただし，$P(s)$ は s の2次以下の式）

$(ex2)$ 分母 $= 0$ が多重根をもつ場合

$$\frac{P(s)}{(s-\alpha)^3(s-\beta)} = \frac{a}{s-\alpha} + \frac{b}{(s-\alpha)^2} + \frac{c}{(s-\alpha)^3} + \frac{d}{s-\beta} \quad とおける。$$

（ただし，$P(s)$ は s の3次以下の式）

$(ex2)$ 分母 $= 0$ が多重根をもち，また s の2次式の項も存在する場合

$$\frac{P(s)}{(s-\alpha)^3(s^2+\beta s+\gamma)} = \frac{a}{s-\alpha} + \frac{b}{(s-\alpha)^2} + \frac{c}{(s-\alpha)^3} + \frac{ds+e}{s^2+\beta s+\gamma}$$

s の1次式

s の2次式

（ただし，$P(s)$ は s の4次以下の式）

これで，部分分数に分解する要領も理解できたと思う。例題 31 の (5)，(6) もこの要領で部分分数に分解している。後は，右辺を通分して，分子同士の係数比較から，a, b, …などの係数を求めればいい。これを **"未定係数法"** という。

また，複素関数で **留数** を御存知の方は，これらの係数を，留数を求めるやり方で求めることもできる。

たとえば①の左辺に $(s-\alpha)$ をかけて，$\frac{P(s)}{(s-\beta)(s-\gamma)}$ とし，s に α を代入すれば，a が求まる。実際に①の両辺に $(s-\alpha)$ をかけると，

$$\frac{P(s)}{(s-\beta)(s-\gamma)} = a + \frac{b(s-\alpha)}{s-\beta} + \frac{c(s-\alpha)}{s-\gamma}$$

よって，この両辺の s に α を代入すると，右辺の第 2, 3 項は 0 となるので，$a = \frac{P(\alpha)}{(\alpha-\beta)(\alpha-\gamma)}$ となるからだ。

b, c も同様に求めることができる。

● さらに，ラプラス逆変換表を充実させよう！

それでは，以下のラプラス変換の公式から，さらにラプラス逆変換の表を充実させていくことにしよう。

(1) $\mathcal{L}[\delta(t)] = 1$ より，$\mathcal{L}^{-1}[1] = \delta(t)$ となる。

(2) $\mathcal{L}[\underline{u(t-a)}] = \dfrac{e^{-as}}{s}$ より，$\mathcal{L}^{-1}\left[\dfrac{e^{-as}}{s}\right] = u(t-a)$ となる。

$\boxed{\text{単位階段関数}}$

(3) $\mathcal{L}[f(t-a) \cdot u(t-a)] = e^{-as}F(s)$ より，

$\mathcal{L}^{-1}[e^{-as}F(s)] = f(t-a) \cdot u(t-a)$ となる。

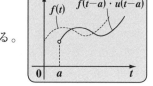

(4) $\mathcal{L}[e^{at}f(t)] = F(s-a)$ より，

$\mathcal{L}^{-1}[F(s-a)] = e^{at}f(t)$ となる。

(5) $f(t) = f(t+T)$，すなわち $f(t)$ が周期 T の周期関数であるとき，

$\mathcal{L}[f(t)] = \dfrac{F_0(s)}{1-e^{-sT}} \quad \left(\text{ただし，} F_0(s) = \displaystyle\int_0^T f(t)e^{-st}\,dt\right)$ より，

$\mathcal{L}^{-1}\left[\dfrac{F_0(s)}{1-e^{-sT}}\right] = f(t)$ となる。

(6) $\mathcal{L}[erf(\sqrt{t})] = \dfrac{1}{s\sqrt{s+1}}$ より，$\mathcal{L}^{-1}\left[\dfrac{1}{s\sqrt{s+1}}\right] = erf(\sqrt{t})$ となる。

(7) $\mathcal{L}[erf(\sqrt{at})] = \dfrac{\sqrt{a}}{s\sqrt{s+a}}$ より，

$\mathcal{L}^{-1}\left[\dfrac{1}{s\sqrt{s+a}}\right] = \dfrac{1}{\sqrt{a}}erf(\sqrt{at})$ となる。

(8) $\mathcal{L}[\underline{J_0(t)}] = \dfrac{1}{\sqrt{s^2+1}}$ より，$\mathcal{L}^{-1}\left[\dfrac{1}{\sqrt{s^2+1}}\right] = J_0(t)$ となる。

$\boxed{\text{第1種0次のベッセル関数}}$

(9) $\mathcal{L}[J_0(at)] = \dfrac{1}{\sqrt{s^2+a^2}}$ より，$\mathcal{L}^{-1}\left[\dfrac{1}{\sqrt{s^2+a^2}}\right] = J_0(at)$ となる。

以上の結果も，ラプラス逆変換表として表**2**にまとめて示す。

表1 (P116) と表2で，ラプラス逆
変換に必要な関数はすべて出そろ
っているので，シッカリ頭に入れ
ておこう。

ここで，誤差関数 $erf(\sqrt{t})$ は，

$$erf(\sqrt{t}) = \frac{2}{\sqrt{\pi}}\int_0^{\sqrt{t}} e^{-u^2}\, du$$

のことだ。また，第1種0次ベッ
セル関数 $J_0(t)$ は，微分方程式
$t^2 y'' + t y' + t^2 y = 0$ の基本解の1つ
で，具体的には，

$$J_0(t) = \sum_{k=0}^{\infty} \frac{(-1)^k}{(2^k \cdot k!)^2} t^{2k}$$
$$= 1 - \frac{t^2}{2^2} + \frac{t^4}{2^2 \cdot 4^2} - \cdots$$

のことだ。これも大丈夫だね。

表2 ラプラス逆変換表 (Ⅱ)

$F(s)$	$f(t)$
1	$\delta(t)$
$\dfrac{e^{-as}}{s}$	$u(t-a)$
$e^{-as}F(s)$	$f(t-a) \cdot u(t-a)$
$F(s-a)$	$e^{at}f(t)$
$\dfrac{F_0(s)}{1-e^{-sT}}$	周期 T の周期関数 $f(t)$
$\dfrac{1}{s\sqrt{s+1}}$	$erf(\sqrt{t})$
$\dfrac{1}{s\sqrt{s+a}}$	$\dfrac{1}{\sqrt{a}}erf(\sqrt{at})$
$\dfrac{1}{\sqrt{s^2+1}}$	$J_0(t)$
$\dfrac{1}{\sqrt{s^2+a^2}}$	$J_0(at)$

それでは，表2のラプラス逆変換表を利用して，また逆変換の計算練習
を以下の例題でやってみよう。

例題32 次のラプラス逆変換を求めよう。

(1) $\mathcal{L}^{-1}\left[\dfrac{2s^2-1}{s^2}\right]$　　　(2) $\mathcal{L}^{-1}\left[\dfrac{1+2e^{-2s}}{s}\right]$

(1) $\mathcal{L}^{-1}\left[\dfrac{2s^2-1}{s^2}\right] = \mathcal{L}^{-1}\left[2-\dfrac{1}{s^2}\right] = 2\mathcal{L}^{-1}[1] - \mathcal{L}^{-1}\left[\dfrac{1}{s^2}\right]$ ← 線形性

$= 2\delta(t) - t$ ← 公式: $\mathcal{L}^{-1}[1]=\delta(t),\ \mathcal{L}^{-1}\left[\dfrac{1}{s^2}\right]=t$

(2) $\mathcal{L}^{-1}\left[\dfrac{1+2e^{-2s}}{s}\right] = \mathcal{L}^{-1}\left[\dfrac{1}{s}\right] + 2\mathcal{L}^{-1}\left[\dfrac{e^{-2s}}{s}\right]$ ← 線形性

$= 1 + 2u(t-2)$ ← 公式: $\mathcal{L}^{-1}\left[\dfrac{1}{s}\right]=1,\ \mathcal{L}^{-1}\left[\dfrac{e^{-as}}{s}\right]=u(t-a)$

それでは，次のラプラス逆変換の例題も解いてみよう。

例題 33　次のラプラス逆変換を求めよう。

(1) $\mathcal{L}^{-1}\left[\dfrac{e^{-4s}}{s^3}\right]$ (2) $\mathcal{L}^{-1}\left[\dfrac{e^{-s}}{s^2+1}\right]$

(3) $\mathcal{L}^{-1}\left[\dfrac{s-2}{(s-2)^2+4}\right]$ (4) $\mathcal{L}^{-1}\left[\dfrac{4}{s^2+2s-3}\right]$

---

(1)，(2) は，像関数に e^{-as} を含んでいるので公式：

　　$\mathcal{L}^{-1}[e^{-as}F(s)]=f(t-a)\cdot u(t-a)$ を使う問題なんだね。

(1) $F(s)=\dfrac{1}{s^3}$ とおくと，

> 公式：$\mathcal{L}^{-1}\left[\dfrac{1}{s^n}\right]=\dfrac{t^{n-1}}{\Gamma(n)}$

　　$f(t)=\mathcal{L}^{-1}[F(s)]=\mathcal{L}^{-1}\left[\dfrac{1}{s^3}\right]=\dfrac{t^2}{\underset{2!}{\Gamma(3)}}=\dfrac{t^2}{2}$ となる。

　　よって，公式：$\mathcal{L}^{-1}[e^{-as}F(s)]=f(t-a)\cdot u(t-a)$ を用いると，

　　$\mathcal{L}^{-1}\left[\dfrac{e^{-4s}}{s^3}\right]=\mathcal{L}^{-1}[e^{-\overset{a}{\underset{\text{④}}{}}s}F(s)]=f(t-4)\cdot u(t-4)$

　　　　　　　　　　$=\dfrac{1}{2}(t-4)^2\cdot u(t-4)$ となって，答えだ。

(2) $F(s)=\dfrac{1}{s^2+1}$ とおくと，

> 公式：$\mathcal{L}^{-1}\left[\dfrac{1}{s^2+a^2}\right]=\dfrac{1}{a}\sin at$

　　$f(t)=\mathcal{L}^{-1}[F(s)]=\mathcal{L}^{-1}\left[\dfrac{1}{s^2+1}\right]=\sin t$ となる。

　　よって，公式：$\mathcal{L}^{-1}[e^{-as}F(s)]=f(t-a)\cdot u(t-a)$ を利用して，

　　$\mathcal{L}^{-1}\left[\dfrac{e^{-s}}{s^2+1}\right]=\mathcal{L}^{-1}[e^{-\overset{a}{\underset{\text{①}}{}}\cdot s}\cdot F(s)]$

　　　　　　　　　　$=f(t-1)\cdot u(t-1)=\sin(t-1)\cdot u(t-1)$ となる。

(3)，(4) は公式：$\mathcal{L}^{-1}[F(s-a)]=e^{at}f(t)$ を利用すればいい。(4) に関しては部分分数分解による別解も紹介しよう。

(3) $F(s) = \dfrac{s}{s^2+4}$ とおき，

$\boxed{公式 : \mathcal{L}^{-1}\left[\dfrac{s}{s^2+a^2}\right] = \cos at}$

$\quad f(t) = \mathcal{L}^{-1}[F(s)] = \mathcal{L}^{-1}\left[\dfrac{s}{s^2+2^2}\right] = \cos 2t$ とおくと，

$\quad$ 公式 : $\mathcal{L}^{-1}[F(s-a)] = e^{at}f(t)$ より，

$\quad \mathcal{L}^{-1}\left[\dfrac{s-2}{(s-2)^2+4}\right] = \mathcal{L}^{-1}[F(s-2)] = e^{2t}\mathcal{L}^{-1}[F(s)]$

$\qquad\qquad\qquad\qquad\quad = e^{2t}f(t) = e^{2t}\cos 2t$ となる。

(4) $\mathcal{L}^{-1}\left[\dfrac{4}{s^2+2s-3}\right] = 4\mathcal{L}^{-1}\left[\dfrac{1}{(s+1)^2-4}\right]$ より，

$\quad F(s) = \dfrac{1}{s^2-4}$ とおき，

$\boxed{公式 : \mathcal{L}^{-1}\left[\dfrac{1}{s^2-a^2}\right] = \dfrac{1}{a}\sinh at}$

$\quad f(t) = \mathcal{L}^{-1}[F(s)] = \mathcal{L}^{-1}\left[\dfrac{1}{s^2-2^2}\right] = \dfrac{1}{2}\sinh 2t$

$\quad$ 公式 : $\mathcal{L}^{-1}[F(s-a)] = e^{at}f(t)$ より，$\boxed{-a}$

$\quad \mathcal{L}^{-1}\left[\dfrac{4}{s^2+2s-3}\right] = 4\mathcal{L}^{-1}[F(s+\boxed{1})] = 4e^{-1\cdot t}\mathcal{L}^{-1}[F(s)] = 4e^{-t}f(t)$

$\qquad\qquad\qquad\qquad = 4e^{-t}\cdot\dfrac{1}{2}\sinh 2t = 2e^{-t}\sinh 2t$ ……① となる。

(4) の別解

$\quad \mathcal{L}^{-1}\left[\dfrac{4}{s^2+2s-3}\right] = \mathcal{L}^{-1}\left[\dfrac{4}{(s-1)(s+3)}\right] = \mathcal{L}^{-1}\left[\dfrac{1}{s-1} - \dfrac{1}{s+3}\right]$

$\boxed{部分分数に分解 : \dfrac{4}{(s-1)(s+3)} = \dfrac{a}{s-1} + \dfrac{b}{s+3}\ とおいて，a=1,\ b=-1\ を求めた。}$

$\qquad\qquad = \mathcal{L}^{-1}\left[\dfrac{1}{s-1}\right] - \mathcal{L}^{-1}\left[\dfrac{1}{s+3}\right]$ $\boxed{公式 : \mathcal{L}^{-1}\left[\dfrac{1}{s-a}\right] = e^{at}}$

$\qquad\qquad = e^{1\cdot t} - e^{-3\cdot t} = e^t - e^{-3t}$ となる。

結果が違うって？ そんなことはないよ。①を変形すると，

$2e^{-t}\sinh 2t = 2e^{-t}\cdot\dfrac{1}{2}(e^{2t} - e^{-2t}) = e^t - e^{-3t}$ となって，

一致することが分かるだろう。

それでは次，誤差関数についてのラプラス逆変換の問題も解いてみよう。

例題 34 次のラプラス逆変換を求めよう。

(1) $\mathcal{L}^{-1}\left[\dfrac{2}{\sqrt{s^3}+s^2}\right]$ $(s>0)$ (2) $\mathcal{L}^{-1}\left[\dfrac{1}{(s-2)\sqrt{s+1}}\right]$

誤差関数 $erf(x)$ に関するラプラス逆変換の公式：

$\mathcal{L}^{-1}\left[\dfrac{1}{s\sqrt{s+1}}\right]=erf(\sqrt{t})$ や，$\mathcal{L}^{-1}\left[\dfrac{1}{s\sqrt{s+a}}\right]=\dfrac{1}{\sqrt{a}}erf(\sqrt{at})$ を利用して解けばいい。

(1) $\mathcal{L}^{-1}\left[\dfrac{2}{\sqrt{s^3}+s^2}\right]=2\mathcal{L}^{-1}\left[\dfrac{1}{s\sqrt{s+1}}\right]$

$=2erf(\sqrt{t})$ となる。

公式：$\mathcal{L}^{-1}\left[\dfrac{1}{s\sqrt{s+1}}\right]=erf(\sqrt{t})$

(2)は，公式 $\mathcal{L}^{-1}[F(s-a)]=e^{at}f(t)$ を用いればいいことに気付くはずだ。

$\mathcal{L}^{-1}\left[\dfrac{1}{(s-2)\sqrt{s+1}}\right]=\mathcal{L}^{-1}\left[\dfrac{1}{(s-2)\sqrt{(s-2)+3}}\right]$ より，

$F(s)=\dfrac{1}{s\sqrt{s+3}}$ とおき，

公式：$\mathcal{L}^{-1}\left[\dfrac{1}{s\sqrt{s+a}}\right]=\dfrac{1}{\sqrt{a}}erf(\sqrt{at})$

$f(t)=\mathcal{L}^{-1}[F(s)]=\mathcal{L}^{-1}\left[\dfrac{1}{s\sqrt{s+3}}\right]=\dfrac{1}{\sqrt{3}}erf(\sqrt{3t})$ とおくと，

$\mathcal{L}^{-1}\left[\dfrac{1}{(s-2)\sqrt{s+1}}\right]=\mathcal{L}^{-1}[F(s-\overset{a}{\underset{\shortparallel}{(2)}})]$

公式：$\mathcal{L}^{-1}[F(s-a)]=e^{at}f(t)$

$=e^{2t}\cdot\mathcal{L}^{-1}[F(s)]=e^{2t}\cdot f(t)$

$=e^{2t}\cdot\dfrac{1}{\sqrt{3}}erf(\sqrt{3t})=\dfrac{e^{2t}}{\sqrt{3}}erf(\sqrt{3t})$ となる。

公式の使い方にも，ずい分慣れてきたと思う。

それでは次，第 1 種 0 次ベッセル関数についてのラプラス逆変換の問題にもチャレンジしてみよう。

例題 35　次のラプラス逆変換を求めよう。

(1) $\mathcal{L}^{-1}\left[\dfrac{3}{\sqrt{s^2+4}}\right]$　　(2) $\mathcal{L}^{-1}\left[\dfrac{e^{-2s}}{\sqrt{s^2+3}}\right]$　　(3) $\mathcal{L}^{-1}\left[\dfrac{1}{\sqrt{s^2-4s+5}}\right]$

第 1 種 0 次ベッセル関数 $J_0(t)$ に関するラプラス逆変換の公式：

$\mathcal{L}^{-1}\left[\dfrac{1}{\sqrt{s^2+1}}\right] = J_0(t)$, 　$\mathcal{L}^{-1}\left[\dfrac{1}{\sqrt{s^2+a^2}}\right] = J_0(at)$ を用いて解いてみよう。

(1) $\mathcal{L}^{-1}\left[\dfrac{3}{\sqrt{s^2+4}}\right] = 3\,\mathcal{L}^{-1}\left[\dfrac{1}{\sqrt{s^2+2^2}}\right]$ 　　公式：$\mathcal{L}^{-1}\left[\dfrac{1}{\sqrt{s^2+a^2}}\right] = J_0(at)$

$= 3J_0(2t)$ となって，答えだ。

(2) 像関数に e^{-2s} が含まれているので，公式：

$\mathcal{L}^{-1}[e^{-as}F(s)] = f(t-a) \cdot u(t-a)$ を用いる問題だね。

まず，$F(s) = \dfrac{1}{\sqrt{s^2+3}}$ とおき，

$f(t) = \mathcal{L}^{-1}[F(s)] = \mathcal{L}^{-1}\left[\dfrac{1}{\sqrt{s^2+(\sqrt{3})^2}}\right] = J_0(\sqrt{3}t)$ とおくと，

$\mathcal{L}^{-1}\left[\dfrac{e^{-2s}}{\sqrt{s^2+3}}\right] = \mathcal{L}^{-1}[e^{-\overset{a}{\underset{\smile}{2}}s}F(s)] = f(t-2) \cdot u(t-2)$

$= J_0(\sqrt{3}(t-2)) \cdot u(t-2)$ となる。

(3) $\mathcal{L}^{-1}\left[\dfrac{1}{\sqrt{s^2-4s+5}}\right] = \mathcal{L}^{-1}\left[\dfrac{1}{\sqrt{(s-2)^2+1}}\right]$ より，　公式：$\mathcal{L}^{-1}\left[\dfrac{1}{\sqrt{s^2+1}}\right] = J_0(t)$

$F(s) = \dfrac{1}{\sqrt{s^2+1}}$ とおき，$f(t) = \mathcal{L}^{-1}[F(s)] = \mathcal{L}^{-1}\left[\dfrac{1}{\sqrt{s^2+1}}\right] = J_0(t)$

とおくと，

公式：$\mathcal{L}^{-1}[F(s-a)] = e^{at}\mathcal{L}^{-1}[F(s)] = e^{at}f(t)$ を用いて，

$\mathcal{L}^{-1}\left[\dfrac{1}{\sqrt{s^2-4s+5}}\right] = \mathcal{L}^{-1}[F(s-\overset{a}{\underset{\smile}{2}})] = e^{2t} \cdot \mathcal{L}^{-1}[F(s)]$

$= e^{2t}f(t) = e^{2t}J_0(t)$ 　となって，答えだ。大丈夫だった？

以上で，ラプラス逆変換の基本についての解説と例題演習は終了です。
この後の演習問題と実践問題でさらに実力に磨きをかけておこう。

次のラプラス逆変換を求めよ。

(1) $\mathcal{L}^{-1}\left[\dfrac{1}{s^2-4s+6}\right]$ (2) $\mathcal{L}^{-1}\left[\dfrac{2s^3+3s^2-2}{s^2(s^2+2s+2)}\right]$

ヒント! (1), (2)共に，公式 $\mathcal{L}^{-1}[F(s-a)]=e^{at}\mathcal{L}^{-1}[F(s)]=e^{at}f(t)$ を利用する。
(2) は，まず部分分数に分解しよう。

解答&解説

(1) $\mathcal{L}^{-1}\left[\dfrac{1}{s^2-4s+6}\right]=\mathcal{L}^{-1}\left[\dfrac{1}{(s-2)^2+2}\right]$

$\boxed{\begin{array}{l}\mathcal{L}^{-1}[F(s-a)]=e^{at}\mathcal{L}^{-1}[F(s)]\\ \mathcal{L}^{-1}\left[\dfrac{1}{s^2+a^2}\right]=\dfrac{1}{a}\sin at\end{array}}$

$\qquad\qquad = e^{2t}\mathcal{L}^{-1}\left[\dfrac{1}{s^2+2}\right]=e^{2t}\dfrac{1}{\sqrt{2}}\sin\sqrt{2}t$

(2) $\dfrac{2s^3+3s^2-2}{s^2(s^2+2s+2)}=\dfrac{a}{s}+\dfrac{b}{s^2}+\dfrac{cs+d}{s^2+2s+2}$ と部分分数に分解する。

右辺を通分して，両辺の分子の各係数を比較すると，

$2s^3+3s^2-2=as(s^2+2s+2)+b(s^2+2s+2)+s^2(cs+d)$

$\qquad\qquad = \underset{\boxed{2}}{(a+c)}s^3+\underset{\boxed{3}}{(2a+b+d)}s^2+\underset{\boxed{0}}{(2a+2b)}s+\underset{\boxed{-2}}{2b}$ より，

$a+c=2,\ \ 2a+b+d=3,\ \ 2a+2b=0,\ \ 2b=-2$

よって，$a=1,\ \ b=-1,\ \ c=1,\ \ d=2$ となる。これから，

$\mathcal{L}^{-1}\left[\dfrac{2s^3+3s^2-2}{s^2(s^2+2s+2)}\right]=\mathcal{L}^{-1}\left[\dfrac{1}{s}-\dfrac{1}{s^2}+\dfrac{s+2}{s^2+2s+2}\right]$

$\qquad =\underset{\boxed{1}}{\mathcal{L}^{-1}\left[\dfrac{1}{s}\right]}-\underset{\boxed{t}}{\mathcal{L}^{-1}\left[\dfrac{1}{s^2}\right]}+\underset{\boxed{e^{-t}\mathcal{L}^{-1}\left[\frac{s}{s^2+1}\right]}}{\mathcal{L}^{-1}\left[\dfrac{s+1}{(s+1)^2+1}\right]}+\underset{\boxed{e^{-t}\mathcal{L}^{-1}\left[\frac{1}{s^2+1}\right]}}{\mathcal{L}^{-1}\left[\dfrac{1}{(s+1)^2+1}\right]}$

$\qquad =1-t+e^{-t}\cos t+e^{-t}\sin t$ $\boxed{\mathcal{L}^{-1}[F(s-a)]=e^{at}\mathcal{L}^{-1}[F(s)]=e^{at}f(t)}$

$\qquad =e^{-t}(\cos t+\sin t)-t+1$

実践問題 7 　　　　● ラプラス逆変換の計算（Ⅰ）●

次のラプラス逆変換を求めよ。

(1) $\mathcal{L}^{-1}\left[\dfrac{s-1}{s^2-2s+3}\right]$ 　　　　(2) $\mathcal{L}^{-1}\left[\dfrac{s^3+4s^2+10s+6}{s^2(s^2+4s+6)}\right]$

ヒント！ 演習問題 7 と同じ公式を使って，同様に解けばいい。

解答＆解説

(1) $\mathcal{L}^{-1}\left[\dfrac{s-1}{s^2-2s+3}\right]=\mathcal{L}^{-1}\left[\dfrac{s-1}{(s-1)^2+2}\right]$

$$\boxed{\begin{array}{l}\mathcal{L}^{-1}[F(s-a)]=e^{at}\mathcal{L}^{-1}[F(s)]\\ \mathcal{L}^{-1}\left[\dfrac{s}{s^2+a^2}\right]=\cos at\end{array}}$$

$$=\boxed{(ア)}\mathcal{L}^{-1}\left[\dfrac{s}{s^2+2}\right]=\boxed{(イ)}$$

(2) $\dfrac{s^3+4s^2+10s+6}{s^2(s^2+4s+6)}=\dfrac{a}{s}+\dfrac{b}{s^2}+\dfrac{cs+d}{s^2+4s+6}$ と部分分数に分解する。

右辺を通分して，両辺の分子の各係数を比較すると，

$$s^3+4s^2+10s+6=as(s^2+4s+6)+b(s^2+4s+6)+s^2(cs+d)$$
$$=\underset{①}{(a+c)}s^3+\underset{④}{(4a+b+d)}s^2+\underset{⑩}{(6a+4b)}s+\underset{⑥}{6b}$$

$a+c=1,\ 4a+b+d=4,\ 6a+4b=10,\ 6b=6$

よって，$a=1,\ b=1,\ c=0,\ d=\boxed{(ウ)}$ となる。これから，

$$\mathcal{L}^{-1}\left[\dfrac{s^3+4s^2+10s+6}{s^2(s^2+4s+6)}\right]=\mathcal{L}^{-1}\left[\dfrac{1}{s}+\dfrac{1}{s^2}-\dfrac{\boxed{(エ)}}{s^2+4s+6}\right]$$

$$=\underset{①}{\mathcal{L}^{-1}\left[\dfrac{1}{s}\right]}+\underset{t}{\mathcal{L}^{-1}\left[\dfrac{1}{s^2}\right]}-\mathcal{L}^{-1}\left[\dfrac{\boxed{(エ)}}{(s+2)^2+2}\right]$$

$$\boxed{e^{-2t}\mathcal{L}^{-1}\left[\dfrac{\boxed{(エ)}}{s^2+2}\right]}$$

$$=1+t-\boxed{(オ)}$$

解答 (ア) e^t 　(イ) $e^t\cos\sqrt{2}t$ 　(ウ) -1 　(エ) 1 　(オ) $\dfrac{e^{-2t}}{\sqrt{2}}\sin\sqrt{2}t$

ラプラス逆変換 $\mathcal{L}^{-1}\left[\dfrac{e^{-3s}(\sqrt{s^2-6s+10}+s)}{s^2-6s+10}\right]$ を求めよ。

ヒント！　公式：$\mathcal{L}^{-1}[e^{-as}F(s)]=f(t-a)\cdot u(t-a)$ を用いるため，まず，
$F(s)=\dfrac{\sqrt{s^2-6s+10}+s}{s^2-6s+10}$ とおいて，$f(t)=\mathcal{L}^{-1}[F(s)]$ を求めるといい。

解答 & 解説

$F(s)=\dfrac{\sqrt{s^2-6s+10}+s}{s^2-6s+10}$ とおき，$f(t)=\mathcal{L}^{-1}[F(s)]$ とおくと，

与式 $=\mathcal{L}^{-1}[e^{-3s}F(s)]=f(t-3)\cdot u(t-3)$ ……① 　となる。

よって，$f(t)$ を求めると，

$$f(t)=\mathcal{L}^{-1}[F(s)]=\mathcal{L}^{-1}\left[\frac{1}{\sqrt{s^2-6s+10}}+\frac{s}{s^2-6s+10}\right]$$

$$=\mathcal{L}^{-1}\left[\frac{1}{\sqrt{(s-3)^2+1}}+\frac{s-3}{(s-3)^2+1}+\frac{3}{(s-3)^2+1}\right]$$

線形性

$$=\mathcal{L}^{-1}\left[\frac{1}{\sqrt{(s-3)^2+1}}\right]+\mathcal{L}^{-1}\left[\frac{s-3}{(s-3)^2+1}\right]+3\mathcal{L}^{-1}\left[\frac{1}{(s-3)^2+1}\right]$$

$$=e^{3t}\mathcal{L}^{-1}\left[\frac{1}{\sqrt{s^2+1}}\right]+e^{3t}\mathcal{L}^{-1}\left[\frac{s}{s^2+1}\right]+3e^{3t}\mathcal{L}^{-1}\left[\frac{1}{s^2+1}\right]$$

公式：$\mathcal{L}^{-1}[F(s-a)]=e^{at}\mathcal{L}^{-1}[F(s)]$

$$=e^{3t}J_0(t)+e^{3t}\cos t+3e^{3t}\sin t$$

$\therefore f(t)=e^{3t}\{J_0(t)+\cos t+3\sin t\}$ ……②

$\mathcal{L}^{-1}\left[\dfrac{1}{\sqrt{s^2+1}}\right]=J_0(t)$

$\mathcal{L}^{-1}\left[\dfrac{s}{s^2+a^2}\right]=\cos at$

$\mathcal{L}^{-1}\left[\dfrac{1}{s^2+a^2}\right]=\dfrac{1}{a}\sin at$

となる。よって，②を①に代入して，求める
逆変換は，

$$\mathcal{L}^{-1}[e^{-3s}F(s)]=f(t-3)\cdot u(t-3)$$
$$=e^{3(t-3)}\{J_0(t-3)+\cos(t-3)+3\sin(t-3)\}\cdot u(t-3)$$

実践問題 8　　　　● ラプラス逆変換の計算（Ⅱ）●

ラプラス逆変換 $\mathcal{L}^{-1}\left[\dfrac{e^{-2s}(\sqrt{s+2}+1)}{(s+1)(s+2)}\right]$ を求めよ。

ヒント！ 演習問題 **8** と同じ公式を使って，同様に解けばいいんだね。

解答＆解説

$F(s)=\dfrac{(\sqrt{s+2}+1)}{(s+1)(s+2)}$ とおき，$f(t)=\mathcal{L}^{-1}[F(s)]$ とおくと，

与式 $=\mathcal{L}^{-1}[e^{-2s}F(s)]=f(t-2)\cdot\boxed{\text{(ア)}\qquad}$ ……① となる。

よって，$f(t)$ を求めると，

$f(t)=\mathcal{L}^{-1}[F(s)]=\mathcal{L}^{-1}\left[\boxed{\text{(イ)}\qquad}+\dfrac{1}{(s+1)(s+2)}\right]$

$=\mathcal{L}^{-1}\left[\dfrac{1}{(s+1)\sqrt{(s+1)+1}}+\dfrac{1}{s+1}-\dfrac{1}{s+2}\right]$ 　部分分数に分解

$=\mathcal{L}^{-1}\left[\dfrac{1}{(s+1)\sqrt{(s+1)+1}}\right]+\mathcal{L}^{-1}\left[\dfrac{1}{s+1}\right]-\mathcal{L}^{-1}\left[\dfrac{1}{s+2}\right]$ ← 線形性

$=\boxed{\text{(ウ)}}\mathcal{L}^{-1}\left[\dfrac{1}{s\sqrt{s+1}}\right]+\mathcal{L}^{-1}\left[\dfrac{1}{s+1}\right]-\mathcal{L}^{-1}\left[\dfrac{1}{s+2}\right]$

公式：$\mathcal{L}^{-1}[F(s-a)]=e^{at}\mathcal{L}^{-1}[F(s)]$

$\mathcal{L}^{-1}\left[\dfrac{1}{s\sqrt{s+a}}\right]=\dfrac{1}{\sqrt{a}}erf(\sqrt{at})$

$\mathcal{L}^{-1}\left[\dfrac{1}{s-a}\right]=e^{at}$

$=\boxed{\text{(ウ)}}\,erf(\sqrt{t})+e^{-t}-e^{-2t}$

$\therefore f(t)=e^{-t}\{erf(\sqrt{t})+1-e^{-t}\}$ ……②

となる。よって，②を①に代入して，求める逆変換は，

$\mathcal{L}^{-1}[e^{-2s}F(s)]=f(t-2)\cdot u(t-2)$

$=e^{-(t-2)}\left\{\boxed{\text{(エ)}\qquad}+1-e^{-(t-2)}\right\}u(t-2)$

$=e^{-t+2}\left\{\boxed{\text{(エ)}\qquad}+1-e^{-t+2}\right\}u(t-2)$

解答　(ア) $u(t-2)$　　(イ) $\dfrac{1}{(s+1)\sqrt{s+2}}$　　(ウ) e^{-t}　　(エ) $erf(\sqrt{t-2})$

§2. ラプラス逆変換の応用

　前回の講義で，ラプラス逆変換の基本についての解説は終わったので，これからラプラス逆変換の応用について教えよう。

　応用と言っても，ラプラス変換の公式：$\mathcal{L}[f'(t)] = sF(s) - f(0)$　や，$\mathcal{L}\left[\int_0^t f(u)\,du\right] = \dfrac{1}{s}F(s)$　など…，これまで学習してきた導関数や定積分などのラプラス変換を逆変換にもち込むだけなので，特に緊張する必要はないよ。しかし，これらの知識とテクニックを身に付けることにより，計算できるラプラス逆変換の幅がさらに大きく広がるから，面白くなってくるはずだ。

● ラプラス逆変換表をさらに拡張しよう！

　それでは，まだ利用していないラプラス変換の公式を基に，ラプラス逆変換の変換表をさらに拡張していくことにしよう。

(1) $\mathcal{L}[f'(t)] = sF(s) - f(0)$　より，$f(0) = 0$　とすると，

　　　$\mathcal{L}[f'(t)] = sF(s)$　　　よって，$\mathcal{L}^{-1}[sF(s)] = f'(t)$

(2) 同様に，$f(0) = f'(0) = \cdots\cdots = f^{(n-1)}(0) = 0$　とすると，

　　　$\mathcal{L}[f^{(n)}(t)] = s^n F(s) - \{s^{n-1}\underset{\textcircled{\scriptsize 0}}{\cancel{f(0)}} + s^{n-2}\underset{\textcircled{\scriptsize 0}}{\cancel{f'(0)}} + \cdots\cdots + \underset{\textcircled{\scriptsize 0}}{\cancel{f^{(n-1)}(0)}}\}$　より，

　　　$\mathcal{L}[f^{(n)}(t)] = s^n F(s)$　　　よって，$\mathcal{L}^{-1}[s^n F(s)] = f^{(n)}(t)$

(3) $\mathcal{L}\left[\int_0^t f(u)\,du\right] = \dfrac{1}{s}F(s)$　より，$\mathcal{L}^{-1}\left[\dfrac{1}{s}F(s)\right] = \int_0^t f(u)\,du$

(4) 同様に，

　　　$\mathcal{L}\left[\int_0^t \int_0^{u_{n-1}} \cdots\cdots \int_0^{u_2}\int_0^{u_1} f(u)\,du\,du_1\cdots\cdots du_{n-2}\,du_{n-1}\right] = \dfrac{1}{s^n}F(s)$　より，

　　　$\mathcal{L}^{-1}\left[\dfrac{1}{s^n}F(s)\right] = \int_0^t \int_0^{u_{n-1}} \cdots\cdots \int_0^{u_2}\int_0^{u_1} f(u)\,du\,du_1\cdots\cdots du_{n-2}\,du_{n-1}$

(5) $\mathcal{L}[tf(t)] = -\dfrac{d}{ds}F(s)$　より，両辺に -1 をかけて，

　　　$\mathcal{L}[-tf(t)] = \dfrac{d}{ds}F(s)$　　　よって，$\mathcal{L}^{-1}\left[\dfrac{d}{ds}F(s)\right] = -tf(t)$

(6) 同様に，$\mathcal{L}[t^n f(t)] = (-1)^n \dfrac{d^n}{ds^n} F(s)$　より，両辺に $(-1)^n$ をかけて，

$$\underbrace{(-1)^n}_{\text{定数}} \mathcal{L}[t^n f(t)] = \frac{d^n}{ds^n} F(s), \quad \mathcal{L}[(-t)^n f(t)] = \frac{d^n}{ds^n} F(s)$$

よって，$\mathcal{L}^{-1}\left[\dfrac{d^n}{ds^n} F(s)\right] = (-t)^n f(t)$

(7) さらに，$\mathcal{L}[\underbrace{f(t) * g(t)}_{\text{合成積} \int_0^t f(u)g(t-u)\,du}] = F(s)G(s)$　より，$\mathcal{L}^{-1}[F(s)G(s)] = f(t) * g(t)$

以上の結果をラプラス逆変換表として表 **3** にまとめて示す。覚えることが多くて大変と思うけれど，これでラプラス逆変換の公式も出そろったので，後はこれらの公式も計算練習をして慣れていけばいいだけなんだね。

それでは，これから例題で練習していくことにしよう。

表3　ラプラス逆変換表 (Ⅲ)

$F(s)$	$f(t)$
$sF(s)$	$f'(t)$　$(f(0) = 0)$
$s^n F(s)$	$f^{(n)}(t)$　$(f(0) = \cdots = f^{(n-1)}(0) = 0)$
$\dfrac{1}{s} F(s)$	$\displaystyle\int_0^t f(u)\,du$
$\dfrac{1}{s^n} F(s)$	$\displaystyle\int_0^t \int_0^{u_{n-1}} \cdots \int_0^{u_1} f(u)\,du\,du_1 \cdots du_{n-1}$
$\dfrac{d}{ds} F(s)$	$-tf(t)$
$\dfrac{d^n}{ds^n} F(s)$	$(-t)^n f(t)$
$F(s)G(s)$	$f(t) * g(t)$

まず，最初の問題は，公式：$\mathcal{L}^{-1}[sF(s)] = f'(t)$　を利用する問題だ。

例題 36 公式: $\mathcal{L}^{-1}[sF(s)] = f'(t)$ を用いて, $\mathcal{L}^{-1}\left[\dfrac{s}{(s-1)^3}\right]$ を求めよう。

$F(s) = \dfrac{1}{(s-1)^3},\quad f(t) = \mathcal{L}^{-1}[F(s)]$ とおくと, 公式より,

与式 $= \mathcal{L}^{-1}[sF(s)] = f'(t)$ ……① $(f(0) = 0)$ ← 公式: $\mathcal{L}^{-1}[sF(s)] = f'(t)$

となる。よって, まず, $f(t)$ を求めると,

$f(t) = \mathcal{L}^{-1}[F(s)] = \mathcal{L}^{-1}\left[\dfrac{1}{(s-1)^3}\right]$

$\mathcal{L}^{-1}[F(s-a)] = e^{at}\mathcal{L}^{-1}[F(s)]$
$\mathcal{L}^{-1}\left[\dfrac{1}{s^n}\right] = \dfrac{t^{n-1}}{\Gamma(n)}$

$= e^t\mathcal{L}^{-1}\left[\dfrac{1}{s^3}\right] = e^t\cdot\dfrac{t^2}{\boxed{\Gamma(3)}}$

$\boxed{2! = 2}$

$= \dfrac{1}{2}t^2e^t$ ……② となる。

$\left(\text{これは, } f(0) = \dfrac{1}{2}\cdot 0^2\cdot e^0 = 0 \text{ をみたす。}\right)$

よって, ②を①に代入すると, $\boxed{(f\cdot g)' = f'\cdot g + f\cdot g'}$

与式 $= \mathcal{L}^{-1}[sF(s)] = \left(\dfrac{1}{2}t^2e^t\right)' = \dfrac{1}{2}(2te^t + t^2e^t)$

$= \dfrac{1}{2}t(t+2)e^t$ となって, 答えだ。大丈夫だった?

それでは次, 公式: $\mathcal{L}^{-1}\left[\dfrac{1}{s}F(s)\right] = \displaystyle\int_0^t f(u)\,du$ を利用する問題を解いてみよう。

例題 37 公式: $\mathcal{L}^{-1}\left[\dfrac{1}{s}F(s)\right] = \displaystyle\int_0^t f(u)\,du$ などを用いて, 次の逆変換を求めよう。

(1) $\mathcal{L}^{-1}\left[\dfrac{1}{s(s-2)}\right]$　　(2) $\mathcal{L}^{-1}\left[\dfrac{1}{s\sqrt{s+1}}\right]$　　(3) $\mathcal{L}^{-1}\left[\dfrac{1}{s^2(s^2+1)}\right]$

(1) は実は, 例題 31(5) の問題 (P118) と同一問題だ。ここでは,

$\mathcal{L}^{-1}\left[\dfrac{1}{s}F(s)\right]$ の問題として解いてみる。

(1) まず，$F(s) = \dfrac{1}{s-2}$, $f(t) = \mathcal{L}^{-1}[F(s)] = \mathcal{L}^{-1}\left[\dfrac{1}{s-2}\right] = e^{2t}$

とおくと，公式より，

$$\text{与式} = \mathcal{L}^{-1}\left[\dfrac{1}{s} \cdot F(s)\right] = \int_0^t f(u)\, du = \int_0^t e^{2u}\, du$$

$$= \dfrac{1}{2}\left[e^{2u}\right]_0^t = \dfrac{1}{2}(e^{2t}-1) \quad \text{となって，同じ結果が導けた。}$$

(2) も誤差関数のラプラス逆変換の公式から，この問題の答えが，

$$\mathcal{L}^{-1}\left[\dfrac{1}{s\sqrt{s+1}}\right] = erf(\sqrt{t}) \quad \left[= \dfrac{2}{\sqrt{\pi}}\int_0^{\sqrt{t}} e^{-u^2}\, du\right] \quad \text{となることはすぐに分}$$

かると思う。でも今回は，これも $\mathcal{L}^{-1}\left[\dfrac{1}{s}F(s)\right]$ の問題として解いて

みよう。

ここで，$F(s) = \dfrac{1}{\sqrt{s+1}}$, $f(t) = \mathcal{L}^{-1}[F(s)]$ とおくと，公式より，

$$\text{与式} = \mathcal{L}^{-1}\left[\dfrac{1}{s}F(s)\right] = \int_0^t f(u)\, du \quad \cdots\cdots① \quad \text{となる。}$$

よって，まず，$f(t)$ を求めると，

$$f(t) = \mathcal{L}^{-1}[F(s)] = \mathcal{L}^{-1}\left[\dfrac{1}{\sqrt{s+1}}\right]$$

$$\boxed{\begin{array}{l} \mathcal{L}^{-1}[F(s-a)] = e^{at}\mathcal{L}^{-1}[F(s)] \\ \mathcal{L}^{-1}\left[\dfrac{1}{s^\alpha}\right] = \dfrac{t^{\alpha-1}}{\Gamma(\alpha)} \end{array}}$$

$$= e^{-t}\mathcal{L}^{-1}\left[\dfrac{1}{\sqrt{s}}\right] = e^{-t}\mathcal{L}^{-1}\left[\dfrac{1}{s^{\frac{1}{2}}}\right] = e^{-t} \cdot \dfrac{t^{-\frac{1}{2}}}{\underbrace{\Gamma\left(\frac{1}{2}\right)}_{\sqrt{\pi}}}$$

$$= \dfrac{1}{\sqrt{\pi}} \cdot t^{-\frac{1}{2}} e^{-t} \quad \cdots\cdots②$$

②を①に代入して，

$$\text{与式} = \mathcal{L}^{-1}\left[\dfrac{1}{s}F(s)\right] = \dfrac{1}{\sqrt{\pi}}\int_0^t u^{-\frac{1}{2}} e^{-u}\, du$$

ここで，$u = x^2$ $(x \geqq 0)$ とおくと，$u : 0 \to t$　　$x : 0 \to \sqrt{t}$

また，$du = 2x\, dx$ より，

$$\text{与式} = \dfrac{1}{\sqrt{\pi}}\int_0^{\sqrt{t}} x^{-1} \cdot e^{-x^2} \cdot 2x\, dx = \dfrac{2}{\sqrt{\pi}}\int_0^{\sqrt{t}} e^{-x^2}\, dx = erf(\sqrt{t}) \quad \text{と誤差関}$$

数が導けるんだね。慣れてくると，いろいろな解法で解けて面白いだ

ろう？

(3) $\mathcal{L}^{-1}\Big[\dfrac{1}{s^2(s^2+1)}\Big]$ については，まず，$F(s)=\dfrac{1}{s^2+1}$, $f(t)=\mathcal{L}^{-1}[F(s)]=\sin t$

とおくことにより，公式：$\mathcal{L}^{-1}\Big[\dfrac{1}{s^2}F(s)\Big]=\displaystyle\int_0^t\int_0^{u_1}f(u)\,du\,du_1$ を使っ

て解けばいい。よって，

$$\mathcal{L}^{-1}\Big[\dfrac{1}{s^2}\cdot\dfrac{1}{s^2+1}\Big]=\mathcal{L}^{-1}\Big[\dfrac{1}{s^2}F(s)\Big]=\int_0^t\int_0^{u_1}\underbrace{\overbrace{\sin u}^{f(u)}}\,du\,du_1$$

$$\boxed{-\big[\cos u\big]_0^{u_1}=-\cos u_1+1}$$

$$=\int_0^t(1-\cos u_1)\,du_1=\big[u_1-\sin u_1\big]_0^t$$

$$=t-\sin t-(\cancel{0}-\cancel{\sin 0})=t-\sin t \quad となって，答えだ。$$

それでは，次の例題にもチャレンジしてみよう。

例題 38 公式：$\mathcal{L}^{-1}\Big[\dfrac{d}{ds}F(s)\Big]=-tf(t)$ を用いて，次のラプラス逆変換
を求めよう。

(1) $\mathcal{L}^{-1}\Big[\dfrac{1}{(s-2)^2}\Big]$ \qquad\qquad **(2)** $\mathcal{L}^{-1}\Big[\dfrac{2s}{(s^2+1)^2}\Big]$

---

(1) $F(s)=\dfrac{1}{s-2}$ とおき，$f(t)=\mathcal{L}^{-1}[F(s)]=\mathcal{L}^{-1}\Big[\dfrac{1}{s-2}\Big]=e^{2t}$ とおくと，

$$\dfrac{d}{ds}F(s)=\dfrac{d}{ds}(s-2)^{-1}=-(s-2)^{-2}=-\dfrac{1}{(s-2)^2} \quad となるので，公式より，$$

$$\mathcal{L}^{-1}\Big[\dfrac{1}{(s-2)^2}\Big]=\mathcal{L}^{-1}\Big[-\dfrac{d}{ds}F(s)\Big]=\underset{\underset{\boxed{定数係数は表に出せる。}\;\leftarrow\;\boxed{線形性}}{\big\uparrow}}{-1}\cdot\mathcal{L}^{-1}\Big[\dfrac{d}{ds}F(s)\Big]$$

$$=-1\cdot(-t)f(t)=te^{2t} \quad となって，答えだ。$$

(2) $F(s)=\dfrac{1}{s^2+1}$ とおき，$f(t)=\mathcal{L}^{-1}[F(s)]=\mathcal{L}^{-1}\Big[\dfrac{1}{s^2+1}\Big]=\sin t$ と

おくと，

$$\dfrac{d}{ds}F(s)=\dfrac{d}{ds}(s^2+1)^{-1}=-(s^2+1)^{-2}\cdot 2s=-\dfrac{2s}{(s^2+1)^2} \quad となるので，$$

公式より,

$$\mathcal{L}^{-1}\Big[\frac{2s}{(s^2+1)^2}\Big] = \mathcal{L}^{-1}\Big[-\frac{d}{ds}F(s)\Big] = -1\cdot\mathcal{L}^{-1}\Big[\frac{d}{ds}F(s)\Big]$$

$$= -1\cdot(-t)f(t) = t\sin t \quad \text{となって, 答えだ。どう?}$$

うまく解けるだろう。

実は, 例題 **38(1)** と **(2)** の問題は, 共に逆変換される像関数が $F(s)\cdot G(s)$ の形でも表すことができる。これから, これらの問題は合成積 $f(t)*g(t)$ に逆変換する公式:

$$\mathcal{L}^{-1}[F(s)\cdot G(s)] = f(t)*g(t) = \int_0^t f(u)g(t-u)\,du \quad \text{を利用しても解く}$$

ことができるんだね。

例題 **39** 公式:$\mathcal{L}^{-1}[F(s)\cdot G(s)] = \int_0^t f(u)g(t-u)\,du$ を用いて, 次のラプラス逆変換を求めよう。

(1) $\mathcal{L}^{-1}\Big[\dfrac{1}{(s-2)^2}\Big]$ \qquad (2) $\mathcal{L}^{-1}\Big[\dfrac{2s}{(s^2+1)^2}\Big]$

---

(1) $F(s) = \dfrac{1}{s-2},\ G(s) = \dfrac{1}{s-2}$ とおき, $f(t) = g(t) = \mathcal{L}^{-1}\Big[\dfrac{1}{s-2}\Big] = e^{2t}$

とおくと, 公式より,

$$\text{与式} = \mathcal{L}^{-1}\Big[\frac{1}{(s-2)^2}\Big] = \mathcal{L}^{-1}[F(s)G(s)] = \int_0^t \underbrace{e^{2u}}_{f(u)}\cdot\underbrace{e^{2(t-u)}}_{g(t-u)}du$$

$$= \int_0^t e^{2t}\,du = e^{2t}[u]_0^t = e^{2t}\cdot t = te^{2t} \quad \text{となる。}$$

積分変数 u からみて, 定数扱い

(2) $F(s) = \dfrac{1}{s^2+1},\ G(s) = \dfrac{s}{s^2+1}$ とおき, $f(t) = \mathcal{L}^{-1}[F(s)] = \sin t,$

$g(t) = \mathcal{L}^{-1}[G(s)] = \cos t$ とおくと, 公式より,

$$\text{与式} = \mathcal{L}^{-1}\Big[\frac{2s}{(s^2+1)^2}\Big] = 2\mathcal{L}^{-1}[F(s)G(s)] = 2\int_0^t \underbrace{\sin u}_{f(u)}\cdot\underbrace{\cos(t-u)}_{g(t-u)}du$$

三角関数の積→和の公式:
$$\sin\alpha\cos\beta = \frac{1}{2}\{\sin(\alpha+\beta) + \sin(\alpha-\beta)\}$$

$$\frac{1}{2}\{\sin t + \sin(2u-t)\}$$

よって，

$$与式 = \mathcal{L}^{-1}\left[\frac{2s}{(s^2+1)^2}\right] = \cancel{2}\int_0^t \frac{1}{\cancel{2}}\{\underline{\sin t} + \sin(2u-t)\}\,du$$

積分変数 u からみて，定数扱い

$$= \left[u\sin t - \frac{1}{2}\cos(2u-t)\right]_0^t$$

$$= t\sin t - \frac{1}{2}\cancel{\cos(2t-t)} - 0\cdot\cancel{\sin t} + \frac{1}{2}\cancel{\cos(-t)}$$

$\cos t$　　　　　　　$\cos t$

$= t\sin t$ となって，例題 **38** と同じ結果が導けるんだね。面白かった？

それでは，さらに合成積に逆変換する問題を練習しておこう。

例題 **40**　公式：$\mathcal{L}^{-1}[F(s)\cdot G(s)] = \displaystyle\int_0^t f(u)g(t-u)\,du$ を用いて，次の
ラプラス逆変換を求めよう。

(1) $\mathcal{L}^{-1}\left[\dfrac{1}{s^2(s-2)}\right]$ 　　　　　　(2) $\mathcal{L}^{-1}\left[\dfrac{s}{(s^2+1)(s-1)}\right]$

---

(1) $F(s) = \dfrac{1}{s^2}$, $G(s) = \dfrac{1}{s-2}$　とおき，$f(t) = \mathcal{L}^{-1}[F(s)] = \mathcal{L}^{-1}\left[\dfrac{1}{s^2}\right] = t$

$g(t) = \mathcal{L}^{-1}[G(s)] = \mathcal{L}^{-1}\left[\dfrac{1}{s-2}\right] = e^{2t}$　とおくと，公式より，

　　　　　　　　　　　　　　　　　　　　　　　$f(u)$　$g(t-u)$

$$与式 = \mathcal{L}^{-1}\left[\frac{1}{s^2}\cdot\frac{1}{s-2}\right] = \mathcal{L}^{-1}[F(s)G(s)] = \int_0^t \underbrace{u}\cdot\underbrace{e^{2(t-u)}}\,du$$

$$= \underbrace{e^{2t}}\int_0^t u e^{-2u}\,du = e^{2t}\int_0^t u\left(-\frac{1}{2}e^{-2u}\right)'\,du$$

定数扱い

$$= e^{2t}\left\{-\frac{1}{2}\left[u e^{-2u}\right]_0^t + \frac{1}{2}\int_0^t 1\cdot e^{-2u}\,du\right\}$$

部分積分の公式：$\displaystyle\int_0^t f\cdot g'\,du = [f\cdot g]_0^t - \int_0^t f'\cdot g\,du$

$$= e^{2t} \left\{ -\frac{1}{2} t e^{-2t} - \frac{1}{4} \left[e^{-2u} \right]_0^t \right\} = e^{2t} \left\{ -\frac{1}{2} t e^{-2t} - \frac{1}{4} (e^{-2t} - 1) \right\}$$

$$= -\frac{1}{2} t - \frac{1}{4} + \frac{1}{4} e^{2t} = \frac{1}{4} (e^{2t} - 2t - 1) \quad \text{となる。}$$

(2) $F(s) = \dfrac{s}{s^2+1}$, $G(s) = \dfrac{1}{s-1}$ とおき, $f(t) = \mathcal{L}^{-1}[F(s)] = \mathcal{L}^{-1}\left[\dfrac{s}{s^2+1}\right] = \cos t$

$g(t) = \mathcal{L}^{-1}[G(s)] = \mathcal{L}^{-1}\left[\dfrac{1}{s-1}\right] = e^t$ とおくと, 公式より,

$$\text{与式} = \mathcal{L}^{-1}\left[\frac{s}{s^2+1} \cdot \frac{1}{s-1} \right] = \mathcal{L}^{-1}[F(s) \cdot G(s)] = \int_0^t \overbrace{(\cos u)}^{f(u)} \cdot \overbrace{(e^{t-u})}^{g(t-u)} du$$

$$= e^t \int_0^t e^{-u} \cos u \, du = e^t \cdot \frac{1}{2} \left[e^{-u} (\sin u - \cos u) \right]_0^t$$

$$\begin{cases} (e^{-u}\sin u)' = -e^{-u}\sin u + e^{-u}\cos u & \cdots\cdots\text{①} \\ (e^{-u}\cos u)' = -e^{-u}\cos u - e^{-u}\sin u & \cdots\cdots\text{②} \end{cases}$$
①$-$②より, $(e^{-u}\sin u)' - (e^{-u}\cos u)' = 2e^{-u}\cos u$
$e^{-u}\cos u = \dfrac{1}{2}\{e^{-u}(\sin u - \cos u)\}'$
$\therefore \displaystyle\int e^{-u}\cos u \, du = \dfrac{1}{2} e^{-u}(\sin u - \cos u) + C$

$$= \frac{1}{2} e^t \{ e^{-t}(\sin t - \cos t) - e^0(0-1) \}$$

$$= \frac{1}{2} (\sin t - \cos t + e^t) \quad \text{となる。大丈夫だった？}$$

それでは, 次の演習問題と実践問題でさらに練習しておこう。

公式：$\mathcal{L}^{-1}[F(s)G(s)] = \int_0^t f(u)g(t-u)\,du$ ……$(*)$ を用いて，

ラプラス逆変換 $\mathcal{L}^{-1}\left[\dfrac{s}{(s-1)^3(s^2-2s+2)}\right]$ を求めよ。

ヒント！ まず，公式：$\mathcal{L}^{-1}[F(s-a)] = e^{at}\mathcal{L}^{-1}[F(s)]$ を使って，

与式 $= e^t\mathcal{L}^{-1}\left[\dfrac{s+1}{s^3(s^2+1)}\right]$ と変形して，$F(s) = \dfrac{1}{s^3}$，$G(s) = \dfrac{s+1}{s^2+1}$ とおいて，合成積の逆変換にもち込めばいいんだね。

解答＆解説

与式 $= \mathcal{L}^{-1}\left[\dfrac{s}{(s-1)^3(s^2-2s+2)}\right] = \mathcal{L}^{-1}\left[\dfrac{(s-1)+1}{(s-1)^3\{(s-1)^2+1\}}\right]$ より，

公式：$\mathcal{L}^{-1}[F(s-a)] = e^{at}\mathcal{L}^{-1}[F(s)]$ を用いると，

与式 $= e^t\mathcal{L}^{-1}\left[\dfrac{s+1}{s^3(s^2+1)}\right] = e^t\mathcal{L}^{-1}\left[\underbrace{\dfrac{1}{s^3}}_{F(s)}\cdot\underbrace{\dfrac{s+1}{s^2+1}}_{G(s)}\right]$ となる。

ここで，$F(s) = \dfrac{1}{s^3}$，$G(s) = \dfrac{1}{s^2+1} + \dfrac{s}{s^2+1}$ とおき，

$f(t) = \mathcal{L}^{-1}[F(s)] = \mathcal{L}^{-1}\left[\dfrac{1}{s^3}\right] = \dfrac{t^2}{\underset{2!}{\Gamma(3)}} = \dfrac{t^2}{2}$ ← 公式：$\mathcal{L}^{-1}\left[\dfrac{1}{s^n}\right] = \dfrac{t^{n-1}}{\Gamma(n)}$

$g(t) = \mathcal{L}^{-1}[G(s)] = \mathcal{L}^{-1}\left[\dfrac{1}{s^2+1} + \dfrac{s}{s^2+1}\right] = \sin t + \cos t$ とおくと，

公式：$\mathcal{L}^{-1}\left[\dfrac{a}{s^2+a^2}\right] = \sin at$，$\mathcal{L}^{-1}\left[\dfrac{s}{s^2+a^2}\right] = \cos at$

公式：$\mathcal{L}^{-1}[F(s)G(s)] = f(t) * g(t) = \int_0^t f(u)g(t-u)\,du$ ……$(*)$ より，

$$\text{与式} = e^t \mathcal{L}^{-1}[F(s)G(s)] = e^t \int_0^t \overbrace{\frac{u^2}{2}}^{f(u)} \{\underbrace{(\sin(t-u) + \cos(t-u))}_{g(t-u)}\}\, du$$

$$\boxed{\text{三角関数の合成}: \sqrt{2}\left\{\frac{1}{\sqrt{2}}\sin(t-u) + \frac{1}{\sqrt{2}}\cos(t-u)\right\} = \sqrt{2}\left\{\sin(t-u)\cos\frac{\pi}{4} + \cos(t-u)\sin\frac{\pi}{4}\right\}}$$

$$= \frac{\sqrt{2}}{2}\, e^t \int_0^t u^2 \sin\left(t-u+\frac{\pi}{4}\right) du$$

$$= \frac{\sqrt{2}}{2}\, e^t \int_0^t u^2 \left\{\cos\left(t-u+\frac{\pi}{4}\right)\right\}'\, du \longrightarrow \boxed{\text{部分積分} \atop \int_0^t f\cdot g'\, du = [f\cdot g]_0^t - \int_0^t f'\cdot g\, du}$$

$$= \frac{\sqrt{2}}{2}\, e^t \left\{\left[u^2\cos\left(t-u+\frac{\pi}{4}\right)\right]_0^t - 2\int_0^t u\cos\left(t-u+\frac{\pi}{4}\right) du\right\}$$

$$= \frac{\sqrt{2}}{2}\, e^t \left[t^2 \underset{\underset{\frac{1}{\sqrt{2}}}{\smile}}{\cos\frac{\pi}{4}} - 0 + 2\int_0^t u\left\{\sin\left(t-u+\frac{\pi}{4}\right)\right\}'\, du\right]$$

$$\boxed{\begin{aligned}&\left[u\sin\left(t-u+\frac{\pi}{4}\right)\right]_0^t - \int_0^t 1\cdot\sin\left(t-u+\frac{\pi}{4}\right) du \\ &= t\sin\frac{\pi}{4} - \left[\cos\left(t-u+\frac{\pi}{4}\right)\right]_0^t \\ &= \frac{t}{\sqrt{2}} - \cos\frac{\pi}{4} + \cos\left(t+\frac{\pi}{4}\right)\end{aligned}}$$

$$= \frac{\sqrt{2}}{2}\, e^t\left\{\frac{t^2}{\sqrt{2}} + \sqrt{2}t - \sqrt{2} + 2\underline{\cos\left(t+\frac{\pi}{4}\right)}\right\}$$

$$\boxed{\cos t\cos\frac{\pi}{4} - \sin t\sin\frac{\pi}{4} = \frac{1}{\sqrt{2}}\cos t - \frac{1}{\sqrt{2}}\sin t}$$

$$= e^t\cdot\frac{\sqrt{2}}{2}\left(\frac{t^2}{\sqrt{2}} + \sqrt{2}t - \sqrt{2} + \sqrt{2}\cos t - \sqrt{2}\sin t\right)$$

$$= e^t\left(\frac{t^2}{2} + t - 1 + \cos t - \sin t\right) \quad \text{となる。}$$

公式：$\mathcal{L}^{-1}\left[\dfrac{1}{s^3}F(s)\right] = \displaystyle\int_0^t \int_0^{u_2} \int_0^{u_1} f(u)\,du\,du_1\,du_2$ ……$(**)$ を用いて，

ラプラス逆変換 $\mathcal{L}^{-1}\left[\dfrac{s}{(s-1)^3(s^2-2s+2)}\right]$ を求めよ。

ヒント！　演習問題 **9** と同じ問題だけれど，違う公式で解いてみよう。同様

にまず，与式 $= e^t \mathcal{L}^{-1}\left[\dfrac{s+1}{s^3(s^2+1)}\right]$ として，今回は $F(s) = \dfrac{s+1}{s^2+1}$ とおいて，

公式 $(**)$ を利用すればいいんだね。

解答 & 解説

与式 $= \mathcal{L}^{-1}\left[\dfrac{(s-1)+1}{(s-1)^3\{(s-1)^2+1\}}\right]$　　より，

公式：$\mathcal{L}^{-1}[F(s-a)] = e^{at}\mathcal{L}^{-1}[F(s)]$　を用いると，

与式 $= e^t \mathcal{L}^{-1}\left[\dfrac{s+1}{s^3(s^2+1)}\right] = e^t \mathcal{L}^{-1}\left[\dfrac{1}{s^3}\cdot\boxed{\dfrac{s+1}{s^2+1}}\right]$　となる。

$$\underset{F(s)}{}$$

ここで，$F(s) = \dfrac{s+1}{s^2+1} = \dfrac{1}{s^2+1} + \boxed{(\mathcal{P})}$　とおき，

$f(t) = \mathcal{L}^{-1}[F(s)] = \mathcal{L}^{-1}\left[\dfrac{1}{s^2+1} + \boxed{(\mathcal{P})}\right] = \sin t + \boxed{(\mathcal{A})}$　とおくと，

公式：$\mathcal{L}^{-1}\left[\dfrac{a}{s^2+a^2}\right] = \sin at,\quad \mathcal{L}^{-1}\left[\dfrac{s}{s^2+a^2}\right] = \cos at$

公式：$\mathcal{L}^{-1}\left[\dfrac{1}{s^3}F(s)\right] = \displaystyle\int_0^t \int_0^{u_2} \int_0^{u_1} f(u)\,du\,du_1\,du_2$ ……$(**)$　より，

$$与式 = e^t \mathcal{L}^{-1}\left[\frac{1}{s^3}F(s)\right]$$

$$= e^t \int_0^t \int_0^{u_2} \int_0^{u_1} (\overbrace{(\underbrace{\sin u + \cos u}_{})}^{f(u)}) \, du \, du_1 \, du_2$$

$$\boxed{[-\cos u + \sin u]_0^{u_1} = -\cos u_1 + \sin u_1 + \overset{1}{\boxed{\cos 0}} - \overset{0}{\boxed{\sin 0}}}$$

$$= e^t \int_0^t \int_0^{u_2} (-\cos u_1 + \sin u_1 + 1) \, du_1 \, du_2$$

$$\boxed{\begin{array}{l} [-\sin u_1 - \cos u_1 + u_1]_0^{u_2} \\ = -\sin u_2 - \cos u_2 + u_2 + \overset{1}{\boxed{\cos 0}} \end{array}}$$

$$= e^t \int_0^t (-\sin u_2 - \cos u_2 + \boxed{(ウ)}) \, du_2$$

$$= e^t \left[\cos u_2 - \sin u_2 + \boxed{(エ)}\right]_0^t$$

$$= e^t \left(\cos t - \sin t + \boxed{(オ)} - \overset{1}{\boxed{\cos 0}}\right)$$

$$= e^t \left(\boxed{(オ)} - 1 + \cos t - \sin t\right) \quad となる。$$

演習問題 **9** と同じ結果が導けた。演習問題 **9** で使った合成積のラプラス逆変換の公式 (∗) より，この解法のように 3 重積分のラプラス逆変換の公式 (∗∗) を利用した方が，少しだけれど簡単に結果を得ることができると思う。このように，知識が増えると解法のヴァリエーションも拡がるので，問題により，どの解法を利用すれば最も効率よく結果が出せるのか，検討してみるといいんだね。

解答 (ア) $\dfrac{s}{s^2+1}$ (イ) $\cos t$ (ウ) u_2+1 (エ) $\dfrac{1}{2}u_2{}^2+u_2$ (オ) $\dfrac{1}{2}t^2+t$

§3. ブロムウィッチ積分

これまで，さまざまな原関数 $f(t)$ のラプラス変換の結果を基に，像関数 $F(s)$ のラプラス逆変換の計算法について勉強してきた。そして，実用的にはこれでさまざまな微分方程式を解くための準備は整ったといえる。

しかし，ここで疑問を持っておられる方も多いと思う。それは，「$f(t) \rightarrow F(s)$ のラプラス変換の公式：$F(s) = \int_0^\infty f(t)e^{-st}dt$ は与えられているのに，$F(s) \rightarrow f(t)$ のラプラス逆変換の数学的な公式がまだ与えられていないじゃないか？」ということだと思う。

もちろん，このラプラス逆変換についても，数学的な公式は存在し，それを "**ブロムウィッチ積分**" または "**反転公式**" と呼ぶ。逆変換の最後のテーマとして，これから詳しく解説しようと思う。しかし，この解説には，"**フーリエの積分定理**" や "**複素関数**" の知識が必要となる。この講義でも，できるだけ分かりやすく解説するつもりだけれど，これらの意味を本当に理解するためには，「フーリエ解析キャンパス・ゼミ」と「複素関数キャンパス・ゼミ」（マセマ）で学習されることをお勧めする。まだの方は，是非，併読して頂きたい。今回はかなり理論的な話が多くて大変だと思う。でも，理解できるとさらに面白くなるから，頑張ってマスターしよう！

● ブロムウィッチ積分を導いてみよう！

像関数 $F(s)$ が与えられたとき，これをラプラス逆変換して原関数 $f(t)$ を求める公式を "**ブロムウィッチ (Bromwich) 積分**" または "**反転公式**" という。

> **ブロムウィッチ積分**
>
> 次の "**ブロムウィッチ積分**" により，s の関数 $F(s)$ から原関数 $f(t)$ を求めることができる。これがラプラス逆変換の公式である。
>
> $$f(t) = \frac{1}{2\pi i} \int_{p-i\infty}^{p+i\infty} F(s)e^{st}ds \quad \cdots\cdots(*)$$
>
> （ただし，$s = p + i\alpha$（p, α：実数，i：虚数単位）とする。）

いきなり，複素数の積分が出てきたので，ビックリしたって？　そうだね。これまで，s は実数変数として扱ってきたけれど，$F(s)$ から $f(t)$ を求めるブロムウィッチ積分では s は複素変数であり，図1 に示すように，複素数平面上の虚軸 (y 軸) に平行な直線に沿って，区間 $p-i\infty \to p+i\infty$ の無限積分になるんだね。

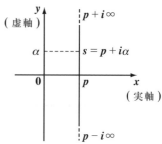

図1　ブロムウィッチ積分の積分経路

でも，何故，このようなブロムウィッチ積分の公式 (*) が成り立つのか知りたいって？　当然の疑問だね。でも，これを導くには，"フーリエ変換" と "フーリエ逆変換"，そして "フーリエの積分定理" の知識が必要なんだ。これらの定理をまず下に示そう。

フーリエ変換とフーリエ逆変換

関数 $g(t)$ が $(-\infty, \infty)$ で区分的に滑らかで，かつ絶対可積分であるとき，$g(t)$ のフーリエ変換とその逆変換は次のように定義される。

(Ⅰ) フーリエ変換

$$G(\alpha) = F[g(t)] = \int_{-\infty}^{\infty} g(t)e^{-i\alpha t}dt \quad \cdots\cdots\cdots\cdots(**)$$

(Ⅱ) フーリエ逆変換

$$g(t) = F^{-1}[G(\alpha)] = \frac{1}{2\pi}\int_{-\infty}^{\infty} G(\alpha)e^{i\alpha t}d\alpha \quad \cdots\cdots(**)'$$

まず，区間 $(-\infty, \infty)$ で $g(t)$ が "区分的に滑らか" という意味は，"$g(t)$ と $g'(t)$ が共に $(-\infty, \infty)$ において，区分的に連続である" ことを表す。次に，$g(t)$ が "絶対可積分である" ことの意味は，$g(t)$ が次の不等式をみたすということなんだ。

$$\int_{-\infty}^{\infty} |g(t)|dt \leqq M \quad (M：有限な正の定数)$$

よって，$g(t)$ が不連続点を含む区分的に滑らかで，かつ絶対可積分な関数であるとき，$(**)$ を $(**)'$ に代入することにより，次に示す"**フーリエの積分定理**"が成り立つ。

フーリエの積分定理

$g(t)$ が $(-\infty, \infty)$ で区分的に滑らかで，かつ絶対可積分であるとき，次式が成り立つ。

$$\underline{g(t)} = \frac{1}{2\pi}\int_{-\infty}^{\infty} e^{i\alpha t}\left\{\underline{\int_{-\infty}^{\infty} g(t)e^{-i\alpha t}dt}\right\}d\alpha \cdots\cdots(**)''$$

正確には $\dfrac{g(t+0)+g(t-0)}{2}$ と表す。　　$G(\alpha)$

それでは，このフーリエの積分定理 $(**)''$ を用いて，ブロムウィッチ積分 $(*)$ が成り立つことを示そう。まず，定積分 $\displaystyle\int_{p-i\omega}^{p+i\omega} F(s)e^{st}ds$ を変形しよう。$s = p + i\alpha$ より，積分変数を s から α（実数変数）に置換すると，

〔定数〕

$s : p-i\omega \to p+i\omega$ のとき，$\alpha : -\omega \to \omega$　　また，$ds = id\alpha$ だね。

さらに，ラプラス変換 $F(s)$ は，$F(s) = \displaystyle\int_0^{\infty} f(t)e^{-st}dt$ より，

$$\int_{p-i\omega}^{p+i\omega} F(s)e^{st}ds = \int_{-\omega}^{\omega}\left\{\int_0^{\infty} f(t)e^{-(p+i\alpha)t}dt\right\}e^{(p+i\alpha)t}id\alpha$$

$$= ie^{pt}\int_{-\omega}^{\omega} e^{i\alpha t}\left\{\int_0^{\infty} f(t)e^{-(p+i\alpha)t}dt\right\}d\alpha$$

$$= ie^{pt}\int_{-\omega}^{\omega} e^{i\alpha t}\left\{\int_{-\infty}^{\infty} e^{-i\alpha t}(e^{-pt}f(t))dt\right\}d\alpha$$

（上付き注記）$(p+i\alpha)$，$e^{pt}\cdot e^{i\alpha t}$，$e^{-pt}\cdot e^{-i\alpha t}$，$-\infty$

ラプラス変換では，$t \leq 0$ のとき，$f(t) = 0$ としてよいので，積分区間を $[0, \infty)$ から $(-\infty, \infty)$ に変更できる。

ここで，$\omega \to \infty$ の極限をとると，フーリエの積分定理 $(**)''$ より，

$$\lim_{\omega \to \infty} \int_{p-i\omega}^{p+i\omega} F(s)e^{st}ds = \underline{\underline{\int_{p-i\infty}^{p+i\infty} F(s)e^{st}ds}}$$

$$= ie^{pt}\int_{-\infty}^{\infty} e^{i\alpha t}\left\{\int_{-\infty}^{\infty} e^{-i\alpha t}(e^{-pt}f(t))dt\right\}d\alpha$$

$(**)''$ の $g(t)$ とみる。

$$= 2\pi ie^{pt}\cdot\frac{1}{2\pi}\int_{-\infty}^{\infty} e^{i\alpha t}\left\{\int_{-\infty}^{\infty} \overline{(e^{-pt}f(t))}e^{-i\alpha t}dt\right\}d\alpha$$

$$G(\alpha)$$

$$g(t) = e^{-pt}f(t)$$

(フーリエの積分定理)

$$= 2\pi ie^{pt}\cdot e^{-pt}f(t) = 2\pi if(t)$$

$\therefore \underline{\underline{2\pi if(t)}} = \int_{p-i\infty}^{p+i\infty} F(s)e^{st}ds$ より，両辺を $2\pi i$ で割って，

ブロムウィッチ積分：$\boxed{f(t) = \dfrac{1}{2\pi i}\int_{p-i\infty}^{p+i\infty} F(s)e^{st}ds}$ ……$(*)$

が成り立つことが証明できたんだね。納得いった？

> フーリエ変換と逆変換，およびフーリエの積分定理を御存知ない方は，「**フーリエ解析キャンパス・ゼミ**」(**マセマ**) で学習されることをお勧めします。

したがって，$F(s)$ が与えられたならば，ブロムウィッチ積分 $(*)$ を利用して，$f(t)$ を求められることが数学的に証明されたんだ。しかし，$(*)$ の右辺の積分 $\int_{p-i\infty}^{p+i\infty} F(s)e^{st}ds$ を具体的にどのように計算したらいいのか？まだ，問題は残っているんだね。

ここで，役に立つのが "複素関数" の "1 周線積分" や "留数定理" の考え方なんだ。これから，このブロムウィッチ積分に関係する範囲の複素関数の 1 周線積分について，簡潔に解説しておこうと思う。

> 複素関数の 1 周線積分や留数定理について御存知ない方は，「**複素関数キャンパス・ゼミ**」(**マセマ**) で学習されることをお勧めします。

● 複素関数のローラン展開と留数を押さえよう！

複素変数 s の複素関数 $f(s)$ が，点 $s = \alpha$ で正則でない，つまり微分不能であるとき，点 α を $f(s)$ の "**特異点**" という。そして，特異点 α の近傍

> "α のすぐまわりの付近" のこと

に a 以外の特異点がない場合，特に点 α のことを "**孤立特異点**" と呼ぶ。一般に複素数平面全体に渡って正則 (微分可能) な e^s や $\sin s$ や $\cos s$ などの関数は，実関数のときと同様に，次のようにマクローリン展開 (テーラー展開) できる。

$$e^s = 1 + \frac{s}{1!} + \frac{s^2}{2!} + \frac{s^3}{3!} + \frac{s^4}{4!} + \cdots \quad \cdots\cdots\text{①}$$

$$\sin s = s - \frac{s^3}{3!} + \frac{s^5}{5!} - \frac{s^7}{7!} + \cdots \quad \cdots\cdots\text{②}$$

$$\cos s = 1 - \frac{s^2}{2!} + \frac{s^4}{4!} - \frac{s^6}{6!} + \cdots \quad \cdots\cdots\text{③}$$

一般に，全複素数平面で正則な関数 $f(s)$ は，$s = \alpha$ のまわりにテーラー展開して，

$$f(s) = a_0 + a_1(s - \alpha) + a_2(s - \alpha)^2 + a_3(s - \alpha)^3 + \cdots\cdots$$

$$\left(\begin{array}{l} \text{特に } \alpha = 0 \text{ のときはマクローリン展開：} \\ f(s) = a_0 + a_1 s + a_2 s^2 + a_3 s^3 + \cdots\cdots \end{array} \right)$$

と表すことができる。

しかし，たとえば，(i) $f_1(s) = \dfrac{e^s}{s^3}$，(ii) $f_2(s) = \dfrac{\sin s}{s^3}$，(iii) $f_3(s) = \dfrac{\cos s}{s}$ のように，<u>$s = 0$ の特異点をもつ場合</u>，

> $s = 0$ のとき，$f_1(s),\ f_2(s),\ f_3(s)$ はいずれも分母が 0 となって正則でない。

(i) $f_1(s) = \dfrac{e^s}{s^3} = \dfrac{1}{s^3}\left(1 + \dfrac{s}{1!} + \dfrac{s^2}{2!} + \dfrac{s^3}{3!} + \dfrac{s^4}{4!} + \cdots \right)$

> 特に，$\dfrac{1}{s}$ の係数を留数といい，$\underset{s=0}{\text{Res}}[f_1(s)]$ と表す。

$$= \frac{1}{s^3} + \frac{1}{1!}\cdot\frac{1}{s^2} + \boxed{\frac{1}{2!}}\cdot\frac{1}{s} + \frac{1}{3!} + \frac{1}{4!}\cdot s + \frac{1}{5!}\cdot s^2 + \cdots \quad \text{となり，}$$

> これから，$s = 0$ は 3 位の極という。

148

$s=0$ という特異点をもつ $f_1(s)$ は, $\dfrac{1}{s^3}$, $\dfrac{1}{s^2}$, $\dfrac{1}{s}$ といった, マクローリン展開 (テーラー展開) ではもちえなかった項をもつことになる。

この場合 $\dfrac{1}{s^3}$ が存在するので, 特異点 $s=0$ を "**3 位の極**" と呼ぶ。

また, $\dfrac{1}{s}$ の係数である $\dfrac{1}{2!}=\dfrac{1}{2}$ は特に重要な意味をもち, これを "**留数**"

と呼んで, $\operatorname*{Res}\limits_{s=0}[f_1(s)]=\dfrac{1}{2}$ と表す。 ← Res は, 留数 (*residue*) の頭 3 文字のこと

同様に (ii), (iii) についても調べてみよう。

(ii) $f_2(s)=\dfrac{\sin s}{s^3}=\dfrac{1}{s^3}\left(\dfrac{s}{1!}-\dfrac{s^3}{3!}+\dfrac{s^5}{5!}-\dfrac{s^7}{7!}+\dfrac{s^9}{9!}-\cdots\right)$

$\qquad =\dfrac{1}{s^2}-\dfrac{1}{3!}+\dfrac{1}{5!}s^2-\dfrac{1}{7!}s^4+\dfrac{1}{9!}s^6-\cdots$ となって,

（2 位の極）

特異点 $s=0$ は, $f_2(s)$ の "**2 位の極**" であることが分かる。この場合,

$\dfrac{1}{s}$ の項は存在しない。ということは, $\dfrac{1}{s}\times\boxed{0}$ のことなので, 留数 （留数）

$\operatorname*{Res}\limits_{s=0}[f_2(s)]=0$ と表す。

(iii) $f_3(s)=\dfrac{\cos s}{s}=\dfrac{1}{s}\left(1-\dfrac{1}{2!}s^2+\dfrac{1}{4!}s^4-\dfrac{1}{6!}s^6+\dfrac{1}{8!}s^8-\cdots\right)$

$\qquad =\dfrac{\boxed{1}}{s}-\dfrac{1}{2!}\cdot s+\dfrac{1}{4!}\cdot s^3-\dfrac{1}{6!}\cdot s^5+\dfrac{1}{8!}\cdot s^7-\cdots$ となるので, （留数）（1 位の極）

特異点 $s=0$ は, $f_3(s)$ の "**1 位の極**" であり, 留数は 1 なので,

$\operatorname*{Res}\limits_{s=0}[f_3(s)]=1$ と表す。

以上で, 留数の求め方の要領もつかめたと思う。

一般に，複素関数 $f(s)$ が，$s = \alpha$ に n 位の極の特異点をもつ場合，

$$f(s) = \underbrace{\frac{b_n}{(s-\alpha)^n}}_{n\text{ 位の極}} + \frac{b_{n-1}}{(s-\alpha)^{n-1}} + \cdots + \overbrace{\frac{b_1}{s-\alpha}}^{\text{留数}} + a_0 + a_1(s-\alpha) + a_2(s-\alpha)^2 + \cdots$$

と展開される。これを，$s = \alpha$ のまわりの "**ローラン展開**" という。そして，$f(s)$ の $s = \alpha$ における留数は当然，$\underset{s=\alpha}{\mathrm{Res}}[f(s)] = b_1$ となるんだね。大丈夫？ここで，一番簡単な関数 $f(s)$ について，$s = \alpha$ が 1 位の極の場合の留数 b_1 の求め方を紹介しておこう。$s = \alpha$ が 1 位の極の場合，

$$f(s) = \frac{b_1}{s-\alpha} + a_0 + a_1(s-\alpha) + a_2(s-\alpha)^2 + \cdots \quad \cdots\cdots(\text{a})$$

と表わされるのはいいね。このとき，(a)の両辺に $(s-\alpha)$ をかけて，

$$(s-\alpha)f(s) = b_1 + a_0(s-\alpha) + a_1(s-\alpha)^2 + a_2(s-\alpha)^3 + \cdots \quad \text{となるので，}$$

この両辺の $s \to \alpha$ の極限をとると，

$$\lim_{s \to \alpha}(s-\alpha)f(s) = \lim_{s \to \alpha}\{b_1 + \underbrace{a_0(s-\alpha)}_{0} + \underbrace{a_1(s-\alpha)^2}_{0} + \underbrace{a_2(s-\alpha)^3}_{0} + \cdots\}$$

よって，留数 $\underset{s=\alpha}{\mathrm{Res}}[f(s)] = b_1$ は公式：

$$b_1 = \lim_{s \to \alpha}(s-\alpha)f(s) \quad \cdots\cdots(*) \quad \text{で求められることが分かると思う。}$$

エッ，でも何故これ程留数にこだわる必要があるのかって？ それは，この留数がこれから解説する複素関数の単純閉曲線に沿った 1 周線積分の値と密接に関係しているからなんだ。

● 複素関数の 1 周線積分の値は，留数で決まる！

それでは，複素数平面上の単純閉曲線の積分路 C の内部に関数 $f(s)$ の孤立特異点が存在する場合，C に沿った $f(s)$ の 1 周線積分の値について，次の "**留数定理**" が存在するので紹介しておこう。証明は略すけれど，この定理により，複素関数の 1 周線積分の値をアッという間に求めることができるんだ。

留数定理の証明については，「**複素関数キャンパス・ゼミ**」を御参照ください。

留数定理

複素関数 $f(s)$ が単純閉曲線 C の内部に α_1, α_2, $\cdots$, α_n の n 個の孤立特異点をもち,それ以外の C およびその内部においては__1価__で正則な関数とする。

> s の値が与えられれば,ただ 1 つの $f(s)$ の値が決まるということ。

このとき,C を積分路とする 1 周線積分は,次の式で求められる。

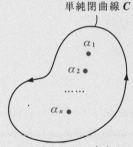

単純閉曲線 C

α_1
α_2 ●
$\cdots\cdots$
α_n ●

$$\oint_C f(s)ds = 2\pi i(R_1 + R_2 + \cdots + R_n) \quad \cdots\cdots(*)$$

$\left($ ただし,$R_k = \underset{s=\alpha_k}{\mathrm{Res}}[f(s)]$ ($k = 1, 2, \cdots, n$) とする。$\right)$

$\left(\begin{array}{l}反時計まわりの向きが\\正の向き\end{array}\right)$

これを "__留数定理__" という。

それでは,次の例題で実際に留数定理を使ってみよう。

例題 41 $f(s) = \dfrac{s+1}{s(s-i)}$ を,積分路 $C : |z| = 2$(半径 2 の円)に沿って 1 周線積分した $\oint_C f(s)ds$ の値を求めよう。

右図に示すように,$f(s)$ は C 内に 2 つの特異点 0 と i をもち,これらは共に 1 位の極である。よって,それぞれの点の留数を求めると,

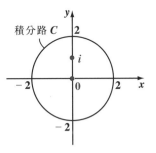

積分路 C

$$R_1 = \underset{s=0}{\mathrm{Res}}[f(s)] = \lim_{s \to 0} sf(s)$$
$$= \lim_{s \to 0} \frac{s+1}{s-i} = \frac{1}{-i} = \frac{i^2}{i} = i$$

$$R_2 = \underset{s=i}{\mathrm{Res}}[f(s)] = \lim_{s \to i} (s-i)f(s)$$
$$= \lim_{s \to i} \frac{s+1}{s} = \frac{i + \overset{\overset{-i^2}{\|}}{①}}{i} = 1 - i$$

2つの特異点における留数が $R_1 = i$, $R_2 = 1 - i$ と求まったので，留数定理を用いると，求める $f(s)$ の C に沿った1周線積分は，

$$\oint_C f(s)ds = 2\pi i(R_1 + R_2) = 2\pi i(i + 1 - i) = 2\pi i \quad \text{となる。}$$

どう？ あっけない位簡単に1周線積分の値が求まるだろう？

エッ，でも，ブロムウィッチ積分 $f(t) = \dfrac{1}{2\pi i} \displaystyle\int_{p-i\infty}^{p+i\infty} F(s)e^{st}ds \cdots(*)$

は，虚軸に平行な直線に沿った積分なので，閉曲線に沿った1周線積分で有効な"留数定理"は使えないんじゃないのかって？ そうだね。このままでは，留数定理は使えない。だから，$(*)$の積分経路に工夫を加えてみることにしよう。

● ブロムウィッチ積分にも留数定理が使える！

図2に示すように，ブロムウィッチ積分：

$$f(t) = \frac{1}{2\pi i} \int_{p-i\infty}^{p+i\infty} F(s)e^{st}ds$$
$$\cdots\cdots(*)$$

の直線 $x = p$ の積分路はまず，複素関数 $F(s)e^{st}$ のもつ特異点がすべてこの直線の左側に存在するようにとる。そして，この無限直線の積分路も，図2に示すように単純閉曲線 ABCA に変更する。

図2 ブロムウィッチ積分の積分路の変更

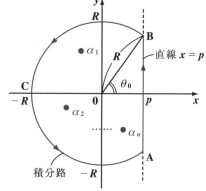

つまり，有限な線分 $\overline{\mathrm{AB}}$ と，半径 R の円弧 $\overset{\frown}{\mathrm{BCA}}$ を組み合わせた積分路にし，R を十分に大きくとれば，この積分路(閉曲線)の内部に，$F(s)e^{st}$ の特異点 $\alpha_1, \alpha_2, \cdots, \alpha_n$ をすべて含ませることができる。

すると，留数定理により，この積分路(閉曲線)に沿った1周線積分は

$$\oint_{\text{ABCA}} F(s)e^{st}ds = 2\pi i(R_1 + R_2 + \cdots + R_n) \quad \cdots\cdots ①$$

$$\left(R_k = \operatorname{Res}_{s=\alpha_k}[F(s)e^{st}] \quad (k = 1, 2, \cdots, n)\right)$$

と表せる。ここで，①の左辺を分解して，次の②のようにする。

$$\underline{\int_{\overline{\text{AB}}} F(s)e^{st}ds} + \underline{\int_{\overparen{\text{BCA}}} F(s)e^{st}ds} = 2\pi i(R_1 + R_2 + \cdots + R_n) \quad \cdots\cdots ②$$

$$\boxed{\int_{p-i\infty}^{p+i\infty} F(s)e^{st}ds} \qquad \boxed{0} \longleftarrow \boxed{R \to \infty \text{のとき}}$$

ここで，$R \to \infty$ の極限をとると，

・②の左辺の第 1 項は，$\displaystyle\int_{\overline{\text{AB}}} F(s)e^{st}ds \to \int_{p-i\infty}^{p+i\infty} F(s)e^{st}ds$

　となるのは大丈夫だね。そして，

・②の左辺の第 2 項が，$\displaystyle\int_{\overparen{\text{BCA}}} F(s)e^{st}ds \to 0 \cdots③$　となることが

　証明できれば，②式は，

$$\int_{p-i\infty}^{p+i\infty} F(s)e^{st}ds = 2\pi i(R_1 + R_2 + \cdots + R_n) \quad \text{となる。}$$

よって，この両辺を $2\pi i$ で割ると，

$$f(t) = \frac{1}{2\pi i}\int_{p-i\infty}^{p+i\infty} F(s)e^{st}ds = R_1 + R_2 + \cdots + R_n \quad \cdots\cdots(\ast\ast\ast)$$

となって，ブロムウィッチ積分が異なる $F(s)e^{st}$ の留数の和で表わされて
しまうことが分かるんだね。何とシンプルで美しい結果だろう!!
でもまだ，③の極限の証明，すなわち

$$\lim_{R \to \infty}\int_{\overparen{\text{BCA}}} F(s)e^{st}ds = 0 \quad \cdots\cdots③'\quad \text{の証明が残っているんだね。}$$

この証明は複素関数にかなり慣れている人でないと難しいと思うけれど，
これから示しておこう。

$\displaystyle\lim_{R\to\infty}\int_{\widehat{\mathrm{BCA}}}F(s)e^{st}ds=0$ ……③′

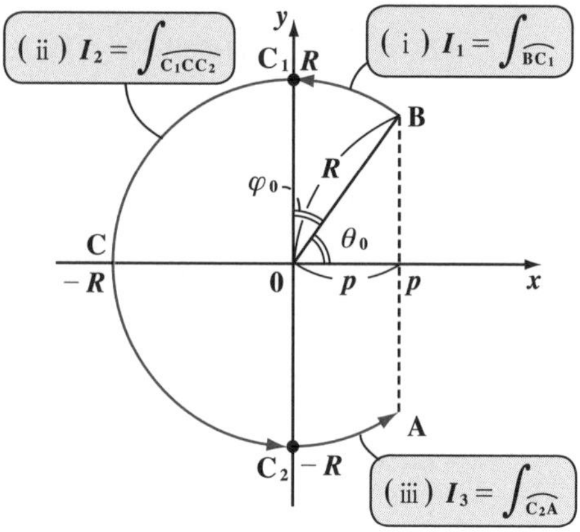

を証明するために, 像関数 $F(s)$ は, 次の条件をみたすものとしよう。

$|F(s)|\leqq\dfrac{M}{R^m}$ ……④

$\begin{pmatrix}M:\text{ある正の定数,}\\m:1\text{以上の定数}\end{pmatrix}$

さらに, ③′ を証明するために, 図3に示すように新たに2点 C_1, C_2 を取り, この線積分を次のように3つの部分に分けて考えていくことにする。

図3 $\displaystyle\lim_{R\to\infty}\int_{\widehat{\mathrm{BCA}}}F(s)e^{st}ds=0$ の証明

$\displaystyle\int_{\widehat{\mathrm{BCA}}}=\underbrace{\int_{\widehat{\mathrm{BC_1}}}}_{(\mathrm{i})\,I_1}+\underbrace{\int_{\widehat{\mathrm{C_1CC_2}}}}_{(\mathrm{ii})\,I_2}+\underbrace{\int_{\widehat{\mathrm{C_2A}}}}_{(\mathrm{iii})\,I_3}$

(i) $I_1=\displaystyle\int_{\widehat{\mathrm{BC_1}}}F(s)e^{st}ds$ ……⑤ について,

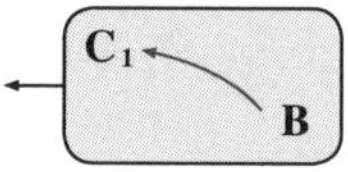

$\angle\mathrm{B0}x=\theta_0$ とおくと, 複素変数 s は

半径 R の円周上を $\theta_0\leqq\theta\leqq\dfrac{\pi}{2}$ の範囲で動くので, 変数 s は

$s=Re^{i\theta}$ (R:定数) とおける。

よって, ⑤の s による積分を θ による積分に置換すると,

$\theta:\theta_0\to\dfrac{\pi}{2},\ ds=iRe^{i\theta}d\theta$ となる。よって, ⑤は,

$I_1=\displaystyle\int_{\widehat{\mathrm{BC_1}}}F(s)e^{st}ds=\int_{\theta_0}^{\frac{\pi}{2}}F(Re^{i\theta})\underbrace{e^{tRe^{i\theta}}}_{e^{tR(\cos\theta+i\sin\theta)}=e^{tR\cos\theta}\cdot e^{itR\sin\theta}}iRe^{i\theta}d\theta$ ……⑤′ となる。

⑤′ の絶対値 (ノルム) をとると,

154

$$|I_1| = \left| \int_{\widehat{BC_1}} F(s)e^{st}ds \right| \leq \int_{\theta_0}^{\frac{\pi}{2}} |F(Re^{i\theta})| \cdot \underset{+}{|e^{tR\cos\theta}|} \cdot \underset{1}{|e^{itR\sin\theta}|} \cdot \underset{1}{|i|} \cdot \underset{+}{R} \cdot \underset{1}{|e^{i\theta}|} d\theta$$

一般に $|e^{i \times (\text{実数})}| = 1$ となる。 $|e^{ix}| = |\cos x + i\sin x| = \sqrt{\cos^2 x + \sin^2 x} = 1$ だからだ。

$$= \int_{\theta_0}^{\frac{\pi}{2}} \underset{\frac{M}{R^m}(\text{④より})}{|F(Re^{i\theta})|} e^{tR\cos\theta}Rd\theta \leq \int_{\theta_0}^{\frac{\pi}{2}} \frac{M}{R^m} e^{tR\cos\theta}Rd\theta \quad (\text{④より})$$

$$\therefore |I_1| \leq \frac{M}{R^{m-1}} \int_{\theta_0}^{\frac{\pi}{2}} e^{tR\cos\theta}d\theta \quad \cdots\cdots ⑥ \quad \text{となる。}$$

ここで，$\theta = \dfrac{\pi}{2} - \varphi$ とおいて，さらに，変数を θ から φ に置換すると，

$\theta : \theta_0 \to \dfrac{\pi}{2}$ のとき，$\varphi : \varphi_0 \to 0$ $\left(\text{ただし，} \varphi_0 = \dfrac{\pi}{2} - \theta_0\right)$

また，$d\theta = -1 \cdot d\varphi$，$\cos\theta = \cos\left(\dfrac{\pi}{2} - \varphi\right) = \sin\varphi$ より，⑥は

$$|I_1| \leq \frac{M}{R^{m-1}} \int_{\varphi_0}^{0} e^{tR\sin\varphi}(-1)d\varphi = \frac{M}{R^{m-1}} \int_{0}^{\varphi_0} e^{tR\sin\varphi}d\varphi \quad \cdots\cdots ⑥'$$

となる。ここで，$0 \leq \varphi \leq \varphi_0 \left(< \dfrac{\pi}{2}\right)$ より，

$\sin\varphi \leq \sin\varphi_0 = \dfrac{p}{R}$ となる。よって，⑥′はさらに，

$$|I_1| \leq \frac{M}{R^{m-1}} \int_{0}^{\varphi_0} e^{tR\underset{\frac{p}{R}}{\overbrace{\sin\varphi}}}d\varphi \leq \frac{M}{R^{m-1}} \int_{0}^{\varphi_0} \underset{\text{定数}}{\overbrace{e^{tp}}}d\varphi$$

$$= \frac{M}{R^{m-1}} e^{tp}[\varphi]_0^{\varphi_0} = \frac{Me^{tp}}{R^{m-1}}\varphi_0 \quad \cdots\cdots ⑦$$

ここで，$R \to \infty$ のとき，$\varphi_0 \to 0$ より，⑦は

$$\lim_{R \to \infty} |I_1| \leq \lim_{R \to \infty} \underset{\infty}{\frac{M\overset{\text{定数}}{\overbrace{e^{tp}}}}{R^{m-1}}} \underset{0}{\varphi_0} = 0 \quad (\because m \geq 1) \text{ となる。}$$

$$\therefore \lim_{R \to \infty} I_1 = \lim_{R \to \infty} \int_{\widehat{BC_1}} F(s)e^{st}ds = 0$$

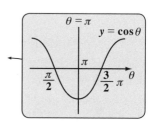

$$|I_1| \leqq \frac{M}{R^{m-1}} \int_{\theta_0}^{\frac{\pi}{2}} e^{tR\cos\theta}d\theta \quad \cdots \text{⑥}$$

となることが分かった。

(ⅱ) 次，$I_2 = \int_{\widehat{C_1CC_2}} F(s)e^{st}ds$

についても，その絶対値を計算すると，
⑥と同様に，

$$|I_2| \leqq \int_{\frac{\pi}{2}}^{\frac{3}{2}\pi} \underbrace{|F(Re^{i\theta})|}_{\frac{M}{R^m}} \cdot \underbrace{|e^{tR\cos\theta}|}_{+} \cdot \underbrace{|e^{itR\sin\theta}|}_{1} \cdot \underbrace{|i|}_{1} \cdot R \cdot \underbrace{|e^{i\theta}|}_{1} d\theta$$

$$|I_2| \leqq \frac{M}{R^{m-1}} \int_{\frac{\pi}{2}}^{\frac{3}{2}\pi} e^{tR\cos\theta}d\theta \quad \cdots\cdots \text{⑧} \quad となる。$$

ここで，$y = \cos\theta$ は，直線 $\theta = \pi$ に関して
左右対称な関数より，⑧は，

$$|I_2| \leqq \frac{2M}{R^{m-1}} \int_{\frac{\pi}{2}}^{\pi} e^{tR\cos\theta}d\theta \quad \cdots\cdots \text{⑧}' \quad となる。$$

ここで，$\theta = \varphi + \dfrac{\pi}{2}$ とおくと，$\theta : \dfrac{\pi}{2} \to \pi$ のとき，$\varphi : 0 \to \dfrac{\pi}{2}$

$d\theta = d\varphi$ また，$\cos\theta = \cos\left(\varphi + \dfrac{\pi}{2}\right) = -\sin\varphi$ より，⑧' は，

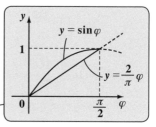

$$|I_2| \leqq \frac{2M}{R^{m-1}} \int_0^{\frac{\pi}{2}} e^{-tR\overbrace{\sin\varphi}^{\frac{2}{\pi}\varphi}}d\varphi$$

ここで，$0 \leqq \varphi \leqq \dfrac{\pi}{2}$ のとき，

$\sin\varphi \geqq \dfrac{2}{\pi}\varphi$ より，これはさらに

$$|I_2| \leqq \frac{2M}{R^{m-1}} \int_0^{\frac{\pi}{2}} e^{-\frac{2tR}{\pi}\varphi}d\varphi = \frac{\cancel{2}M}{R^{m-1}} \cdot \left(-\frac{\pi}{\cancel{2}tR}\right)\left[e^{-\frac{2tR}{\pi}\varphi}\right]_0^{\frac{\pi}{2}}$$

よって，$|I_2| \leqq -\dfrac{\pi M}{tR^m}(e^{-tR}-1) = \dfrac{\pi M}{t} \cdot \dfrac{1}{R^m}(1-e^{-tR})$ ……④ となる。

ここで，$R \to \infty$ のとき，

$$\lim_{R \to \infty}|I_2| \leqq \lim_{R \to \infty}\left(\underset{\infty}{\underbrace{\boxed{\text{定数}}}{\dfrac{\pi M}{t}}} \cdot \dfrac{1}{R^m}(1-\underbrace{e^{-tR}}_{0 \text{ または } 1\ (\because t \geqq 0)})\right) = 0$$ となる。

$\therefore \displaystyle\lim_{R \to \infty}I_2 = \lim_{R \to \infty}\int_{\overarc{C_1CC_2}}F(s)e^{st}ds = 0$ も示せたんだね。

(ⅲ) 最後に，$I_3 = \displaystyle\int_{\overarc{C_2A}}F(s)e^{st}ds$ についても，

角 θ_2 を右図のようにとり，この絶対値を

とると，⑥と同様に，

$$|I_3| \leqq \dfrac{M}{R^{m-1}}\int_{\frac{3}{2}\pi}^{\theta_2}e^{tR\cos\theta}d\theta$$

となる。後は，$\theta = \varphi + \dfrac{3}{2}\pi$ と，変数を

θ から φ に置換すれば，（ⅰ）と同様に $\displaystyle\lim_{R \to \infty}I_3 = 0$ が導けるので，

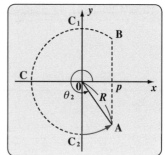

$\therefore \displaystyle\lim_{R \to \infty}I_3 = \lim_{R \to \infty}\int_{\overarc{C_2A}}F(s)e^{st}ds = 0$ となる。この証明はいい練習に

なるから自分でやってみるといいよ。（ⅰ）のときと同様だからね。

以上（ⅰ）（ⅱ）（ⅲ）より，

$$\lim_{R \to \infty}\int_{\overarc{BCA}} = \lim_{R \to \infty}\left(\underset{(ⅰ)\ 0}{\underbrace{\int_{\overarc{BC_1}}}} + \underset{(ⅱ)\ 0}{\underbrace{\int_{\overarc{C_1CC_2}}}} + \underset{(ⅲ)\ 0}{\underbrace{\int_{\overarc{C_2A}}}}\right) = 0$$ となるので，

$$\underset{\boxed{\displaystyle\int_{p-i\infty}^{p+i\infty}F(s)e^{st}ds}}{\underbrace{\int_{\overline{AB}}F(s)e^{st}ds}} + \underset{\boxed{0} \leftarrow \boxed{R \to \infty \text{ のとき}}}{\underbrace{\int_{\overarc{BCA}}F(s)e^{st}ds}} = 2\pi i(R_1 + R_2 + \cdots + R_n)$$ ……②

について $R \to \infty$ の極限をとることにより，非常に美しい公式

$$f(t) = \frac{1}{2\pi i}\int_{p-i\infty}^{p+i\infty} F(s)e^{st}ds = R_1 + R_2 + \cdots + R_n \quad \cdots\cdots(\ast\ast\ast)$$

が導けるんだね。納得いった？

● ブロムウィッチ積分を利用しよう！

それでは，実際にブロムウィッチ積分を使って，$F(s)$ から $f(t)$ を求めてみよう。

例題 42　$F(s) = \dfrac{1}{s^n}$ $(n = 1, 2, \cdots)$ のとき，ブロムウィッチ積分の公式：

$$f(t) = \frac{1}{2\pi i}\int_{p-i\infty}^{p+i\infty} F(s)e^{st}ds = R_1 + R_2 + \cdots + R_n \quad \cdots\cdots(\ast\ast\ast)$$

を用いて，$f(t)$ を求めてみよう。

$s = Re^{i\theta}$ とおくと，

$$|F(s)| = \frac{1}{|R^n \cdot e^{in\theta}|} = \frac{1}{R^n \underbrace{|e^{in\theta}|}_{1}}$$

$$= \frac{1}{R^n} \leq \frac{\overbrace{1}^{M}}{R^{\underset{m}{1}}} \quad (\because n \geq 1)$$

> $F(s)$ の条件
> $|F(s)| \leq \dfrac{M}{R^m}$
> $(M：正の定数，\ m \geq 1)$

となって，$(\ast\ast\ast)$ が成立する条件をみたす。

ここで，$F(s)e^{st} = \dfrac{e^{st}}{s^n}$ は，1 つの特異点 $s = 0$ をもつ。

これは明らかに n 位の極だね。よって，$s = 0$ の留数 $\displaystyle\operatorname*{Res}_{s=0}\left[\dfrac{e^{st}}{s^n}\right]$ は，

e^{st} をマクローリン展開して，$\dfrac{1}{s}$ の係数として求めるのが速いと思う。

$$F(s)e^{st} = \frac{1}{s^n}\left(1 + \frac{st}{1!} + \frac{s^2 t^2}{2!} + \cdots + \frac{s^{n-1}t^{n-1}}{(n-1)!} + \frac{s^n t^n}{n!} + \cdots\right)$$

> e^x のマクローリン展開は，$e^x = 1 + \dfrac{x}{1!} + \dfrac{x^2}{2!} + \dfrac{x^3}{3!} + \cdots$ だからね。

$$\therefore F(s)e^{st} = \frac{1}{s^n} + \frac{t}{1!} \cdot \frac{1}{s^{n-1}} + \frac{t^2}{2!} \cdot \frac{1}{s^{n-2}} + \cdots + \boxed{\frac{t^{n-1}}{(n-1)!}} \cdot \frac{1}{s} + \frac{t^n}{n!} + \cdots$$

留数

これから，$s = 0$ における留数を R_1 とおくと，

$$R_1 = \operatorname*{Res}_{s=0}[F(s)e^{st}] = \frac{t^{n-1}}{(n-1)!}$$ であることが分かる。

$$\mathcal{L}^{-1}\left[\frac{1}{s^n}\right] = \frac{t^{n-1}}{\Gamma(n)} = \frac{t^{n-1}}{(n-1)!}$$
と一致する！

よって，公式 $(\ast\ast\ast)$ より，$f(t) = R_1 = \dfrac{t^{n-1}}{(n-1)!}$ となる。

今回，留数は R_1 の 1 つだけだ。

さらに，公式：$\mathcal{L}^{-1}\left[\dfrac{1}{s^2+1}\right] = \sin t$ や，$\mathcal{L}^{-1}\left[\dfrac{s}{s^2+1}\right] = \cos t$ が

成り立つことも，ブロムウィッチ積分の公式から確認しておこう。

例題 43 $F(s) = \dfrac{1}{s^2+1}$ のとき，ブロムウィッチ積分の公式：

$$f(t) = \frac{1}{2\pi i}\int_{p-i\infty}^{p+i\infty} F(s)e^{st}ds = R_1 + R_2 + \cdots + R_n \quad\cdots\cdots(\ast\ast\ast)$$

を用いて，$f(t) = \sin t$ となることを確かめてみよう。

$s = Re^{i\theta}$ とおくと，

$$|F(s)| = \frac{1}{|R^2e^{2i\theta}+1|} \leqq \frac{1}{R^2\underbrace{|e^{2i\theta}|}_{\boxed{1}}-1} = \frac{1}{R^2-1}$$

$\boxed{|a+b| \geqq |a|-|b| \text{ より}}$

ここで，$R \to \infty$ とするので，$R \geqq 2$ とおいて

もかまわない。よって，

$$|F(s)| \leqq \frac{1}{R^2-1} \leqq \frac{1}{R} \text{ となって，}$$

$$|F(s)| \leqq \frac{M}{R^m} \quad (M：正の定数，m \geqq 1)$$

の条件をみたす。

$$\therefore \boxed{\frac{1}{R^2-1}} \leqq \frac{1}{R}$$
$\boxed{+}\ (\because R \geqq 2)$
$$R \leqq R^2-1$$
$$\underline{R(R-1)}-1 \geqq 0$$
$\boxed{2 \text{ 以上}}\ \boxed{1 \text{ 以上}}$
となるからね。

$F(s)e^{st} = \dfrac{e^{st}}{s^2+1} = \dfrac{\boxed{e^{st}}^{\;正則関数}}{(s-i)(s+i)}$ より,

$F(s)e^{st}$ は, 2 つの特異点 i と $-i$ をもち,

これらは共に 1 位の極であることが分かる。

よって, それぞれの留数を R_1, R_2 とおいて求めると,

$$R_1 = \operatorname*{Res}_{s=i}[F(s)e^{st}] = \lim_{s \to i}(s-i)F(s)e^{st} = \lim_{s \to i}\frac{e^{st}}{s+i} = \frac{e^{it}}{i+i}$$

$$= \frac{1}{2i}(\cos t + i\sin t) \quad \longleftarrow \boxed{オイラーの公式: e^{i\theta} = \cos\theta + i\sin\theta}$$

$$R_2 = \operatorname*{Res}_{s=-i}[F(s)e^{st}] = \lim_{s \to -i}(s+i)F(s)e^{st} = \lim_{s \to -i}\frac{e^{st}}{s-i} = \frac{e^{-it}}{-i-i}$$

$$= -\frac{1}{2i}\{\cos(-t) + i\sin(-t)\} = -\frac{1}{2i}(\cos t - i\sin t) \quad となる。$$

以上より, ブロムウィッチ積分の公式 $(\ast\ast\ast)$ を用いて $f(t)$ を求めると,

$$f(t) = \frac{1}{2\pi i}\int_{p-i\infty}^{p+i\infty} F(s)e^{st}ds = R_1 + R_2$$

$$= \frac{1}{2i}(\cos t + i\sin t) - \frac{1}{2i}(\cos t - i\sin t) = \sin t \quad となるんだね。$$

例題 44　$F(s) = \dfrac{s}{s^2+1}$ のとき, ブロムウィッチの積分の公式:

$$f(t) = \frac{1}{2\pi i}\int_{p-i\infty}^{p+i\infty} F(s)e^{st}ds = R_1 + R_2 + \cdots + R_n \cdots(\ast\ast\ast)$$

を用いて, $f(t) = \cos t$ となることを確かめてみよう。

$s = Re^{i\theta}$ とおき, $R \to \infty$ とするので, $R \geqq 2$ としてもかまわない。

これから,

$$|F(s)| = \frac{|Re^{i\theta}|}{|R^2 e^{2i\theta}+1|} \leqq \frac{R}{R^2-1} \leqq \frac{2}{R} \quad \longleftarrow \boxed{\begin{aligned} &\because \frac{R}{R^2-1} \leqq \frac{2}{R} \\ &\quad R^2 \leqq 2R^2 - 2 \\ &\quad 2 \leqq R^2 \quad となるからね。 \\ &\qquad \boxed{4\ 以上} \end{aligned}}$$

となるので, 条件:

$$|F(s)| \leqq \frac{M}{R^m} \quad (M: 正の定数, \ m \geqq 1)$$

をみたす。

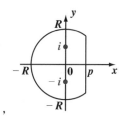

$$F(s)e^{st} = \frac{se^{st}}{s^2+1} = \frac{\boxed{se^{st}}}{(s-i)(s+i)} \quad \text{より,}$$

正則関数

$F(s)e^{st}$ は, **2** つの特異点 i と $-i$ をもち,

これらは共に **1** 位の極である。

よって, それぞれの留数を R_1, R_2 とおいて求めると,

$$R_1 = \underset{s=i}{\text{Res}}[F(s)e^{st}] = \lim_{s \to i}(s-i)F(s)e^{st} = \lim_{s \to i}\frac{se^{st}}{s+i}$$

$$= \frac{ie^{it}}{i+i} = \frac{1}{2}e^{it} = \frac{1}{2}(\cos t + i\sin t)$$

オイラーの公式
$e^{i\theta} = \cos\theta + i\sin\theta$

$$R_2 = \underset{s=-i}{\text{Res}}[F(s)e^{st}] = \lim_{s \to -i}(s+i)F(s)e^{st} = \lim_{s \to -i}\frac{se^{st}}{s-i}$$

$$= \frac{-ie^{-it}}{-i-i} = \frac{1}{2}e^{-it} = \frac{1}{2}(\cos t - i\sin t) \quad \text{となる。}$$

以上より, ブロムウィッチ積分の公式 (***) を用いて $f(t)$ を求めると,

$$f(t) = \frac{1}{2\pi i}\int_{p-i\infty}^{p+i\infty} F(s)e^{st}ds = R_1 + R_2$$

$$= \frac{1}{2}(\cos t + i\sin t) + \frac{1}{2}(\cos t - i\sin t) = \cos t \quad \text{と, 予想通りの}$$

結果が導けたんだね。どう? 面白かっただろう?

● $f(t) \cdot g(t)$ のラプラス変換も求めてみよう!

ここで, ブロムウィッチ積分の応用テーマのために, 話をラプラス変換
の公式:

$$\mathcal{L}[f(t) * g(t)] = F(s) \cdot G(s) \cdots (*k_0) \quad \text{に戻そう。}$$

$\int_0^t f(u)g(t-u)du$ (合成積)

(ただし, $F(s) = \mathcal{L}[f(t)]$, $G(s) = \mathcal{L}[g(t)]$)

これは, $f(t)$ と $g(t)$ の合成積のラプラス変換が $F(s)$ と $G(s)$ の積になる
ことを示しているんだね。これに対して, $f(t)$ と $g(t)$ の積のラプラス変
換はどうなるのか? まだ教えていなかったんだね。エッ, 結果は $F(s)$ と

$G(s)$ の合成積になるのじゃないかって？　いい勘してるね。その通りだ。つまり，$f(t) \cdot g(t)$ のラプラス変換として次の公式が成り立つ。

$f(t) \cdot g(t)$ のラプラス変換

$$\mathcal{L}[f(t) \cdot g(t)] = F(s) * G(s) \quad \cdots (*m_0)$$

$$\left(\begin{array}{l} \text{ただし，} F(s) = \mathcal{L}[f(t)], \ G(s) = \mathcal{L}[g(t)] \text{ であり，} \\ \text{また，合成積 } F(s) * G(s) = \dfrac{1}{2\pi i} \displaystyle\int_{p-i\infty}^{p+i\infty} F(\alpha) \cdot G(s-\alpha) d\alpha \text{ である。} \end{array} \right)$$

$F(s)$, $G(s)$ は，共に複素変数 s の複素関数なので，その合成積 $F(s) * G(s)$ の定義も，実数関数 $f(t)$ と $g(t)$ の合成積 $f(t) * g(t)$ の定義とは少し異なるんだね。ブロムウィッチ積分の合成積ヴァージョンって感じだね。この $\mathcal{L}[f(t) \cdot g(t)]$ の公式 $(*m_0)$ の証明には当然ブロムウィッチ積分を利用する。次の例題でチャレンジしてみよう。

例題 45　$\mathcal{L}[f(t)] = F(s)$, $\mathcal{L}[g(t)] = G(s)$ のとき，次の公式
$$\mathcal{L}[f(t) \cdot g(t)] = \frac{1}{2\pi i} \int_{p-i\infty}^{p+i\infty} F(\alpha) \cdot G(s-\alpha) d\alpha = F(s) * G(s) \quad \cdots (*m_0)$$
が成り立つことを証明してみよう。

ラプラス変換と逆変換の定義より，次の式が成り立つのはいいね。

$$F(s) = \mathcal{L}[f(t)] = \int_0^\infty f(t)e^{-st}dt$$

$$G(s) = \mathcal{L}[g(t)] = \int_0^\infty g(t)e^{-st}dt \quad \cdots\cdots\cdots\cdots①$$

$$f(t) = \mathcal{L}^{-1}[F(s)] = \frac{1}{2\pi i} \int_{p-i\infty}^{p+i\infty} F(s)e^{st}ds \quad \cdots\cdots②$$

$$g(t) = \mathcal{L}^{-1}[G(s)] = \frac{1}{2\pi i} \int_{p-i\infty}^{p+i\infty} G(s)e^{st}ds \qquad だね。$$

それでは，$f(t)\cdot g(t)$ のラプラス変換も，その定義より，

$$\mathcal{L}[f(t)\cdot g(t)]=\int_0^\infty f(t)\cdot g(t)e^{-st}dt \cdots ③ \quad となる。$$

$$\underbrace{\frac{1}{2\pi i}\int_{p-i\infty}^{p+i\infty}F(\alpha)e^{\alpha t}d\alpha}\ (②より)$$

> 積分変数を s から α に代えた。

③に②を代入して，

定数

$$\mathcal{L}[f(t)\cdot g(t)]=\int_0^\infty\left\{\frac{1}{2\pi i}\int_{p-i\infty}^{p+i\infty}F(\alpha)e^{\alpha t}d\alpha\right\}\cdot g(t)e^{-st}dt$$

積分の順序を入れ替えられるものとして，

> s の代わりに $s-\alpha$ がきている。

$$\mathcal{L}[f(t)\cdot g(t)]=\frac{1}{2\pi i}\int_{p-i\infty}^{p+i\infty}F(\alpha)\left\{\int_0^\infty g(t)\cdot e^{-(s-\alpha)t}dt\right\}d\alpha$$

> ラプラス変換の定義①より，これは $G(s-\alpha)$ だね。

$$=\frac{1}{2\pi i}\int_{p-i\infty}^{p+i\infty}F(\alpha)\cdot G(s-\alpha)d\alpha \quad (①より)$$

$$=F(s)*G(s)$$

となって，$(*m_0)$ が成り立つことが示せたんだね。

以上より，2つの公式：

$$\begin{cases}\mathcal{L}[f(t)*g(t)]=F(s)\cdot G(s)\ \cdots(*k_0) \quad と，\\ \mathcal{L}[f(t)\cdot g(t)]=F(s)*G(s)\ \cdots(*m_0) \quad はまとめて覚えておくといい。\end{cases}$$

また，これから当然，次の逆変換の公式：

$$\begin{cases}\mathcal{L}^{-1}[F(s)\cdot G(s)]=f(t)*g(t)\ \cdots(*k_0)' \quad と \\ \mathcal{L}^{-1}[F(s)*G(s)]=f(t)\cdot g(t)\ \cdots(*m_0)' \quad も導けるんだね。\end{cases}$$

　以上で，ラプラス逆変換の講義はすべて終了です。この後は，これまで学習してきたラプラス変換とラプラス逆変換の知識をフルに活かして，さまざまな微分方程式(常微分方程式と偏微分方程式)を解いていくことにしよう。実践的な講義になるので，さらに面白くなるはずだ。頑張ろう！

1. ラプラス変換の定理

$t \geqq 0$ で定義された連続な 2 つの関数 $f(t)$ と $g(t)$ が

$\mathcal{L}[f(t)] = \mathcal{L}[g(t)]$ をみたすとき，不連続な点を除き，

$f(t) = g(t)$ が成り立つ。

2. ラプラス逆変換の定義

関数 $F(s)$ について，$F(s) = \mathcal{L}[f(t)]$ をみたす関数 $f(t)$ が存在する

とき，この $f(t)$ を $F(s)$ のラプラス逆変換と呼び，

$f(t) = \mathcal{L}^{-1}[F(s)]$ で表す。

3. ラプラス逆変換の性質

（ⅰ）線形性：$\mathcal{L}^{-1}[aF(s) + bG(s)] = af(t) + bg(t)$

（ⅱ）対称性：$\mathcal{L}^{-1}[F(bs)] = \dfrac{1}{b} f\!\left(\dfrac{t}{b}\right)$

（ただし，$F(s) = \mathcal{L}[f(t)]$，$G(s) = \mathcal{L}[g(t)]$ とする。）

4. ラプラス逆変換表

$F(s)$	$f(t)$	$F(s)$	$f(t)$
$\dfrac{1}{s}$	1（または $u(t)$）	$\dfrac{1}{s-a}$	e^{at}
$\dfrac{1}{s^n}$ $(n = 1, 2, \cdots)$	$\dfrac{t^{n-1}}{\Gamma(n)}$	$\dfrac{s}{s^2 + a^2}$	$\cos at$
$\dfrac{1}{s^{\alpha}}$ $(\alpha > 1)$	$\dfrac{t^{\alpha-1}}{\Gamma(\alpha)}$	………………	………………

5. ブロムウィッチ積分 (ラプラス逆変換の公式)

$$f(t) = \frac{1}{2\pi i} \int_{p-i\infty}^{p+i\infty} F(s) e^{st} ds = R_1 + R_2 + \cdots + R_n$$

$$\left(F(s) = \mathcal{L}[f(t)], \ R_k = \operatorname*{Res}_{s=\alpha_k}[F(s)e^{st}] \ (k = 1, 2, \cdots, n)\right)$$

6. $f(t) \cdot g(t)$ のラプラス変換

$$\mathcal{L}[f(t) \cdot g(t)] = F(s) * G(s) = \frac{1}{2\pi i} \int_{p-i\infty}^{p+i\infty} F(\alpha) \cdot G(s - \alpha) d\alpha$$

$$(F(s) = \mathcal{L}[f(t)], \ G(s) = \mathcal{L}[g(t)])$$

微分方程式の解法

▶微分方程式の解法の基本

$$\left(\begin{array}{l} y'''(t) - 3y''(t) + 3y'(t) - y(t) = 6e^t \\ \text{などのラプラス変換による解法} \end{array} \right)$$

▶微分・積分方程式の解法の応用

$$\left(\begin{array}{l} y'(t) - 3y(t) + 2\displaystyle\int_0^t y(u)\,du = u(t-1) \\ \text{などのラプラス変換による解法} \end{array} \right)$$

▶偏微分方程式の解法

$$\left(\begin{array}{l} \dfrac{\partial}{\partial t} y(x,\ t) = \alpha \dfrac{\partial^2}{\partial x^2} y(x,\ t) \ \text{などの} \\ \text{ラプラス変換による解法} \end{array} \right)$$

§1. 微分方程式の解法の基本

　さァ，これから，ラプラス変換と逆変換を使った常微分方程式の基本的な解法について解説しよう。与えられた $y(t)$ の微分方程式をラプラス変換することにより，$Y(s)$ の代数方程式にもち込み，まずこれを解く。そして，この $Y(s)$ をラプラス逆変換して解 $y(t)$ を求めるんだね。

　この講義では，まず，1階，2階，3階の定数係数常微分方程式を解いてみよう。さらに，連立常微分方程式の解法についても詳しく教えるつもりだ。

　ラプラス変換と逆変換を使うことにより，これまで難しいと思っていた微分方程式がスラスラ解けるようになるので，面白くなっていくはずだ。

● ラプラス変換を使って，常微分方程式を解こう！

　これまで，$F(s) = \mathcal{L}[f(t)]$ や $f(t) = \mathcal{L}^{-1}[F(s)]$ のように，原関数は $f(t)$，像関数は $F(s)$ で表してきた。しかし，これから扱う微分方程式は，t の関数である y の微分方程式を解いていくことになるので，原関数を $y(t)$，これをラプラス変換した像関数は $Y(s)$ と表すことにする。つまり，$Y(s) = \mathcal{L}[y(t)]$，$y(t) = \mathcal{L}^{-1}[Y(s)]$ ということになるんだね。

　そして，$y(t)$ の微分方程式が与えられたなら，$y(0) = a$，$y'(0) = b$ などの初期条件も含めて，これをラプラス変換して，$Y(s)$ の代数方程式にもち込むことができる。そして，これを解いて $Y(s) = (s$ の式 $)$ の形にしたならば，これをラプラス逆変換して，微分方程式の解 $y(t)$ を求めることができる。この解法の流れを模式図的に，図1に示す。

図1 ラプラス変換による微分方程式の解法パターン

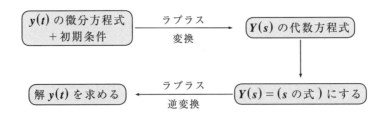

ラプラス変換による解法の便利なところは，このように，初期条件まで含めて微分方程式を一気に解けることなんだね。それでは，この微分方程式に利用する主なラプラス変換の公式を，復習も兼ねて，ラプラス変換表の形で表 1 に示す。この表を逆に見ればラプラス逆変換ということになる。もう 1 度シッカリ頭に入れておこう。

表 1 微分方程式の解法で利用するラプラス変換の主な公式

$y(t)$	$Y(s)$	$y(t)$	$Y(s)$
1 (または $u(t)$)	$\dfrac{1}{s}$	$\delta(t)$	1
t^n	$\dfrac{n!}{s^{n+1}}$	$u(t-a)$	$\dfrac{e^{-as}}{s}$
e^{at}	$\dfrac{1}{s-a}$	$y(t-a)u(t-a)$	$e^{-as}Y(s)$
		$e^{at}y(t)$	$Y(s-a)$
$\cos at$	$\dfrac{s}{s^2+a^2}$	$erf(\sqrt{at})$	$\dfrac{\sqrt{a}}{s\sqrt{s+a}}$
$\sin at$	$\dfrac{a}{s^2+a^2}$	$J_0(at)$	$\dfrac{1}{\sqrt{s^2+a^2}}$
$\cosh at$	$\dfrac{s}{s^2-a^2}$	$y'(t)$	$sY(s)-y(0)$
$\sinh at$	$\dfrac{a}{s^2-a^2}$	$y''(t)$	$s^2Y(s)-sy(0)-y'(0)$
$ay(t)+bg(t)$	$aY(s)+bG(s)$	$ty(t)$	$-\dfrac{d}{ds}Y(s)$
$y(at)$	$\dfrac{1}{a}Y\left(\dfrac{s}{a}\right)$	$t^ny(t)$	$(-1)^n\dfrac{d^n}{ds^n}Y(s)$
		$y(t)*g(t)$	$Y(s)G(s)$

全部確認できた？ ヨシ！ では，まず 1 番単純な 1 階定数係数常微分方程式を，ラプラス変換と逆変換により実際に解いてみることにしよう。

● 1階定数係数常微分方程式を解いてみよう！

では，準備も整ったので，次の例題で 1 階定数係数常微分方程式を解いてみよう。

例題 46 次の 1 階微分方程式をラプラス変換により解いてみよう。

(1) $y'(t) - 2y(t) = e^t$ ……① $\big(y(0) = 1\big)$

(2) $y'(t) - 2y(t) = e^{2t}$ ……② $\big(y(0) = 0\big)$

(3) $y'(t) + y(t) = t$ ………③ $\big(y(0) = 0\big)$

---

(1) まず，①の両辺をラプラス変換すると，

$$\mathcal{L}[y'(t) - 2y(t)] = \mathcal{L}[e^t]$$

$$\underbrace{\mathcal{L}[y'(t)]}_{sY(s) - y(0)} - 2\underbrace{\mathcal{L}[y(t)]}_{Y(s)} = \underbrace{\mathcal{L}[e^t]}_{\frac{1}{s-1}}$$

> ・線形性
> ・$\mathcal{L}[y'(t)] = sY(s) - y(0)$
> ・$\mathcal{L}[e^{at}] = \dfrac{1}{s-a}$

$$sY(s) - \boxed{1}_{\;y(0)} - 2Y(s) = \frac{1}{s-1} \qquad \big(\because y(0) = 1\big)$$

> この時点で，初期条件 $y(0) = 1$ を組み込んだ！

この $Y(s)$ の方程式を解こう。

$$(s-2)Y(s) = \frac{1}{s-1} + 1 \quad \text{より，}$$

> 部分分数に分解

$$Y(s) = \frac{1}{(s-1)(s-2)} + \frac{1}{s-2} = \frac{1}{s-2} - \frac{1}{s-1} + \frac{1}{s-2}$$

$$\therefore Y(s) = \frac{2}{s-2} - \frac{1}{s-1} \quad \text{……①}'$$

よって，$Y(s)$ の解が求まったので，①$'$ の両辺をラプラス逆変換して，

$$y(t) = \mathcal{L}^{-1}[Y(s)] = 2\mathcal{L}^{-1}\left[\frac{1}{s-2}\right] - \mathcal{L}^{-1}\left[\frac{1}{s-1}\right]$$

> 線形性

$$\therefore y(t) = 2e^{2t} - e^t$$

> 公式：$\mathcal{L}^{-1}\left[\dfrac{1}{s-a}\right] = e^{at}$

となって，微分方程式①の解が求まったんだね。

どう？　これまでの知識を使えば，微分方程式がアッサリ解けることが分かっただろう。

(2) $y'(t) - 2y(t) = e^{2t}$ ……② の両辺をラプラス変換して，

$$\underbrace{\mathcal{L}[y'(t)]}_{\underbrace{sY(s) - y(0)}_{0}} - 2\underbrace{\mathcal{L}[y(t)]}_{Y(s)} = \underbrace{\mathcal{L}[e^{2t}]}_{\dfrac{1}{s-2}}$$

- 線形性
- $\mathcal{L}[y'(t)] = sY(s) - y(0)$
- $\mathcal{L}[e^{at}] = \dfrac{1}{s-a}$

初期条件：$y(0) = 0$ より

$$sY(s) - 2Y(s) = \frac{1}{s-2} \qquad (s-2)Y(s) = \frac{1}{s-2}$$

$$\therefore\ Y(s) = \frac{1}{(s-2)^2} \quad ……②'$$

$Y(s)$ が求まったので，今度は②′ の両辺をラプラス逆変換して，

$$y(t) = \mathcal{L}^{-1}[Y(s)] = \mathcal{L}^{-1}\left[\frac{1}{(s-2)^2}\right]$$

$$= e^{2t}\mathcal{L}^{-1}\left[\frac{1}{s^2}\right] = e^{2t} \cdot t$$

- $\mathcal{L}^{-1}[Y(s-a)] = e^{at}\mathcal{L}^{-1}[Y(s)]$
- $\mathcal{L}^{-1}\left[\dfrac{1}{s^2}\right] = t$

$\therefore$ 微分方程式②の解は $y(t) = te^{2t}$ である。

(3) $y'(t) + y(t) = t$ ……③ の両辺をラプラス変換して，

$$\mathcal{L}[y'(t)] + \mathcal{L}[y(t)] = \mathcal{L}[t]$$

$$sY(s) - \underset{0}{\underline{y(0)}} + Y(s) = \frac{1}{s^2}$$

- 線形性
- $\mathcal{L}[y'(t)] = sY(s) - y(0)$
- $\mathcal{L}[t] = \dfrac{1}{s^2}$

初期条件：$y(0) = 0$

$$(s+1)Y(s) = \frac{1}{s^2}$$

$$\therefore\ Y(s) = \frac{1}{s^2(s+1)}$$

$$= -\frac{1}{s} + \frac{1}{s^2} + \frac{1}{s+1} \quad ……③'$$

$\dfrac{1}{s^2(s+1)} = \dfrac{a}{s} + \dfrac{b}{s^2} + \dfrac{c}{s+1}$ とおいて，
分子の各係数を比較すると，
$1 = as(s+1) + b(s+1) + cs^2$
$\quad = (a+c)s^2 + (a+b)s + b$
各係数を比較して，
$a+c = 0,\ a+b = 0,\ b = 1$
$\therefore a = -1,\ b = 1,\ c = 1$

③′ の両辺をラプラス逆変換して，

$$y(t) = -\mathcal{L}^{-1}\left[\frac{1}{s}\right] + \mathcal{L}^{-1}\left[\frac{1}{s^2}\right] + \mathcal{L}^{-1}\left[\frac{1}{s+1}\right]$$

$$= -1 + t + e^{-t}\ となる。$$

$\mathcal{L}^{-1}\left[\dfrac{1}{s}\right] = 1$

例題 **46(3)** について，$Y(s) = \dfrac{1}{s^2(s+1)}$ を逆変換するやり方として，他に次の **2** 通りがあるのも大丈夫だね。別解として示しておこう。

（ⅰ）$y(t) = \mathcal{L}^{-1}[Y(s)] = \mathcal{L}^{-1}\left[\dfrac{1}{s^2} \cdot \boxed{\dfrac{1}{s+1}}\right]$

これを $F(s)$ とみると，$f(t) = e^{-t}$ だね。

公式：
$$\mathcal{L}^{-1}\left[\dfrac{1}{s^2} \cdot F(s)\right] = \int_0^t \int_0^{u_1} f(u)\,du\,du_1$$

$= \displaystyle\int_0^t \int_0^{u_1} \underbrace{e^{-u}}_{f(u)}\,du\,du_1$

$= \displaystyle\int_0^t \left[-e^{-u}\right]_0^{u_1} du_1 = \int_0^t \left(-e^{-u_1}+1\right) du_1$

$= \left[e^{-u_1}+u_1\right]_0^t = e^{-t}+t-\left(e^0+\cancel{0}\right) = e^{-t}+t-1$ となる。

（ⅱ）$y(t) = \mathcal{L}^{-1}[Y(s)] = \mathcal{L}^{-1}\left[\boxed{\dfrac{1}{s^2}} \cdot \boxed{\dfrac{1}{s+1}}\right]$

$\boxed{F(s)}$ $\boxed{G(s)}$ とみる。

$\boxed{f(t)=t}$ $\boxed{g(t)=e^{-t}}$

公式：
$$\mathcal{L}^{-1}[F(s)G(s)] = f(t)*g(t) \quad \text{合成積}$$
$$= \int_0^t f(u) \cdot g(t-u)\,du$$

$= t * e^{-t} = \displaystyle\int_0^t u \cdot e^{-(t-u)}\,du$

$= e^{-t}\displaystyle\int_0^t u e^u\,du = e^{-t}\int_0^t u\left(e^u\right)'\,du$

部分積分
$$\int_0^t f \cdot g'\,du = [f \cdot g]_0^t - \int_0^t f' \cdot g\,du$$

$= e^{-t}\left\{\left[u e^u\right]_0^t - \displaystyle\int_0^t 1 \cdot e^u\,du\right\}$

$= e^{-t}\left(t e^t - \left[e^u\right]_0^t\right) = e^{-t}\left(t e^t - e^t + 1\right)$

$= t-1+e^{-t}$ となって，これも同じ結果が導ける。

　以上で，ラプラス変換を使った微分方程式の解法の基本が分かったと思う。特に，$\mathcal{L}[y'(t)] = sY(s)-y(0)$ のラプラス変換により，$y(0)$ が現れるので，これに初期条件の $y(0)$ の値を代入できることが，この解法のポイントなんだね。つまり，ラプラス変換の解法の中には初期条件を自動的に組み込むメカニズムが存在するということだ。これは，この後のより複雑な微分方程式の解法においても同様で，ラプラス変換による解法の強力な長所と言えるんだね。

170

● 2階定数係数常微分方程式にもチャレンジしよう！

それでは，2階定数係数常微分方程式もラプラス変換・逆変換により解いてみよう。ポイントは，$y''(t)$ と $y'(t)$ のラプラス変換公式：

$\mathcal{L}[y''(t)] = s^2 Y(s) - sy(0) - y'(0)$，　$\mathcal{L}[y'(t)] = sY(s) - y(0)$ を使うことだね。

例題 47 次の2階常微分方程式をラプラス変換により解いてみよう。

(1) $y''(t) - y'(t) - 2y(t) = 2e^t$ ………① $\big(y(0) = 1,\ y'(0) = 0\big)$

(2) $y''(t) + 4y(t) = 3\cos t$ …………② $\big(y(0) = 1,\ y'(0) = 4\big)$

(3) $y''(t) - 4y'(t) + 4y(t) = 6te^{2t}$ ……③ $\big(y(0) = 2,\ y'(0) = 4\big)$

(4) $y''(t) - 2y'(t) + y(t) = e^t\cos t$ ……④ $\big(y(0) = -1, y'(0) = 0\big)$

---

(1) まず，①の両辺をラプラス変換すると，

$$\mathcal{L}[y''(t) - y'(t) - 2y(t)] = \mathcal{L}[2e^t]$$

$$\underline{\mathcal{L}[y''(t)]} - \underline{\mathcal{L}[y'(t)]} - 2\underline{\mathcal{L}[y(t)]} = 2\underline{\mathcal{L}[e^t]}$$

$$\boxed{s^2Y(s) - sy(0) - y'(0)}\ \boxed{sY(s) - y(0)}\ \boxed{Y(s)}\ \boxed{\frac{1}{s-1}}$$

$$s^2Y(s) - \underset{1}{sy(0)} - \underset{0}{y'(0)} - \{sY(s) - \underset{1}{y(0)}\} - 2Y(s) = 2\cdot\frac{1}{s-1}$$

$$s^2Y(s) - s - sY(s) + 1 - 2Y(s) = \frac{2}{s-1}$$

$$(s^2 - s - 2)Y(s) = s - 1 + \frac{2}{s-1} \qquad (s+1)(s-2)Y(s) = \frac{s^2 - 2s + 3}{s-1}$$

部分分数に分解

$$\therefore Y(s) = \frac{s^2 - 2s + 3}{(s-1)(s+1)(s-2)} = \frac{-1}{s-1} + \frac{1}{s+1} + \frac{1}{s-2} \quad\text{……①}'\ \text{となる。}$$

$\dfrac{s^2 - 2s + 3}{(s-1)(s+1)(s-2)} = \dfrac{a}{s-1} + \dfrac{b}{s+1} + \dfrac{c}{s-2}$ とおいて，分子の各係数を比較すると，

$s^2 - 2s + 3 = a(s+1)(s-2) + b(s-1)(s-2) + c(s-1)(s+1)$

$= a(s^2 - s - 2) + b(s^2 - 3s + 2) + c(s^2 - 1)$

$= \underset{1}{(a+b+c)}s^2 - \underset{2}{(a+3b)}s \underset{3}{- 2a+2b-c}$ となる。

よって，$a+b+c = 1$，$a+3b = 2$，$-2a+2b-c = 3$ より，
$a = -1$，$b = 1$，$c = 1$ となる。

よって，$Y(s)$ の解が $Y(s) = \dfrac{-1}{s-1} + \dfrac{1}{s+1} + \dfrac{1}{s-2}$ …①′ と求まったので，

この両辺をラプラス逆変換すれば，①の微分方程式の解 $y(t)$ になるんだね。

$$y(t) = \mathcal{L}^{-1}\big[Y(s)\big] = -\mathcal{L}^{-1}\left[\frac{1}{s-1}\right] + \mathcal{L}^{-1}\left[\frac{1}{s+1}\right] + \mathcal{L}^{-1}\left[\frac{1}{s-2}\right]$$

$$\therefore y(t) = -e^t + e^{-t} + e^{2t} \quad \boxed{\text{公式}: \mathcal{L}^{-1}\left[\dfrac{1}{s-a}\right] = e^{at}}$$

(2) 次，$y''(t) + 4y(t) = 3\cos t$ ……② $\left(y(0) = 1,\ y'(0) = 4\right)$ ◀─ 初期条件

を解こう。まず，②の両辺をラプラス変換して，

$$\mathcal{L}[y''(t) + 4y(t)] = \mathcal{L}[3\cos t]$$

$$\underline{\mathcal{L}[y''(t)]} + 4\underline{\mathcal{L}[y(t)]} = 3\underline{\mathcal{L}[\cos t]}$$

$$\boxed{\mathcal{L}[y''(t)] = s^2 Y(s) - sy(0) - y'(0)} \\ \mathcal{L}[\cos at] = \dfrac{s}{s^2 + a^2}$$

$$\underbrace{s^2 Y(s) - sy(0) - y'(0)}\qquad \underbrace{Y(s)}\qquad \underbrace{\frac{s}{s^2+1}}$$

$$s^2 Y(s) - \underset{\boxed{1}}{sy(0)} - \underset{\boxed{4}}{y'(0)} + 4Y(s) = \frac{3s}{s^2+1} \quad \boxed{\text{初期条件より}}$$

$$s^2 Y(s) - s - 4 + 4Y(s) = \frac{3s}{s^2+1}$$

$$(s^2+4)Y(s) = s + 4 + \frac{3s}{s^2+1}, \quad (s^2+4)Y(s) = \frac{s^3 + 4s^2 + 4s + 4}{s^2+1}$$

$$\therefore Y(s) = \frac{s^3 + 4s^2 + 4s + 4}{(s^2+1)(s^2+4)} = \frac{s(s^2+4) + 4(s^2+1)}{(s^2+1)(s^2+4)} = \frac{s}{s^2+1} + \frac{4}{s^2+4} \quad \text{…②′}$$

となる。よって，$Y(s)$ の解②′ が求まったので，今度はこの両辺をラプラス逆変換して，②の微分方程式の解 $y(t)$ を求めてみよう。

$$y(t) = \mathcal{L}^{-1}\big[Y(s)\big] = \mathcal{L}^{-1}\left[\frac{s}{s^2+1}\right] + 2\mathcal{L}^{-1}\left[\frac{2}{s^2+4}\right]$$

$$\therefore y(t) = \cos t + 2\sin 2t \quad \text{となって，答えだ。}$$

$$\boxed{\mathcal{L}^{-1}\left[\dfrac{s}{s^2+a^2}\right] = \cos at, \quad \mathcal{L}^{-1}\left[\dfrac{a}{s^2+a^2}\right] = \sin at}$$

(3) $y''(t) - 4y'(t) + 4y(t) = 6te^{2t}$ ……③ $\quad (y(0) = 2, \; y'(0) = 4)$ ←初期条件

を解いてみよう。まず、③の両辺をラプラス変換して、

$$\mathcal{L}[y''(t) - 4y'(t) + 4y(t)] = \mathcal{L}[6te^{2t}]$$

$$\underbrace{\mathcal{L}[y''(t)]}_{\boxed{s^2Y(s) - sy(0) - y'(0)}} - 4\underbrace{\mathcal{L}[y'(t)]}_{\boxed{sY(s) - y(0)}} + 4\underbrace{\mathcal{L}[y(t)]}_{\boxed{Y(s)}} = 6\underbrace{\mathcal{L}[e^{2t}t]}_{\boxed{\dfrac{1}{(s-2)^2}}} \qquad \boxed{\mathcal{L}[e^{at}f(t)] = F(s-a)}$$

$$s^2Y(s) - s\underbrace{y(0)}_{\boxed{2}} - \underbrace{y'(0)}_{\boxed{4}} - 4\{sY(s) - \underbrace{y(0)}_{\boxed{2}}\} + 4Y(s) = \frac{6}{(s-2)^2}$$

$$s^2Y(s) - 2s - 4 - 4\{sY(s) - 2\} + 4Y(s) = \frac{6}{(s-2)^2}$$

$$(s^2 - 4s + 4)Y(s) = 2s - 4 + \frac{6}{(s-2)^2}, \quad (s-2)^2Y(s) = \frac{2(s-2)^3 + 6}{(s-2)^2}$$

$$\therefore \; Y(s) = \frac{2(s-2)^3 + 6}{(s-2)^4} = \frac{2}{s-2} + \frac{6}{(s-2)^4} \;\cdots\cdots③' \quad \text{となる。}$$

よって、$Y(s)$ の解③´ が求まったので、この両辺をラプラス逆変換して、

$$y(t) = \mathcal{L}^{-1}[Y(s)] = \mathcal{L}^{-1}\left[\frac{2}{s-2} + \frac{6}{(s-2)^4}\right]$$

$$= 2\underbrace{\mathcal{L}^{-1}\left[\frac{1}{s-2}\right]}_{\boxed{e^{2t}}} + 6\underbrace{\mathcal{L}^{-1}\left[\frac{1}{(s-2)^4}\right]}_{\boxed{e^{2t}\mathcal{L}^{-1}\left[\frac{1}{s^4}\right] = e^{2t}\dfrac{t^3}{\Gamma(4)} = \dfrac{t^3e^{2t}}{3!} = \dfrac{t^3e^{2t}}{6}}}$$

$$\boxed{\mathcal{L}^{-1}[F(s-a)] = e^{at}\mathcal{L}^{-1}[F(s)]}$$

以上より、③の微分方程式の解 $y(t)$ は、

$$y(t) = 2e^{2t} + \not{6} \cdot \frac{t^3e^{2t}}{\not{6}} = e^{2t}(t^3 + 2) \quad \text{となって、答えだ。}$$

どう？ **2階定数係数微分方程式**の解法にもずい分慣れてきただろう？
では、もう1題解いてみよう。

(4) $y''(t) - 2y'(t) + y(t) = e^t\cos t$ …④ $\quad (y(0) = -1, \ y'(0) = 0)$ ←初期条件

も解いてみよう。まず，④の両辺をラプラス変換して，

$$\mathcal{L}[y''(t) - 2y'(t) + y(t)] = \mathcal{L}[e^t\cos t]$$

$$\underline{\underline{\mathcal{L}[y''(t)]}} - 2\underline{\mathcal{L}[y'(t)]} + \underline{\mathcal{L}[y(t)]} = \underline{\mathcal{L}[e^t\cos t]}$$

$\boxed{\mathcal{L}[\cos at] = \dfrac{s}{s^2 + a^2}}$
$\boxed{\mathcal{L}[e^{at}f(t)] = F(s-a)}$

$\boxed{s^2 Y(s) - sy(0) - y'(0)}$ $\boxed{sY(s) - y(0)}$ $\boxed{Y(s)}$ $\boxed{\dfrac{s-1}{(s-1)^2 + 1}}$

$$s^2 Y(s) - s\underline{\underline{y(0)}} - \underline{\underline{y'(0)}} - 2\{sY(s) - \underline{\underline{y(0)}}\} + Y(s) = \frac{s-1}{(s-1)^2 + 1}$$

$\boxed{-1}$ $\boxed{0}$ $\boxed{-1}$ ← 初期条件

$$s^2 Y(s) + s - 2sY(s) - 2 + Y(s) = \frac{s-1}{(s-1)^2 + 1}$$

$$(s^2 - 2s + 1)Y(s) = -s + 2 + \frac{s-1}{(s-1)^2 + 1}$$

$$(s-1)^2 Y(s) = -(s-1) + 1 + \frac{s-1}{(s-1)^2 + 1}$$

$$\therefore Y(s) = -\frac{1}{s-1} + \frac{1}{(s-1)^2} + \frac{1}{(s-1)\{(s-1)^2 + 1\}} \quad \text{…④}' \quad \text{となる。}$$

> 今回の $Y(s)$ については，$(s-1)$ の形をそのまま残しておく方が，
> 後の計算が楽になる。逆変換のとき，e^t をくくり出せばいいだけだからね。

よって，$Y(s)$ の解④′が求まったので，この両辺をラプラス逆変換して $y(t)$ を求めよう。

$$y(t) = \mathcal{L}^{-1}[Y(s)] = \mathcal{L}^{-1}\left[-\frac{1}{s-1} + \frac{1}{(s-1)^2} + \frac{1}{(s-1)\{(s-1)^2 + 1\}}\right]$$

$$= e^t \mathcal{L}^{-1}\left[\underline{\underline{-\frac{1}{s} + \frac{1}{s^2} + \frac{1}{s(s^2 + 1)}}}\right] \quad ← \boxed{\mathcal{L}^{-1}[F(s-a)] = e^{at}\mathcal{L}^{-1}[F(s)]}$$

$$\boxed{\frac{(-s+1)(s^2+1) + s}{s^2(s^2+1)} = \frac{-s^3 + (s^2+1)}{s^2(s^2+1)} = -\frac{s}{s^2+1} + \frac{1}{s^2}}$$

$$= e^t \mathcal{L}^{-1}\left[-\frac{s}{s^2+1} + \frac{1}{s^2}\right] = e^t\left\{-\mathcal{L}^{-1}\left[\frac{s}{s^2+1}\right] + \mathcal{L}^{-1}\left[\frac{1}{s^2}\right]\right\}$$

$\therefore y(t) = e^t(-\cos t + t)$ となって，答えだ。大丈夫だった？

● 高階定数係数常微分方程式も解いてみよう！

これまで，**1** 階，**2** 階の定数係数常微分方程式を解いてきたので，これから **3** 階以上の高階の定数係数常微分方程式にも挑戦してみよう。ラプラス変換による解法パターンそのものは，これまでと同じだから問題ないはずだ。ただ，高階導関数のラプラス変換の公式：

$$\mathcal{L}[y'''(t)] = s^3 F(s) - s^2 f(0) - s f'(0) - f''(0) \quad や,$$

$$\mathcal{L}[y^{(4)}(t)] = s^4 F(s) - s^3 f(0) - s^2 f'(0) - s f''(0) - f'''(0)$$

なども利用することになるんだね。

例題 **48** 次の高階常微分方程式をラプラス変換により解いてみよう。

    (1) $y'''(t) - 3y''(t) + 3y'(t) - y(t) = 6e^t$ ……①

    （初期条件：$y(0) = y'(0) = 0, \ y''(0) = 2$）

    (2) $y^{(4)}(t) - 4y(t) = 4\sin 2t$ …………………②

    （初期条件：$y(0) = y'(0) = y''(0) = y'''(0) = 0$）

---

(1) まず，①の両辺をラプラス変換してみよう。

$$\mathcal{L}[y'''(t) - 3y''(t) + 3y'(t) - y(t)] = \mathcal{L}[6e^t]$$

$$\underline{\mathcal{L}[y'''(t)]} - 3\underline{\mathcal{L}[y''(t)]} + 3\underline{\mathcal{L}[y'(t)]} - \underline{\mathcal{L}[y(t)]} = 6\underline{\mathcal{L}[e^t]}$$

$$\underbrace{s^2 Y(s) - sy(0) - y'(0)}_{} \quad \underbrace{sY(s) - y(0)}_{} \quad \underbrace{Y(s)}_{} \quad \underbrace{\frac{1}{s-1}}_{}$$

$$\underbrace{s^3 Y(s) - s^2 y(0) - sy'(0) - y''(0)}_{}$$

$$s^3 Y(s) - s^2 \underset{0}{\cancel{y(0)}} - s\underset{0}{\cancel{y'(0)}} - \underset{2}{y''(0)} - 3\{s^2 Y(s) - s\underset{0}{\cancel{y(0)}} - \underset{0}{\cancel{y'(0)}}\}$$

$$+ 3\{sY(s) - \underset{0}{\cancel{y(0)}}\} - Y(s) = \frac{6}{s-1}$$

$$s^3 Y(s) - 2 - 3s^2 Y(s) + 3sY(s) - Y(s) = \frac{6}{s-1}$$

$$(s^3 - 3s^2 + 3s - 1)Y(s) = \frac{6}{s-1} + 2$$

$$(s-1)^3 Y(s) = \frac{6}{s-1} + 2$$

$$\therefore Y(s) = \frac{6}{(s-1)^4} + \frac{2}{(s-1)^3} \quad ……①' \quad となる。$$

よって，$Y(s)$ の解 $Y(s) = \dfrac{6}{(s-1)^4} + \dfrac{2}{(s-1)^3}$ ···①´

> これも，$(s-1)$ の形はそのままにしておく。

が求まったので，この両辺をラプラス逆変換して，①の微分方程式の解 $y(t)$ を求めればいいんだね。

$$y(t) = \mathcal{L}^{-1}[Y(s)] = \mathcal{L}^{-1}\left[\frac{6}{(s-1)^4} + \frac{2}{(s-1)^3}\right]$$

$$= e^t \mathcal{L}^{-1}\left[\frac{6}{s^4} + \frac{2}{s^3}\right]$$

> $\mathcal{L}^{-1}[F(s-a)] = e^{at}\mathcal{L}^{-1}[F(s)]$

$$= e^t\left\{6\mathcal{L}^{-1}\left[\frac{1}{s^4}\right] + 2\mathcal{L}^{-1}\left[\frac{1}{s^3}\right]\right\}$$

> $\mathcal{L}^{-1}\left[\dfrac{1}{s^n}\right] = \dfrac{t^{n-1}}{\Gamma(n)}$

$$\underbrace{\frac{t^3}{\Gamma(4)} = \frac{t^3}{3!} = \frac{t^3}{6}}\qquad \underbrace{\frac{t^2}{\Gamma(3)} = \frac{t^2}{2!} = \frac{t^2}{2}}$$

$$= e^t\left(\cancel{6}\cdot\frac{t^3}{\cancel{6}} + \cancel{2}\cdot\frac{t^2}{\cancel{2}}\right)$$

$\therefore y(t) = e^t(t^3 + t^2)$ となって，①の解が求まった！

(2) 次，$y^{(4)}(t) - 4y(t) = 4\sin 2t$ ······②

（初期条件：$y(0) = y'(0) = y''(0) = y'''(0) = 0$）を解いてみよう。

まず，②の両辺をラプラス変換して，

$$\mathcal{L}[y^{(4)}(t) - 4y(t)] = \mathcal{L}[4\sin 2t]$$

$$\underline{\mathcal{L}[y^{(4)}(t)]} - 4\underline{\mathcal{L}[y(t)]} = 4\underline{\mathcal{L}[\sin 2t]}$$

> $Y(s)$

> $\dfrac{2}{s^2+4}$

> $s^4 Y(s) - s^3 y(0) - s^2 y'(0) - s y''(0) - y'''(0)$

$$s^4 Y(s) - \underset{0}{\underline{s^3 y(0)}} - \underset{0}{\underline{s^2 y'(0)}} - \underset{0}{\underline{s y''(0)}} - \underset{0}{\underline{y'''(0)}} - 4Y(s) = \frac{8}{s^2+4}$$

$$(s^4 - 4)Y(s) = \frac{8}{s^2+4} \qquad\qquad (s^2-2)(s^2+2)Y(s) = \frac{8}{s^2+4}$$

よって，$Y(s)$ の解は，

$$Y(s) = \frac{8}{(s^2-2)(s^2+2)(s^2+4)} \quad\cdots\cdots②´ \text{ となる。}$$

②´ の右辺は s^2 の式なので，$s^2 = v$ とおき，

$$\frac{8}{(v-2)(v+2)(v+4)} = \frac{a}{v-2} + \frac{b}{v+2} + \frac{c}{v+4}$$ と変形して，両辺

の分子の各係数を比較してみよう。

$$8 = a(v+2)(v+4) + b(v-2)(v+4) + c(v-2)(v+2)$$
$$= a(v^2+6v+8) + b(v^2+2v-8) + c(v^2-4)$$
$$= \underset{0}{\underline{(a+b+c)}}v^2 + \underset{0}{\underline{(6a+2b)}}v + \underset{8}{\underline{8a-8b-4c}}$$

よって，$a+b+c=0$，$6a+2b=0$，$8a-8b-4c=8$ より，

$a = \dfrac{1}{3}$，$b = -1$，$c = \dfrac{2}{3}$ となる。

以上より，②´ は次式のように部分分数に分解できる。

$$Y(s) = \frac{1}{3} \cdot \frac{1}{s^2-2} - \frac{1}{s^2+2} + \frac{2}{3} \cdot \frac{1}{s^2+4} \quad \cdots\cdots②''$$

それでは，準備が整ったので，②´´ の両辺をラプラス逆変換して，② の微分方程式の解 $y(t)$ を求めよう。

$$y(t) = \mathcal{L}^{-1}[Y(s)] = \mathcal{L}^{-1}\left[\frac{1}{3} \cdot \frac{1}{s^2-2} - \frac{1}{s^2+2} + \frac{2}{3} \cdot \frac{1}{s^2+4} \right]$$

$$= \frac{1}{3} \underbrace{\mathcal{L}^{-1}\left[\frac{1}{s^2-2} \right]}_{\boxed{\frac{1}{\sqrt{2}}\sin h\sqrt{2}t}} - \underbrace{\mathcal{L}^{-1}\left[\frac{1}{s^2+2} \right]}_{\boxed{\frac{1}{\sqrt{2}}\sin\sqrt{2}t}} + \frac{1}{3} \underbrace{\mathcal{L}^{-1}\left[\frac{2}{s^2+4} \right]}_{\boxed{\sin 2t}}$$

公式：$\mathcal{L}^{-1}\left[\dfrac{1}{s^2-a^2} \right] = \dfrac{1}{a}\sin hat$，$\mathcal{L}^{-1}\left[\dfrac{1}{s^2+a^2} \right] = \dfrac{1}{a}\sin at$

$\therefore y(t) = \dfrac{1}{3\sqrt{2}}\sin h\sqrt{2}t - \dfrac{1}{\sqrt{2}}\sin\sqrt{2}t + \dfrac{1}{3}\sin 2t$ となって，答えだ。

それでは次，連立微分方程式も，ラプラス変換を使って解いてみよう。エッ，難しそうだって？ そんなことないよ。本質的な解法のパターンはこれまでのものと変わりないからだ。これもすぐに修得できると思う。頑張ろう！

● 連立微分方程式も同様に解いてみよう！

t の 2 つの関数 $x(t)$, $y(t)$ の連立微分方程式にもチャレンジしてみよう。ラプラス変換により，s の代数方程式にもち込み，それぞれの像関数 $X(s)$, $Y(s)$ を求め，これをラプラス逆変換して $x(t)$, $y(t)$ を求めればいいんだね。

例題 **49**　次の連立微分方程式をラプラス変換により解いてみよう。

(1) $\begin{cases} x'(t) - y(t) = 1 & \cdots\cdots\cdots\cdots① \\ x(t) + y'(t) = 0 & \cdots\cdots\cdots\cdots② \end{cases}$　$(x(0) = 0,\ y(0) = 1)$

(2) $\begin{cases} 5x'(t) = 2x(t) + 6y(t) & \cdots\cdots③ \\ 5y'(t) = 6x(t) - 7y(t) & \cdots\cdots④ \end{cases}$　$(x(0) = 3,\ y(0) = -1)$

---

(1) まず，①，②の両辺をラプラス変換して，

$$\begin{cases} \underbrace{\mathcal{L}[x'(t)]}_{\boxed{sX(s) - x(0)}} - \underbrace{\mathcal{L}[y(t)]}_{\boxed{Y(s)}} = \underbrace{\mathcal{L}[1]}_{\boxed{\frac{1}{s}}} \\[2mm] \underbrace{\mathcal{L}[x(t)]}_{\boxed{X(s)}} + \underbrace{\mathcal{L}[y'(t)]}_{\boxed{sX(s) - y(0)}} = \underbrace{\mathcal{L}[0]}_{\boxed{0}} \end{cases}$$ より，

$$\begin{cases} sX(s) - \underset{\underset{\text{初期条件}}{0}}{\cancel{x(0)}} - Y(s) = \dfrac{1}{s} \\[4mm] X(s) + sY(s) - \underset{\underset{\text{初期条件}}{1}}{y(0)} = 0 \end{cases} \qquad \begin{cases} sX(s) - Y(s) = \dfrac{1}{s} & \cdots\cdots① ' \\[4mm] X(s) + sY(s) = 1 & \cdots\cdots② ' \end{cases}$$

よって，① ' と② ' の連立方程式を解いて $X(s)$ と $Y(s)$ を求めればいいんだね。ここでは，行列とベクトルの積の形にして解いてみよう。
① '，② ' を変形して，

$$\begin{bmatrix} s & -1 \\ 1 & s \end{bmatrix} \begin{bmatrix} X(s) \\ Y(s) \end{bmatrix} = \begin{bmatrix} \dfrac{1}{s} \\ 1 \end{bmatrix} \quad \cdots\cdots⑤ \quad \text{となる。ここで,}$$

$A = \begin{bmatrix} s & -1 \\ 1 & s \end{bmatrix}$ とおくと，行列式 $\Delta = det A = s^2 - (-1) \cdot 1 = s^2 + 1\ (\neq 0)$

よって，⑤の両辺に左から逆行列 $A^{-1} = \dfrac{1}{\Delta} \begin{bmatrix} s & 1 \\ -1 & s \end{bmatrix}$ をかけて，

178

$$\begin{bmatrix} X(s) \\ Y(s) \end{bmatrix} = \frac{1}{\varDelta} \underbrace{\begin{bmatrix} s & 1 \\ -1 & s \end{bmatrix}}_{A^{-1}} \begin{bmatrix} \dfrac{1}{s} \\ 1 \end{bmatrix} = \frac{1}{\varDelta} \begin{bmatrix} 2 \\ -\dfrac{1}{s} + s \end{bmatrix}$$

$A = \begin{bmatrix} a & b \\ c & d \end{bmatrix}$ のとき,
行列式 $\varDelta = ad - bc$
$\varDelta \neq 0$ のとき, A^{-1} は存在して
$A^{-1} = \dfrac{1}{\varDelta} \begin{bmatrix} d & -b \\ -c & a \end{bmatrix}$ となる。

よって,

$$X(s) = \frac{2}{\varDelta} = \frac{2}{s^2 + 1} \quad\cdots\cdots\cdots\cdots\cdots\cdots\text{①}''$$

部分分数に分解

$$Y(s) = \frac{1}{\varDelta} \cdot \frac{s^2 - 1}{s} = \frac{s^2 - 1}{s(s^2 + 1)} = -\frac{1}{s} + \frac{2s}{s^2 + 1} \quad\cdots\cdots\text{②}''$$

$\dfrac{s^2 - 1}{s(s^2 + 1)} = \dfrac{a}{s} + \dfrac{bs + c}{s^2 + 1}$ とおいて両辺の分子の各係数を比較すると,
$s^2 - 1 = a(s^2 + 1) + s(bs + c) = \underbrace{(a + b)}_{1} s^2 + \underbrace{c}_{0} s + \underbrace{a}_{-1}$ より,
$a + b = 1, \ c = 0, \ a = -1 \quad \therefore a = -1, \ b = 2, \ c = 0$ となる。

以上で解 $X(s)$, $Y(s)$ が求まったので, 後は, これらをラプラス逆変換すればいいだけだ。

①$''$ と②$''$ の両辺をラプラス逆変換して,

$$x(t) = \mathcal{L}^{-1}[X(s)] = \mathcal{L}^{-1}\left[\frac{2}{s^2 + 1}\right] = 2\mathcal{L}^{-1}\left[\frac{1}{s^2 + 1}\right] = 2\sin t$$

$\mathcal{L}^{-1}\left[\dfrac{1}{s^2 + a^2}\right] = \dfrac{1}{a}\sin at \longrightarrow \boxed{\sin t}$

$$y(t) = \mathcal{L}^{-1}[Y(s)] = \mathcal{L}^{-1}\left[\frac{2s}{s^2 + 1} - \frac{1}{s}\right] = 2\mathcal{L}^{-1}\left[\frac{s}{s^2 + 1}\right] - \mathcal{L}^{-1}\left[\frac{1}{s}\right]$$

$\mathcal{L}^{-1}\left[\dfrac{s}{s^2 + a^2}\right] = \cos at, \ \mathcal{L}^{-1}\left[\dfrac{1}{s}\right] = 1 \longrightarrow \boxed{\cos t} \quad \boxed{1}$

$$= 2\cos t - 1$$

∴連立微分方程式①, ②の解は,

$$\begin{cases} x(t) = 2\sin t \\ y(t) = 2\cos t - 1 \end{cases} \text{となる。}$$

行列の演算が入ったことを除くと, 連立微分方程式の解法も, これまで行ってきた解法と本質的に同様であることが分かったと思う。

(2) 次, $\begin{cases} 5x'(t) = 2x(t) + 6y(t) & \cdots\cdots ③ \\ 5y'(t) = 6x(t) - 7y(t) & \cdots\cdots ④ \end{cases}$ $\left(x(0) = 3, \ y(0) = -1 \right)$ 〔初期条件〕

も解いてみよう。まず, ③, ④の両辺をラプラス変換して,

$$\begin{cases} 5\underset{\underset{\boxed{sX(s)-x(0)}}{\;}}{\mathcal{L}[x'(t)]} = 2\underset{\underset{\boxed{X(s)}}{\;}}{\mathcal{L}[x(t)]} + 6\underset{\underset{\boxed{Y(s)}}{\;}}{\mathcal{L}[y(t)]} \\ 5\underset{\underset{\boxed{sY(s)-y(0)}}{\;}}{\mathcal{L}[y'(t)]} = 6\underset{\underset{\boxed{X(s)}}{\;}}{\mathcal{L}[x(t)]} - 7\underset{\underset{\boxed{Y(s)}}{\;}}{\mathcal{L}[y(t)]} \end{cases}$$ より,

$$\begin{cases} 5sX(s) - 5\underset{\boxed{3} \leftarrow 〔初期条件〕}{x(0)} = 2X(s) + 6Y(s) \\ 5sY(s) - 5\underset{\boxed{-1} \leftarrow 〔初期条件〕}{y(0)} = 6X(s) - 7Y(s) \end{cases}$$

$$\begin{cases} (5s - 2)X(s) - 6Y(s) = 15 \\ -6X(s) + (5s + 7)Y(s) = -5 \end{cases}$$ よって, これをまとめると,

$$\underset{\boxed{B}}{\begin{bmatrix} 5s-2 & -6 \\ -6 & 5s+7 \end{bmatrix}} \begin{bmatrix} X(s) \\ Y(s) \end{bmatrix} = 5\begin{bmatrix} 3 \\ -1 \end{bmatrix} \cdots\cdots ⑥ \quad \text{となる。}$$

ここで, $B = \begin{bmatrix} 5s-2 & -6 \\ -6 & 5s+7 \end{bmatrix}$ とおくと,

行列式 $\Delta = det\,B = (5s-2)(5s+7) - 36 = 25s^2 + 25s - 50$
$$= 25(s^2 + s - 2) = 25(s-1)(s+2)$$

よって, $s \neq 1, \ -2$ として, B^{-1} を⑥の両辺に左からかけると,

$$\begin{bmatrix} X(s) \\ Y(s) \end{bmatrix} = \frac{5}{\Delta} \begin{bmatrix} 5s+7 & 6 \\ 6 & 5s-2 \end{bmatrix} \begin{bmatrix} 3 \\ -1 \end{bmatrix} = \frac{5}{\Delta} \begin{bmatrix} 15s+15 \\ -5s+20 \end{bmatrix}$$

$$= \frac{25}{\Delta} \begin{bmatrix} 3s+3 \\ -s+4 \end{bmatrix} = \frac{\cancel{25}}{\cancel{25}(s-1)(s+2)} \begin{bmatrix} 3s+3 \\ -s+4 \end{bmatrix}$$

よって, $\begin{cases} (\text{i}) \ X(s) = \dfrac{3s+3}{(s-1)(s+2)} & \cdots\cdots ③' \\ (\text{ii}) \ Y(s) = \dfrac{-s+4}{(s-1)(s+2)} & \cdots\cdots ④' \end{cases}$ が導けた。

後は, ③´, ④´の右辺を部分分数に分解してラプラス逆変換すればいいんだね。

180

(i) $X(s) = \dfrac{3s+3}{(s-1)(s+2)} = \dfrac{2}{s-1} + \dfrac{1}{s+2}$

> $\dfrac{3s+3}{(s-1)(s+2)} = \dfrac{a}{s-1} + \dfrac{b}{s+2}$ とおいて，両辺の分子の各係数を比較すると，
>
> $3s+3 = a(s+2) + b(s-1) = \underbrace{(a+b)}_{\boxed{3}}s + \underbrace{2a-b}_{\boxed{3}}$
>
> $a+b=3, \ 2a-b=3$ より，$a=2, \ b=1$ となる。

よって，この両辺をラプラス逆変換して，$x(t)$ を求めると，

$$x(t) = \mathcal{L}^{-1}[X(s)] = 2\mathcal{L}^{-1}\left[\frac{1}{s-1}\right] + \mathcal{L}^{-1}\left[\frac{1}{s+2}\right]$$

$\therefore x(t) = 2e^t + e^{-2t}$ となる。 $\longleftarrow$ $\boxed{\mathcal{L}^{-1}\left[\dfrac{1}{s-a}\right] = e^{at}}$

(ii) $Y(s) = \dfrac{-s+4}{(s-1)(s+2)} = \dfrac{1}{s-1} - \dfrac{2}{s+2}$

> $\dfrac{-s+4}{(s-1)(s+2)} = \dfrac{c}{s-1} + \dfrac{d}{s+2}$ とおいて，両辺の分子の各係数を比較すると，
>
> $-s+4 = c(s+2) + d(s-1) = \underbrace{(c+d)}_{\boxed{-1}}s + \underbrace{2c-d}_{\boxed{4}}$
>
> $c+d=-1, \ 2c-d=4$ より，$c=1, \ d=-2$

よって，この両辺をラプラス逆変換して，$y(t)$ を求めると，

$$y(t) = \mathcal{L}^{-1}[Y(s)] = \mathcal{L}^{-1}\left[\frac{1}{s-1}\right] - 2\mathcal{L}^{-1}\left[\frac{1}{s+2}\right]$$

$\therefore y(t) = e^t - 2e^{-2t}$ となる。 $\longleftarrow$ $\boxed{\mathcal{L}^{-1}\left[\dfrac{1}{s-a}\right] = e^{at}}$

以上 (i)(ii) より，③，④の連立微分方程式の解は，

$$\begin{cases} x(t) = 2e^t + e^{-2t} \\ y(t) = e^t - 2e^{-2t} \end{cases}$$ となるんだね。大丈夫だった？

次の **2** 階微分方程式をラプラス変換により解け。

$$y''(t) + 4y(t) = t \quad \cdots\cdots①　　　　\left(y(0) = 0,\ y'(0) = 1\right)$$

ヒント！　$f(t)$ を求める際に，公式 $\mathcal{L}^{-1}\left[\dfrac{1}{s^2} \cdot F(s)\right] = \displaystyle\int_0^t \int_0^{u_1} f(u)du du_1$ を
用いることがポイントになる。

解答 & 解説

①の両辺をラプラス変換して，

$$\underbrace{\mathcal{L}[y''(t)]}_{s^2Y(s) - sy(0) - y'(0)} + 4\underbrace{\mathcal{L}[y(t)]}_{Y(s)} = \underbrace{\mathcal{L}[t]}_{\frac{1}{s^2}}$$

$$s^2 Y(s) - \underbrace{sy(0)}_{0} - \underbrace{y'(0)}_{1} + 4Y(s) = \frac{1}{s^2}$$

初期条件：$y(0) = 0,\ y'(0) = 1$ より，

$$(s^2 + 4)Y(s) = 1 + \frac{1}{s^2}　　　　\therefore Y(s) = \frac{1}{s^2 + 4} + \frac{1}{s^2} \cdot \frac{1}{s^2 + 4} \quad \cdots\cdots②$$

よって，②の両辺をラプラス逆変換することにより，①の解を求める。

$$y(t) = \mathcal{L}^{-1}\left[\frac{1}{s^2 + 4} + \frac{1}{s^2} \cdot \frac{1}{s^2 + 4}\right]$$

$F(s)$ とみる。

公式：
$$\mathcal{L}^{-1}\left[\frac{1}{s^2} \cdot F(s)\right] = \int_0^t \int_0^{u_1} f(u)du du_1$$

$$= \frac{1}{2} \underbrace{\mathcal{L}^{-1}\left[\frac{2}{s^2 + 4}\right]}_{\sin 2t} + \frac{1}{2} \mathcal{L}^{-1}\left[\frac{1}{s^2} \cdot \boxed{\frac{2}{s^2 + 4}}\right]$$

$$\int_0^t \int_0^{u_1} \sin 2u\, du du_1$$
$$= \int_0^t \left[-\frac{1}{2}\cos 2u\right]_0^{u_1} du_1 = \frac{1}{2}\int_0^t (1 - \cos 2u_1)du_1$$
$$= \frac{1}{2}\left[u_1 - \frac{1}{2}\sin 2u_1\right]_0^t = \frac{1}{2}\left(t - \frac{1}{2}\sin 2t\right)$$

$$\therefore y(t) = \frac{1}{2}\sin 2t + \frac{1}{4}\left(t - \frac{1}{2}\sin 2t\right) = \frac{3}{8}\sin 2t + \frac{1}{4}t$$

実践問題 10　　　● 微分方程式の解法（Ⅰ）●

次の **2** 階微分方程式をラプラス変換により解け。

$$y''(t) + 4y(t) = \cos 2t \quad \cdots\cdots ① \qquad (y(0) = 0, \ y'(0) = 2)$$

ヒント！　公式 $\mathcal{L}^{-1}[F(s) \cdot G(s)] = \displaystyle\int_0^t f(u)g(t-u)du$ を用いるのがポイントだ。

解答＆解説

①の両辺をラプラス変換して，

$$\underbrace{\mathcal{L}[y''(t)]}_{s^2Y(s) - sy(0) - y'(0)} + 4\underbrace{\mathcal{L}[y(t)]}_{Y(s)} = \mathcal{L}[\cos 2t] \qquad s^2Y(s) - \underbrace{sy(0)}_{0} - \underbrace{y'(0)}_{2} + 4Y(s) = \boxed{(ア)}$$

初期条件：$y(0) = 0, \ y'(0) = 2$ より，$(s^2 + 4)Y(s) = 2 + \boxed{(ア)}$

$$\therefore Y(s) = \frac{2}{s^2+4} + \boxed{(イ)} \quad \cdots\cdots②$$

よって，②の両辺をラプラス逆変換することにより，①の解を求める。

$$y(t) = \mathcal{L}^{-1}\left[\frac{2}{s^2+4} + \frac{s}{(s^2+4)^2}\right]$$

$$= \mathcal{L}^{-1}\left[\frac{2}{s^2+4}\right] + \frac{1}{2}\mathcal{L}^{-1}\left[\underbrace{\frac{2}{s^2+4}}_{F(s)} \cdot \underbrace{\frac{s}{s^2+4}}_{G(s)\,とみる。}\right]$$

$$\sin\alpha\cos\beta = \frac{1}{2}\{\sin(\alpha+\beta) + \sin(\alpha-\beta)\}$$

$$\int_0^t \underbrace{\sin 2u}_{f(u)} \cdot \underbrace{\cos(2t-2u)}_{g(t-u)} du = \frac{1}{2}\int_0^t \underbrace{\{\sin 2t + \sin(4u-2t)\}}_{u\,からみて定数扱い} du \quad (積→和の公式)$$

$$= \frac{1}{2}\left[u \cdot \sin 2t - \frac{1}{4}\cos(4u-2t)\right]_0^t = \frac{1}{2}\left\{t \cdot \sin 2t - \frac{1}{4}\cos 2t - 0 + \frac{1}{4}\underbrace{\cos(-2t)}_{\cos 2t}\right\}$$

$$\therefore y(t) = \boxed{(ウ)} + \frac{1}{2} \cdot \frac{1}{2} t\sin 2t = \left(\boxed{(エ)}\right)\sin 2t$$

解答　(ア) $\dfrac{s}{s^2+4}$　　(イ) $\dfrac{s}{(s^2+4)^2}$　　(ウ) $\sin 2t$　　(エ) $\dfrac{1}{4}t + 1$

次の **2** 階微分方程式をラプラス変換により解け。

$$y''(t) - 4y(t) = 12e^{-(t-1)}u(t-1) \quad \cdots\cdots ① \qquad (y(0) = 0, \ y'(0) = 2)$$

ヒント！　ラプラス変換では公式：$\mathcal{L}[f(t-a)u(t-a)] = e^{-as}F(s)$ を，また逆

変換では公式：$\mathcal{L}^{-1}[e^{-as}F(s)] = f(t-a)u(t-a)$ を用いることがポイントだ。

解答＆解説

①の両辺をラプラス変換して，

$$\underbrace{\mathcal{L}[y''(t)]}_{s^2Y(s)-sy(0)-y'(0)} - 4\underbrace{\mathcal{L}[y(t)]}_{Y(s)} = 12\underbrace{\mathcal{L}[e^{-(t-1)}u(t-1)]}_{\substack{e^{-s}\mathcal{L}[e^{-t}]\\=e^{-s}\frac{1}{s+1}}}$$

> $f(t) = e^{-t}$ とおくと，
> ・$\mathcal{L}[f(t-a)u(t-a)]$
> 　$= e^{-as}\mathcal{L}[f(t)]$ より，
> ・$\mathcal{L}[e^{-(t-1)}u(t-1)]$
> 　$= e^{-s}\mathcal{L}[e^{-t}]$　となる。

$$s^2Y(s) - \underset{0}{sy(0)} - \underset{2}{y'(0)} - 4Y(s) = \frac{12e^{-s}}{s+1}$$

　　　　　　　　　　　　　　　← 初期条件

初期条件：$y(0) = 0, \ y'(0) = 2$ より，

$$(s^2 - 4)Y(s) = 2 + \frac{12e^{-s}}{s+1}$$

$$\therefore \ Y(s) = \frac{2}{s^2 - 4} + \frac{12e^{-s}}{(s-2)(s+2)(s+1)} \quad \cdots\cdots ② \quad となる。$$

よって，$Y(s)$ が求まったので，②の両辺をラプラス逆変換することにより，

微分方程式①の解 $y(t)$ を求める。

$$y(t) = \mathcal{L}^{-1}[Y(s)] = \underbrace{\mathcal{L}^{-1}\left[\frac{2}{s^2-4}\right]}_{(\text{i})} + \underbrace{\mathcal{L}^{-1}\left[\frac{12e^{-s}}{(s-2)(s+2)(s+1)}\right]}_{(\text{ii})} \quad \cdots\cdots ③$$

ここで，③の右辺の **2** 項 (ⅰ)，(ⅱ) のラプラス逆変換を項別に求める。

(ⅰ) $\underline{\mathcal{L}^{-1}\left[\dfrac{2}{s^2-4}\right] = \sinh 2t} \quad \cdots\cdots ④$　　← 公式：$\mathcal{L}^{-1}\left[\dfrac{a}{s^2-a^2}\right] = \sinh at$

(ⅱ) $\mathcal{L}^{-1}\left[e^{-s}\overbrace{\frac{12}{(s-2)(s+2)(s+1)}}^{F(s)}\right]$ について,

$F(s) = \dfrac{12}{(s-2)(s+2)(s+1)}$ とおき,

$f(t) = \mathcal{L}^{-1}[F(s)]$ とおくと,

$\mathcal{L}^{-1}\left[e^{-s}\dfrac{12}{(s-2)(s+2)(s+1)}\right] = \mathcal{L}^{-1}[e^{-s}F(s)]$

$\qquad\qquad\qquad = f(t-1)\,u(t-1)$ ……⑤ となる。

> 公式：
> $\mathcal{L}^{-1}[e^{-as}F(s)]$
> $= f(t-a)\,u(t-a)$

よって，まず，$f(t)$ を求めると，

$f(t) = \mathcal{L}^{-1}[F(s)] = \mathcal{L}^{-1}\left[\dfrac{12}{(s-2)(s+2)(s+1)}\right]$

> 部分分数に分解

$\qquad = \mathcal{L}^{-1}\left[\dfrac{1}{s-2} + \dfrac{3}{s+2} - \dfrac{4}{s+1}\right]$ となる。

$\dfrac{12}{(s-2)(s+2)(s+1)} = \dfrac{a}{s-2} + \dfrac{b}{s+2} + \dfrac{c}{s+1}$ とおいて，両辺の分子の各係数を比較すると,

$12 = a(s+2)(s+1) + b(s-2)(s+1) + c(s-2)(s+2)$

$\quad = a(s^2+3s+2) + b(s^2-s-2) + c(s^2-4)$

$\quad = \underset{\underset{0}{\|}}{(a+b+c)}s^2 + \underset{\underset{0}{\|}}{(3a-b)}s + \underset{\underset{12}{\|}}{2a-2b-4c}$ となる。よって,

$a+b+c=0,\ 3a-b=0,\ 2a-2b-4c=12$ より，$a=1,\ b=3,\ c=-4$ となる。

$\therefore f(t) = e^{2t} + 3e^{-2t} - 4e^{-t}$ ……⑥ となる。

よって，⑥を⑤に代入して,

$\mathcal{L}^{-1}\left[e^{-s}\dfrac{12}{(s-2)(s+2)(s+1)}\right]$

$\qquad = \left\{e^{2(t-1)} + 3e^{-2(t-1)} - 4e^{-(t-1)}\right\}u(t-1)$ ……⑦ となる。

以上 (ⅰ)(ⅱ) より，④，⑦を③に代入して，求める $y(t)$ は,

$y(t) = \sinh 2t + \left\{e^{2(t-1)} + 3e^{-2(t-1)} - 4e^{-(t-1)}\right\}u(t-1)$ となる。

次の **2** 階微分方程式をラプラス変換により解け。

$$y''(t) + y(t) = 2e^{-(t-2)}u(t-2) \quad \cdots\cdots ① \qquad (y(0) = 0, \ y'(0) = 1)$$

ヒント！　同様に **2** つの公式 $\mathcal{L}[f(t-a)u(t-a)] = e^{-as}F(s)$ と，

$\mathcal{L}^{-1}[e^{-as}F(s)] = f(t-a)u(t-a)$ を用いて解けばいい。

解答&解説

①の両辺をラプラス変換して，

$$\underbrace{\mathcal{L}[y''(t)]}_{s^2Y(s) - sy(0) - y'(0)} + \underbrace{\mathcal{L}[y(t)]}_{Y(s)} = 2\underbrace{\mathcal{L}[e^{-(t-2)}u(t-2)]}_{\substack{e^{-2s}\mathcal{L}[e^{-t}] \\ = e^{-2s}\frac{1}{s+1}}}$$

> $f(t) = e^{-t}$ とおくと，
> ・$\mathcal{L}[f(t-a)u(t-a)]$
> 　$= e^{-as}\mathcal{L}[f(t)]$ より，
> ・$\mathcal{L}[e^{-(t-2)}u(t-2)]$
> 　$= e^{-2s}\mathcal{L}[e^{-t}]$ となる。

$$s^2Y(s) - \underset{\boxed{0}}{sy(0)} - \underset{\boxed{1}}{y'(0)} + Y(s) = \frac{2e^{-2s}}{s+1} \quad \boxed{初期条件}$$

初期条件：$y(0) = 0$, $y'(0) = 1$ より，

$$(s^2 + 1)Y(s) = \boxed{(ア)} + \frac{2e^{-2s}}{s+1}$$

$$\therefore Y(s) = \frac{1}{s^2+1} + \frac{2e^{-2s}}{(s^2+1)(s+1)} \quad \cdots\cdots ② \quad となる。$$

よって，$Y(s)$ が求まったので，②の両辺をラプラス逆変換することにより，微分方程式①の解を求める。

$$y(t) = \mathcal{L}^{-1}[Y(s)] = \underbrace{\mathcal{L}^{-1}\left[\frac{1}{s^2+1}\right]}_{(ⅰ)} + \underbrace{\mathcal{L}^{-1}\left[e^{-2s}\frac{2}{(s^2+1)(s+1)}\right]}_{(ⅱ)} \quad \cdots\cdots ③$$

ここで，③の右辺の **2** 項（ⅰ），（ⅱ）のラプラス逆変換を項別に求める。

$$(ⅰ) \ \underline{\mathcal{L}^{-1}\left[\frac{1}{s^2+1}\right] = \boxed{(イ)}} \quad \cdots\cdots ④ \quad \leftarrow \boxed{公式：\mathcal{L}^{-1}\left[\frac{a}{s^2+a^2}\right] = \sin at}$$

(ii) $\mathcal{L}^{-1}\left[e^{-2s}\overbrace{\dfrac{2}{(s^2+1)(s+1)}}^{F(s)}\right]$ について, $F(s)=\dfrac{2}{(s^2+1)(s+1)}$ とおき,

$f(t)=\mathcal{L}^{-1}[F(s)]$ とおくと,

$\mathcal{L}^{-1}\left[e^{-2s}\dfrac{2}{(s^2+1)(s+1)}\right]=\mathcal{L}^{-1}[e^{-2s}F(s)]$

公式:
$\mathcal{L}^{-1}[e^{-as}F(s)]$
$=f(t-a)\,u(t-a)$

$\qquad = \boxed{(ウ)}$ ……⑤ となる。

よって, まず, $f(t)$ を求めると,

$f(t)=\mathcal{L}^{-1}[F(s)]=\mathcal{L}^{-1}\left[\dfrac{2}{(s^2+1)(s+1)}\right]$

$\qquad =\mathcal{L}^{-1}\left[\dfrac{-s+1}{s^2+1}+\dfrac{1}{s+1}\right]$ となる。

部分分数に分解

$\dfrac{2}{(s^2+1)(s+1)}=\dfrac{as+b}{s^2+1}+\dfrac{c}{s+1}$ とおいて, 両辺の分子の各係数を比較すると,

$2=(as+b)(s+1)+c(s^2+1)=as^2+(a+b)s+b+cs^2+c$

$=\underset{0}{(a+c)}s^2+\underset{0}{(a+b)}s+\underset{2}{b+c}$ となる。よって,

$a+c=0,\ a+b=0,\ b+c=2$ より, $a=-1,\ b=1,\ c=1$ となる。

$\therefore\ f(t)=\mathcal{L}^{-1}\left[-\dfrac{s}{s^2+1}+\dfrac{1}{s^2+1}+\dfrac{1}{s+1}\right]$

$\qquad =-\cos t+\sin t+\boxed{(エ)}$ ……⑥ となる。

よって, ⑥を⑤に代入して,

$\mathcal{L}^{-1}\left[e^{-2s}\dfrac{2}{(s^2+1)(s+1)}\right]=\left\{-\cos(t-2)+\sin(t-2)+\boxed{(オ)}\right\}u(t-2)$ …⑦

となる。

以上 (i)(ii) より, ④, ⑦を③に代入して, 求める $y(t)$ は,

$y(t)=\sin t+\left\{-\cos(t-2)+\sin(t-2)+\boxed{(オ)}\right\}u(t-2)$ となる。

解答 $(ア)\ 1$ $\quad(イ)\sin t$ $\quad(ウ)\ f(t-2)u(t-2)$ $\quad(エ)\ e^{-t}$ $\quad(オ)\ e^{-(t-2)}$

次の連立微分方程式をラプラス変換により解け。

$$\begin{cases} \ddot{x}_1(t) = -\{2x_1(t) - x_2(t)\} \cdots\cdots ① \\ \ddot{x}_2(t) = -\{-x_1(t) + 2x_2(t)\} \cdots ② \quad (x_1(0)=2,\ \dot{x}_1(0)=0,\ x_2(0)=0,\ \dot{x}_2(0)=0) \end{cases}$$

(ただし, x_1, x_2 の t による 1 階, 2 階微分を, $\dot{x}_1, \dot{x}_2, \ddot{x}_1, \ddot{x}_2$ と表している。)

ヒント！　　　この連立微分方程式は, 連成振動の微分方程式 $\begin{cases} \ddot{x}_1 = -\omega_0{}^2(2x_1 - x_2) \\ \ddot{x}_2 = -\omega_0{}^2(-x_1 + 2x_2) \end{cases}$

の $\omega_0{}^2 = 1$ の場合の問題になっている。また, 物理では時刻 t での微分は $x_1{}'$ や $x_2{}''$ の代わりに $\dot{x}_1$ や $\ddot{x}_2$ などのように表すことが多い。これも覚えておこう。

解答＆解説

$\mathcal{L}[x_1(t)] = X_1(s),\ \mathcal{L}[x_2(t)] = X_2(s)$ と表すものとして解いていこう。

$$\begin{cases} \ddot{x}_1(t) = -2x_1(t) + x_2(t) \cdots\cdots ① \\ \ddot{x}_2(t) = x_1(t) - 2x_2(t) \cdots\cdots\cdots ② \end{cases} \quad について,$$

(i) ①の両辺をラプラス変換すると,

$$\underline{\mathcal{L}[\ddot{x}_1(t)]} = -2\underline{\mathcal{L}[x_1(t)]} + \underline{\mathcal{L}[x_2(t)]}$$
$$\qquad\qquad\qquad\quad \fbox{$X_1(s)$} \qquad \fbox{$X_2(s)$}$$
$$\fbox{$s^2 X_1(s) - s x_1(0) - \dot{x}_1(0)$}$$

$$s^2 X_1(s) - s\underline{x_1(0)} - \underline{\dot{x}_1(0)} = -2X_1(s) + X_2(s), \quad s^2 X_1 - 2s = -2X_1 + X_2$$
$$\qquad\qquad\quad \fbox{$②$} \qquad \fbox{$⓪$}$$

$$(s^2 + 2)X_1 - X_2 = 2s \cdots\cdots ③$$

(ii) ②の両辺をラプラス変換すると,

$$\underline{\mathcal{L}[\ddot{x}_2(t)]} = \underline{\mathcal{L}[x_1(t)]} - 2\underline{\mathcal{L}[x_2(t)]}$$
$$\qquad\qquad\qquad \fbox{$X_1(s)$} \qquad \fbox{$X_2(s)$}$$
$$\fbox{$s^2 X_2(s) - s x_2(0) - \dot{x}_2(0)$}$$

$$s^2 X_2(s) - s\underline{x_2(0)} - \underline{\dot{x}_2(0)} = X_1(s) - 2X_2(s), \quad s^2 X_2 = X_1 - 2X_2$$
$$\qquad\qquad\quad \fbox{$⓪$} \qquad \fbox{$⓪$}$$

$$X_1 - (s^2 + 2)X_2 = 0 \cdots\cdots ④$$

以上 (i)(ii) より, ③, ④を列記して, X_1 と X_2 を求めると,

$$\begin{cases} (s^2 + 2)X_1 - X_2 = 2s \cdots\cdots ③ \\ X_1 - (s^2 + 2)X_2 = 0 \quad \cdots\cdots ④ \end{cases}$$

188

$$\begin{bmatrix} s^2+2 & -1 \\ 1 & -(s^2+2) \end{bmatrix} \begin{bmatrix} X_1 \\ X_2 \end{bmatrix} = \begin{bmatrix} 2s \\ 0 \end{bmatrix} \cdots\cdots ⑤$$

行列 $A = \begin{bmatrix} a & b \\ c & d \end{bmatrix}$ の

逆行列 $A^{-1} = \dfrac{1}{\Delta} \begin{bmatrix} d & -b \\ -c & a \end{bmatrix}$

$(\Delta = ad - bc)$

$\Delta = -(s^2+2)^2 + 1 \neq 0$ より，⑤の両辺に

$\begin{bmatrix} s^2+2 & -1 \\ 1 & -(s^2+2) \end{bmatrix}^{-1}$ を左からかけて，

$$\begin{bmatrix} X_1 \\ X_2 \end{bmatrix} = \dfrac{1}{\Delta} \begin{bmatrix} -(s^2+2) & 1 \\ -1 & (s^2+2) \end{bmatrix} \begin{bmatrix} 2s \\ 0 \end{bmatrix} = \dfrac{1}{1-(s^2+2)^2} \begin{bmatrix} -2s\cdot(s^2+2) \\ -2s \end{bmatrix}$$

よって，$X_1 = \dfrac{2s(s^2+2)}{(s^2+2)^2-1}$ ， $X_2 = \dfrac{2s}{(s^2+2)^2-1}$

$\dfrac{2s(s^2+2)}{(s^2+3)(s^2+1)} = s(s^2+2)\left(\dfrac{1}{s^2+1} - \dfrac{1}{s^2+3}\right)$
$= s\left(\dfrac{s^2+2}{s^2+1} - \dfrac{s^2+2}{s^2+3}\right) = s\left(\dfrac{s^2+1+1}{s^2+1} - \dfrac{s^2+3-1}{s^2+3}\right)$
$= s\left(1 + \dfrac{1}{s^2+1} - 1 + \dfrac{1}{s^2+3}\right) = \dfrac{s}{s^2+1} + \dfrac{s}{s^2+3}$

$\dfrac{2s}{(s^2+3)(s^2+1)} = s\left(\dfrac{1}{s^2+1} - \dfrac{1}{s^2+3}\right)$
$= \dfrac{s}{s^2+1} - \dfrac{s}{s^2+3}$

$\therefore X_1(s) = \dfrac{s}{s^2+1} + \dfrac{s}{s^2+3}$ $\cdots\cdots ⑥$, $X_2(s) = \dfrac{s}{s^2+1} - \dfrac{s}{s^2+3}$ $\cdots\cdots ⑦$ となる。

よって，⑥，⑦の両辺をラプラス逆変換して，$x_1(t)$, $x_2(t)$ を求めると，

$x_1(t) = \mathcal{L}^{-1}[X_1(s)] = \mathcal{L}^{-1}\left[\dfrac{s}{s^2+1}\right] + \mathcal{L}^{-1}\left[\dfrac{s}{s^2+3}\right] = \cos t + \cos\sqrt{3}\,t$ ←

$x_2(t) = \mathcal{L}^{-1}[X_2(s)] = \mathcal{L}^{-1}\left[\dfrac{s}{s^2+1}\right] - \mathcal{L}^{-1}\left[\dfrac{s}{s^2+3}\right] = \cos t - \cos\sqrt{3}\,t$ ←

$\mathcal{L}^{-1}\left[\dfrac{s}{s^2+a^2}\right]$
$= \cos at$

以上より，求める $x_1(t)$ と $x_2(t)$ は，

$x_1(t) = \cos t + \cos\sqrt{3}\,t$, $x_2(t) = \cos t - \cos\sqrt{3}\,t$ である。 $\cdots\cdots\cdots\cdots\cdots$(答)

参考

連成振動の物理モデルの例として，
2つの質量 m の振動子 P_1，P_2 が，
ばね定数 k の3つのばねに水平に
連結されている "水平ばね振り子"
の図を右に示す。

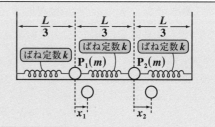

§2. 微分・積分方程式の解法の応用

定数係数の微分方程式のラプラス変換による解法については，前回の講義で沢山練習したので，自信が持てるようになったと思う。今回は，これをさらに深めていくことにしよう。

まず，初めに電磁気学や力学で頻出の微分方程式をラプラス変換で解いてみることにする。数学的には，これは定数係数の微分方程式なので，目新しいものは特にないんだけれど，物理への応用として，ラプラス変換の威力を実感できると思う。次に，変数係数をもつ常微分方程式の解法についても教えよう。この中で，"ベッセルの微分方程式"も解いてみよう。さらに応用として，微分・積分方程式の解法や偏微分方程式(2変数関数の微分方程式)の解法についても，詳しく教えるつもりだ。

最後まで盛り沢山の内容だけれど，また例題を使って分かりやすく解説するので，シッカリマスターしよう！

● 物理への応用問題を解いてみよう！

大学で学習する電磁気学では電気回路に，また力学では減衰振動の問題に微分方程式が登場する。ここでは，マセマの「電磁気学キャンパス・ゼミ」と「力学キャンパス・ゼミ」と「振動・波動キャンパス・ゼミ」に掲載したものと同様の問題をラプラス変換を使って解いてみようと思う。実際にこれらの本で学習された方は，定数係数常微分方程式に対して，如何にラプラス変換による解法がシンプルで速いかが実感できると思う。

まず，電磁気学では直流電源に抵抗とコイルをつないだ RL 回路の問題と，帯電したコンデンサーに抵抗とコイルをつないだ RLC 回路の問題を解いてみよう。次に，力学では臨界振動の問題について解説するつもりだ。物理に興味のない皆さんは，物理的な考察は飛ばして，あくまでも微分方程式を解く数学的な問題と考えていただいたらいいと思う。

例題50 右図に示すように，自己インダ
クタンス $L(\mathbf{H})$ のコイルと，$R(\Omega)$ の抵抗
を直列につないだものを起電力 $V_0(\mathbf{V})$ の直
流電源（電池）に接続し，時刻 $t=0$ のと
きにスイッチを閉じた。このとき，この回
路に流れる電流 $i(t)(\mathbf{A})$ を求めてみよう。

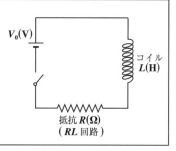

$V_0(\mathbf{V})$

コイル
$L(\mathbf{H})$

抵抗 $R(\Omega)$
（RL 回路）

コイルは電流 i の変化を妨げる向きに，逆起電力 $V_- = -L\dfrac{d}{dt}i(t)$ を発
生させる。よって，（起電力）$= V_0 + V_- = V_0 - L\dfrac{d}{dt}i(t)$ となる。これに対
して，この回路には抵抗 R による電圧降下が生じるため，（電圧降下）$=$
$Ri(t)$ となる。回路では，（起電力）$=$（電圧降下）の等式が成り立つので，
電流 $i(t)$ について，次のような微分方程式：

初期条件：$t=0$ のとき電流は流れていないからね。

$$\underbrace{V_0}_{\text{定数}} - L\underbrace{\dfrac{d}{dt}i(t)}_{\dot{i}(t)\text{と表す。}} = \underbrace{R}_{\text{定数}}i(t) \quad \cdots\cdots① \quad (i(0)=0) \text{ が成り立つんだね。}$$

物理では，時刻 t による微分をドット " $\cdot$ " で表す。

V_0，L，R は正の定数だ。電流 i は t の関数なので，$i(t)$ と表し，これを求
めればいいんだね。これまでの $y(t)$ の代わりに $i(t)$ がきただけだ。ここで，
$i(t)$ のラプラス変換を $I(s) = \mathcal{L}[i(t)]$ とおくことにして，$I(s)$ をまず求め，
これを逆変換して $i(t)$ を求める。

①の両辺をラプラス変換して，

$$V_0\underbrace{\mathcal{L}[1]}_{\frac{1}{s}} - L\underbrace{\mathcal{L}[\dot{i}(t)]}_{sI(s)-i(0)} = R\underbrace{\mathcal{L}[i(t)]}_{I(s)}, \qquad \dfrac{V_0}{s} - L\{sI(s) - \underbrace{i(0)}_{0}\} = RI(s)$$

初期条件

$$(Ls+R)I(s) = \dfrac{V_0}{s} \quad \text{より，}$$

部分分数に分解

$$I(s) = \dfrac{V_0}{s(Ls+R)} = \dfrac{V_0}{L} \cdot \dfrac{1}{s\left(s+\dfrac{R}{L}\right)} = \dfrac{V_0}{L} \cdot \dfrac{L}{R}\left(\dfrac{1}{s} - \dfrac{1}{s+\dfrac{R}{L}}\right)$$

$$\therefore I(s) = \dfrac{V_0}{R}\left(\dfrac{1}{s} - \dfrac{1}{s+\dfrac{R}{L}}\right) \quad \cdots\cdots② \quad \text{となる。}$$

$$I(s) = \underbrace{\boxed{\frac{V_0}{R}}}_{\text{定数}} \left(\frac{1}{s} - \frac{1}{s + \underbrace{\boxed{\dfrac{R}{L}}}_{\text{定数}}} \right) \quad \cdots\cdots ② \quad \text{が求まったの}$$

で，②の両辺をラプラス逆変換して，$i(t)$ を求め

ればいいんだね。よって，

$$i(t) = \mathcal{L}^{-1}[I(s)]$$

$$= \frac{V_0}{R} \left\{ \underbrace{\mathcal{L}^{-1}\left[\frac{1}{s} \right]}_{①} - \underbrace{\mathcal{L}^{-1}\left[\frac{1}{s + \dfrac{R}{L}} \right]}_{e^{-\frac{R}{L}t}} \right\}$$

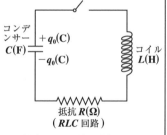

公式
$$\mathcal{L}^{-1}\left[\frac{1}{s} \right] = 1$$
$$\mathcal{L}^{-1}\left[\frac{1}{s - a} \right] = e^{at}$$

$$\therefore i(t) = \frac{V_0}{R}\left(1 - e^{-\frac{R}{L}t} \right) \quad \text{となるんだね。}$$

この結果は，「電磁気学キャンパス・ゼミ」と同じです。御参照下さい。

次，RLC 回路の問題を解いてみよう。

例題 51　右図に示すように，電気容量
$C(\mathbf{F})$ のコンデンサーに，予め $\pm q_0(\mathbf{C})$ の
電荷が与えられているものとする。これ
と，自己インダクタンス $L(\mathbf{H})$ のコイルと
$R(\Omega)$ の抵抗をつないだ回路のスイッチを
時刻 $t = 0$ のときに閉じるものとする。

コンデ
ンサー
$C(\mathbf{F})$
$+q_0(\mathbf{C})$
$-q_0(\mathbf{C})$
コイル
$L(\mathbf{H})$
抵抗 $R(\Omega)$
（RLC 回路）

初め $+q_0(\mathbf{C})$ が与えられていたコンデンサーの極板の電荷 $q(t)$ の経時
変化を求めよう。

ただし，$\dfrac{R}{L} = 1 \, (1/\mathrm{s})$，$LC = \dfrac{4}{5} \, (\mathrm{s}^2)$ とする。

今回，(起電力) はコイルによる逆起電力 $-L\dfrac{d}{dt}i(t)$ があるだけだ。(電

圧降下) は，抵抗によるもの $(Ri(t))$ とコンデンサーによるもの $\left(\dfrac{q(t)}{C} \right)$ が

ある。よって，(起電力)＝(電圧降下) の等式が成り立つので，

$-L \cdot \dfrac{d}{dt}i(t) = Ri(t) + \dfrac{q(t)}{C}$ ……① となる。

ここで，$i(t) = \dfrac{d}{dt}q(t)$ ……②の関係が成り立つので，②を①に代入して，$q(t)$ の 2 階常微分方程式が次のように導ける。

$-L\dfrac{d^2}{dt^2}q(t) = R\dfrac{d}{dt}q(t) + \dfrac{q(t)}{C},$ $\qquad -L\ddot{q}(t) = R\dot{q}(t) + \dfrac{q(t)}{C}$

$\underbrace{}_{\ddot{q}(t)}$ $\underbrace{}_{\dot{q}(t)\text{ と表す。}}$ 　物理学では，時刻 t による微分は，
"・"（ドット）で表す。

$\ddot{q}(t) + \boxed{\dfrac{R}{L}}\dot{q}(t) + \boxed{\dfrac{1}{LC}}q(t) = 0$ 　ここで，$\dfrac{R}{L} = 1$, $\dfrac{1}{LC} = \dfrac{5}{4}$ より，

$\underbrace{}_{\boxed{1}}$ $\underbrace{}_{\boxed{\frac{5}{4}}}$ 　初め電流 $i = \dot{q}$ は
流れていない。

初期電荷

$\ddot{q}(t) + \dot{q}(t) + \dfrac{5}{4}q(t) = 0$ ……③ 　$(q(0) = q_0,\ \dot{q}(0) = 0)$

ここで，$q(t)$ のラプラス変換を $Q(s) = \mathcal{L}[q(t)]$ とおくことにする。ではまず，③の微分方程式の両辺をラプラス変換して，$Q(s)$ を求めよう。そして，その後 $Q(s)$ をラプラス逆変換して，$q(t)$ を求めればいいんだね。

$\underbrace{\mathcal{L}[\ddot{q}(t)]}_{} + \underbrace{\mathcal{L}[\dot{q}(t)]}_{} + \dfrac{5}{4}\underbrace{\mathcal{L}[q(t)]}_{} = 0$

$\underbrace{}_{sQ(s)-q(0)}$ $\underbrace{}_{Q(s)}$

$\underbrace{}_{s^2Q(s)-sq(0)-\dot{q}(0)}$

$s^2Q(s) - s\underbrace{q(0)}_{q_0} - \underbrace{\dot{q}(0)}_{0} + sQ(s) - \underbrace{q(0)}_{q_0} + \dfrac{5}{4}Q(s) = 0$ 　初期条件

$\left(s^2 + s + \dfrac{5}{4}\right)Q(s) = q_0(s + 1)$ $\qquad \left\{\left(s + \dfrac{1}{2}\right)^2 + 1\right\}Q(s) = q_0(s + 1)$

$\therefore Q(s) = q_0\dfrac{\left(s + \dfrac{1}{2}\right) + \dfrac{1}{2}}{\left(s + \dfrac{1}{2}\right)^2 + 1} = q_0\left\{\dfrac{s + \dfrac{1}{2}}{\left(s + \dfrac{1}{2}\right)^2 + 1} + \dfrac{1}{2}\cdot\dfrac{1}{\left(s + \dfrac{1}{2}\right)^2 + 1}\right\}$ …④

となる。 　後の逆変換のために，$\left(s + \dfrac{1}{2}\right)$ の形を保っておこう！

$$Q(s) = q_0\left\{\frac{s+\frac{1}{2}}{\left(s+\frac{1}{2}\right)^2+1} + \frac{1}{2}\cdot\frac{1}{\left(s+\frac{1}{2}\right)^2+1}\right\} \quad \cdots\cdots④ \text{ が求まったので,}$$

④の両辺をラプラス逆変換して，$q(t)$ を求めることができる。

$$q(t) = \mathcal{L}^{-1}[Q(s)] = q_0\mathcal{L}^{-1}\left[\frac{s+\frac{1}{2}}{\left(s+\frac{1}{2}\right)^2+1} + \frac{1}{2}\cdot\frac{1}{\left(s+\frac{1}{2}\right)^2+1}\right]$$

$$= q_0 e^{-\frac{1}{2}t}\mathcal{L}^{-1}\left[\frac{s}{s^2+1} + \frac{1}{2}\cdot\frac{1}{s^2+1}\right]$$

公式
$$\mathcal{L}^{-1}[F(s-a)] = e^{at}\mathcal{L}^{-1}[F(s)]$$

$$= q_0 e^{-\frac{1}{2}t}\left\{\underbrace{\mathcal{L}^{-1}\left[\frac{s}{s^2+1}\right]}_{\cos t} + \frac{1}{2}\underbrace{\mathcal{L}^{-1}\left[\frac{1}{s^2+1}\right]}_{\sin t}\right\}$$

公式
$$\mathcal{L}^{-1}\left[\frac{s}{s^2+a^2}\right] = \cos at$$
$$\mathcal{L}^{-1}\left[\frac{a}{s^2+a^2}\right] = \sin at$$

$$\therefore q(t) = q_0 e^{-\frac{1}{2}t}\left(\cos t + \frac{1}{2}\sin t\right) \text{ となる。}$$

「電磁気学キャンパス・ゼミ」では，$i(t) = \dot{q}(t)$ の形で求めていますが，本質的に同じ結果です。御参照下さい。

次，力学の話に入ろう。時刻 t における変位（位置）$x(t)$ の単振動の方程式が，$m\ddot{x}(t) = -kx(t)$ $\cdots\cdots$(a) （k：ばね定数）となるのは大丈夫だね。

$\dfrac{d^2}{dt^2}x(t)$：加速度

この右辺に空気抵抗の項$-B\dot{x}(t)$（B：正の定数）を加えた方程式：

$m\ddot{x}(t) = -kx(t) - B\dot{x}(t)$ $\cdots\cdots$(b) が，減衰振動の方程式なんだね。(b)を変形して，

$$\ddot{x}(t) + \frac{B}{m}\dot{x}(t) + \frac{k}{m}x(t) = 0 \quad \cdots\cdots(c) \quad \text{となる。}$$

それでは，$\dfrac{B}{m} = 6$，$\dfrac{k}{m} = 9$ のとき，次の例題でこの微分方程式を解いてみよう。

例題 52　速度に比例する空気抵抗を受けて振動する重り **P** の位置 x が
次の微分方程式で表されるとき，これを解いてみよう。
$$\ddot{x}(t) + 6\dot{x}(t) + 9x(t) = 0 \ \cdots\cdots① \quad (x(0) = 0, \ \dot{x}(0) = 1)$$
初速度が 1

$x(t)$ のラプラス変換を $X(s) = \mathcal{L}[x(t)]$ と表すものとしよう。ではまず，
①の両辺をラプラス変換して，

$$\underline{\mathcal{L}[\ddot{x}(t)]} + 6\,\underline{\mathcal{L}[\dot{x}(t)]} + 9\,\underline{\mathcal{L}[x(t)]} = 0$$
$(sX(s)-x(0))$　$(X(s))$
$(s^2X(s)-sx(0)-\dot{x}(0))$

$$s^2X(s) - \underset{0}{sx(0)} - \underset{1}{\dot{x}(0)} + 6\{sX(s) - \underset{0}{x(0)}\} + 9X(s) = 0$$
初期条件

$$(s^2 + 6s + 9)X(s) = 1 \qquad (s + 3)^2X(s) = 1$$

$\therefore X(s) = \dfrac{1}{(s + 3)^2} \ \cdots\cdots②$　となる。

$X(s)$ が求まったので，②の両辺をラプラス逆変換して，解 $x(t)$ を求めて
みよう。

$$x(t) = \mathcal{L}^{-1}[X(s)] = \mathcal{L}^{-1}\left[\frac{1}{(s + 3)^2}\right]$$
公式：
$\mathcal{L}^{-1}[F(s-a)] = e^{at}\mathcal{L}^{-1}[F(s)]$
$\mathcal{L}^{-1}\left[\dfrac{1}{s^2}\right] = t$
$$= e^{-3t}\mathcal{L}^{-1}\left[\frac{1}{s^2}\right] = e^{-3t} \cdot t$$

$\therefore x(t) = te^{-3t}$ となって，臨界減衰の解が得られたんだね。

この結果は，「力学キャンパス・ゼミ」と同じです。参照して下さい。

　力学や電磁気学においては，微分方程式は当然，解析的に積分すること
により求めたわけだけど，このようにラプラス変換による解法が使えるよ
うになると，積分操作を行うことなく，代数方程式を解くだけでアッサリ
解が求まるんだね。元々，電気学者のヘヴィサイドが考案しただけあって，
ラプラス変換は，物理学で出てくる様々な定数係数の常微分方程式を解く
のに適しているんだね。面白かった？

それでは，「**振動・波動キャンパスゼミ**」とその演習書 (**マセマ**) の中で解説した"減衰振動"と"過減衰"の微分方程式をラプラス変換を使って解いてみることにしよう。

例題 53　速度に比例する抵抗を受けて振動する重り **P** の位置 x が次の各微分方程式で表されるとき，これを解いてみよう。

(1) $\ddot{x}(t) + 2\dot{x}(t) + 10x(t) = 0$ ………① 　($x(0) = 0,\ \dot{x}(0) = 6$)

(2) $\ddot{x}(t) + \dfrac{4}{3}\dot{x}(t) + \dfrac{1}{3}x(t) = 0$ ……② 　$\left(x(0) = 3,\ \dot{x}(0) = -\dfrac{5}{3} \right)$

---

(1) が減衰振動の微分方程式で，**(2)** が過減衰の微分方程式なんだね。

$x(t)$ のラプラス変換を $X(s) = \mathcal{L}[x(t)]$ と表すものとして，これらを実際に解いてみよう。

(1) ①の両辺をラプラス変換して，

$$\underbrace{\mathcal{L}[\ddot{x}(t)]}_{s^2X(s) - sx(0) - \dot{x}(0)} + 2\underbrace{\mathcal{L}[\dot{x}(t)]}_{sX(s) - x(0)} + 10\underbrace{\mathcal{L}[x(t)]}_{X(s)} = 0$$

$$s^2X(s) - \underset{0}{\underbrace{sx(0)}} - \underset{6}{\underbrace{\dot{x}(0)}} + 2\{sX(s) - \underset{0}{\underbrace{x(0)}}\} + 10X(s) = 0$$

$$(s^2 + 2s + 10)X(s) = 6$$

$$\therefore X(s) = \frac{6}{s^2 + 2s + 10} = \frac{6}{(s+1)^2 + 9} \quad ……③ \quad となる。$$

$X(s)$ が求まったので，③の両辺をラプラス逆変換して，解 $x(t)$ を求めてみよう。

$$x(t) = \mathcal{L}^{-1}[X(s)] = \mathcal{L}^{-1}\left[\frac{6}{(s+1)^2 + 9} \right]$$

$$= e^{-1 \cdot t}\mathcal{L}^{-1}\left[\frac{6}{s^2 + 9} \right]$$

$$= e^{-t} \cdot 2\mathcal{L}^{-1}\left[\frac{3}{s^2 + 3^2} \right]$$

$$\therefore x(t) = 2e^{-t} \cdot \sin 3t \quad ……④ \quad となる。$$

公式：
$\mathcal{L}^{-1}[F(s-a)] = e^{at}\mathcal{L}^{-1}[F(s)]$
$\mathcal{L}^{-1}\left[\dfrac{a}{s^2 + a^2} \right] = \sin at$

減衰振動の解：

$x(t) = 2e^{-t} \cdot \sin 3t$ のグラフの

概形を示すと，右図のようになる。

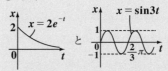

④式は，

と

の積なので，次のような減衰振動の
グラフが得られる

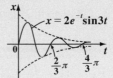

(2) 次，過減衰の微分方程式②を

ラプラス変換すると，

$$\underbrace{\mathcal{L}[\ddot{x}(t)]}_{s^2X(s) - sx(0) - \dot{x}(0)} + \frac{4}{3}\underbrace{\mathcal{L}[\dot{x}(t)]}_{sX(s) - x(0)} + \frac{1}{3}\underbrace{\mathcal{L}[x(t)]}_{X(s)} = 0$$

$$s^2X(s) - sx(0) - \dot{x}(0) + \frac{4}{3}\{sX(s) - x(0)\} + \frac{1}{3}X(s) = 0 \quad \text{より,}$$

$$s^2X(s) - 3s + \frac{5}{3} + \frac{4}{3}\{sX(s) - 3\} + \frac{1}{3}X(s) = 0$$

$$\left(s^2 + \frac{4}{3}s + \frac{1}{3}\right)X(s) = 3s - \frac{5}{3} + 4$$

$$\left(s + \frac{1}{3}\right)(s+1)X(s) = 3s + \frac{7}{3}$$

$$X(s) = \frac{3s + \frac{7}{3}}{\left(s + \frac{1}{3}\right)(s+1)}$$

$$= \frac{2}{s + \frac{1}{3}} + \frac{1}{s+1} \quad \cdots\cdots ⑤$$

$$\frac{3s + \frac{7}{3}}{\left(s + \frac{1}{3}\right)(s+1)} = \frac{a}{s + \frac{1}{3}} + \frac{b}{s+1} \quad (a, b : 定数)$$

とおくと，

$$(右辺) = \frac{a(s+1) + b\left(s + \frac{1}{3}\right)}{\left(s + \frac{1}{3}\right)(s+1)} = \frac{(a+b)s + \left(a + \frac{b}{3}\right)}{\left(s + \frac{1}{3}\right)(s+1)}$$

より，$a + b = 3$ ……⑦, $a + \frac{b}{3} = \frac{7}{3}$ ……④

⑦−④より，$\frac{2}{3}b = \frac{2}{3}$ ∴ $b = 1$

これを⑦に代入して，$a + 1 = 3$ ∴ $a = 2$

よって⑤をラプラス逆変換して，解 $x(t)$ を求めると，

$$x(t) = 2\mathcal{L}^{-1}\left[\frac{1}{s + \frac{1}{3}}\right] + \mathcal{L}^{-1}\left[\frac{1}{s+1}\right]$$

$$= 2e^{-\frac{1}{3}t} + e^{-t} \quad \text{となる。}$$

このグラフは右図のようになる。

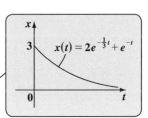

● 変数係数の微分方程式も解いてみよう！

では次，定数係数ではなく，$(t-1)y(t)$ や $t^2 y''(t)$ など，$y(t)$ や $y'(t)$ や $y''(t)$ にかかる係数が変数である，変数係数の微分方程式を解いてみることにしよう。この場合，公式：$\mathcal{L}[ty(t)] = -\dfrac{d}{ds}\mathcal{L}[y(t)] = -\dfrac{d}{ds}Y(s)$ や，より一般的な公式：$\mathcal{L}[t^n y(t)] = (-1)^n \dfrac{d^n}{ds^n}\mathcal{L}[y(t)] = (-1)^n \dfrac{d^n}{ds^n}Y(s)$ を利用する。この応用として，たとえば，

・$\mathcal{L}[ty'(t)] = -\dfrac{d}{ds}\mathcal{L}[y'(t)] = -\dfrac{d}{ds}\{sY(s) - y(0)\}$ や，

・$\mathcal{L}[t^2 y''(t)] = \dfrac{d^2}{ds^2}\mathcal{L}[y''(t)] = \dfrac{d^2}{ds^2}\{s^2 Y(s) - sy(0) - y'(0)\}$ などとなるのも大丈夫だね。

それでは，次の例題で実際に変数係数常微分方程式を解いてみよう。

例題 54 次の変数係数常微分方程式をラプラス変換により解こう。

(1) $ty'(t) + y(t) = t$ ……① $(y(0) = 0)$

(2) $y(t) - ty'(t) = 1$ ……② $(y(0) = y'(0) = 1)$

(3) $ty''(t) + (2t-1)y'(t) + (t-1)y(t) = 0$ ……③

(ただし，$y(0) = y'(0) = 0$, $y''(0) = 2$)

---

(1) まず，①の両辺をラプラス変換して，

$$\underbrace{\mathcal{L}[ty'(t)]}_{-\frac{d}{ds}\mathcal{L}[y'(t)]} + \underbrace{\mathcal{L}[y(t)]}_{Y(s)} = \underbrace{\mathcal{L}[t]}_{\frac{1}{s^2}} \qquad -\frac{d}{ds}\mathcal{L}[y'(t)] + Y(s) = \frac{1}{s^2}$$

$$\underbrace{\{sY(s) - y(0)\} = sY(s)}_{0}$$

$$-\frac{d}{ds}\{sY(s)\} + Y(s) = \frac{1}{s^2} \qquad \underbrace{-Y(s) - sY'(s) + Y(s)}_{s\text{での微分}} = \frac{1}{s^2}$$

よって，$Y'(s) = -\dfrac{1}{s^3}$ より，$Y(s) = -\displaystyle\int s^{-3}\,ds = \dfrac{1}{2}s^{-2} + C$ ← sでの積分

∴ $Y(s) = \dfrac{1}{2}\cdot\dfrac{1}{s^2} + C$ ……①′ $(C：任意定数)$ となる。

よって，$Y(s)$ が求まったので，①´ の両辺をラプラス逆変換して $y(t)$ を求めよう。

$$y(t) = \mathcal{L}^{-1}[Y(s)] = \frac{1}{2}\underbrace{\mathcal{L}^{-1}\left[\frac{1}{s^2}\right]}_{t} + C\underbrace{\mathcal{L}^{-1}[1]}_{\boxed{\delta(t):\text{デルタ関数}}} = \frac{1}{2}t + C\delta(t)$$

ここで，$y(0) = C\delta(0) = 0$ より，$C = 0$

以上より，$y(t) = \frac{1}{2}t$ となる。納得いった？

(2) では，1 階線形微分方程式：$y'(x) + P(x)y(x) = Q(x)$ の

解の公式：$y(x) = e^{-\int P(x)\,dx}\left\{\int Q(x) \cdot e^{\int P(x)\,dx}dx + C\right\}$ ……(∗) を利用する。

> この 1 階線形微分方程式の解の公式について御存知ない方は，
> **「常微分方程式キャンパス・ゼミ」** で学習されることをお勧めします。

それでは，② の両辺をラプラス変換してみよう。

$$\underbrace{\mathcal{L}[y(t)]}_{\boxed{Y(s)}} - \underbrace{\mathcal{L}[ty'(t)]}_{\boxed{-\frac{d}{ds}\mathcal{L}[y'(t)]}} = \underbrace{\mathcal{L}[1]}_{\boxed{\frac{1}{s}}} \qquad Y(s) + \frac{d}{ds}\underbrace{\{sY(s) - y(0)\}}_{\boxed{1}} = \frac{1}{s}$$

$$Y(s) + Y(s) + sY'(s) = \frac{1}{s}$$

$$\therefore Y'(s) + \underbrace{\frac{2}{s}}_{\boxed{P(s)}}Y(s) = \underbrace{\frac{1}{s^2}}_{\boxed{Q(s)}} \quad \cdots\cdots②´ \text{ となる}。$$

> $Y(s) =$
> $e^{-\int P(s)\,ds}\left\{\int Q(s) \cdot e^{\int P(s)\,ds}ds + C\right\}$

よって，1 階線形微分方程式の解の公式を用いると，②´ の解は，

$$Y(s) = \underbrace{e^{-\int \frac{2}{s}\,ds}}_{\boxed{e^{-2\log s} = e^{\log \frac{1}{s^2}} = \frac{1}{s^2}}}\left(\int \frac{1}{s^2}\underbrace{e^{\int \frac{2}{s}\,ds}}_{\boxed{e^{2\log s} = e^{\log s^2} = s^2}}\,ds + C\right) \qquad \boxed{e^{\log \alpha} = \alpha}$$

$$= \frac{1}{s^2}\left(\int \frac{1}{s^2} \cdot s^2\,ds + C\right) = \frac{1}{s^2}(s + C)$$

$$\therefore Y(s) = \frac{1}{s} + \frac{C}{s^2} \quad \cdots\cdots②'' \ (C:\text{任意定数}) \text{ となる}。$$

よって，$Y(s) = \dfrac{1}{s} + \dfrac{C}{s^2}$ ……②˝ が求まったので，

この両辺をラプラス逆変換して $y(t)$ を求めよう。

$$y(t) = \mathcal{L}^{-1}[Y(s)] = \underbrace{\mathcal{L}^{-1}\left[\dfrac{1}{s}\right]}_{1} + C\underbrace{\mathcal{L}^{-1}\left[\dfrac{1}{s^2}\right]}_{t} = Ct + 1 \quad\text{……②‴}$$

これから，$y'(t) = C$ と初期条件：$y'(0) = 1$ より，$y'(0) = C = 1$

∴ $C = 1$ となる。これを②‴に代入して，$y(t) = t + 1$ となって，答えだ。

(3) それでは，**2階変数係数常微分方程式**：

$$ty''(t) + (2t-1)y'(t) + (t-1)y(t) = 0 \quad\text{……③}$$

$$(y(0) = y'(0) = 0, \quad y''(0) = 2)$$

を解いてみよう。③を変形して，

$$ty''(t) + 2ty'(t) - y'(t) + ty(t) - y(t) = 0 \quad\text{となる。}$$

この両辺をラプラス変換すると，

$$\underbrace{\mathcal{L}[ty''(t)]}_{} + 2\underbrace{\mathcal{L}[ty'(t)]}_{-\frac{d}{ds}\{sY(s)-y(0)\}} - \underbrace{\mathcal{L}[y'(t)]}_{sY(s)-y(0)} + \underbrace{\mathcal{L}[ty(t)]}_{-\frac{d}{ds}Y(s)} - \underbrace{\mathcal{L}[y(t)]}_{Y(s)} = 0$$

$$\underbrace{}_{-\frac{d}{ds}\{s^2Y(s)-sy(0)-y'(0)\}}$$

$$-\dfrac{d}{ds}\{s^2Y(s) - \underbrace{sy(0)}_{0} - \underbrace{y'(0)}_{0}\} - 2\dfrac{d}{ds}\{sY(s) - \underbrace{y(0)}_{0}\} - sY(s)$$

$$+ \underbrace{y(0)}_{0} - Y'(s) - Y(s) = 0$$

$$-2sY(s) - s^2\underline{\underline{Y'(s)}} - 2\{Y(s) + s\underline{\underline{Y'(s)}}\} - sY(s) - \underline{\underline{Y'(s)}} - Y(s) = 0$$

両辺に -1 をかけて $Y'(s)$ でまとめると，

$$(s^2 + 2s + 1)\underline{\underline{Y'(s)}} + 3(s + 1)Y(s) = 0$$

$$(s+1)^2 Y'(s) = -3(s+1)Y(s) \qquad \text{両辺を } (s+1) \text{ で割って，}$$

$$(s+1)Y'(s) = -3Y(s)$$

これは，変数分離形の $Y(s)$ の微分方程式なので，これを解くと，

$$\dfrac{Y'(s)}{Y(s)} = -\dfrac{3}{s+1} \qquad \int \dfrac{Y'(s)}{Y(s)}\,ds = -3\int \dfrac{1}{s+1}\,ds$$

$$\log|Y(s)| = -3\log|s+1| + \underline{C_1} \ (C_1 : 任意定数)$$

$$\boxed{\log C_2 \ とおく。}$$

$$\log|Y(s)| = \log \frac{C_2}{(s+1)^3} \quad (C_2 = e^{C_1})$$

$$\therefore Y(s) = \frac{C'}{(s+1)^3} \ \cdots\cdots ③' \ となる。 \quad (C' = \pm C_2)$$

よって，$Y(s)$ が求まったので，③′ の両辺をラプラス逆変換して，$y(t)$ を求めると，

$$y(t) = \mathcal{L}^{-1}[Y(s)] = C'\mathcal{L}^{-1}\left[\frac{1}{(s+1)^3}\right]$$

$$\boxed{\begin{array}{l} \cdot \ \mathcal{L}^{-1}[F(s-a)] = e^{at}\mathcal{L}^{-1}[F(s)] \\ \cdot \ \mathcal{L}^{-1}\left[\dfrac{1}{s^n}\right] = \dfrac{t^{n-1}}{\Gamma(n)} \end{array}}$$

$$= C'e^{-t}\mathcal{L}^{-1}\left[\frac{1}{s^3}\right] = C'e^{-t}\underbrace{\frac{t^2}{\Gamma(3)}}_{2!\,=\,2}$$

$$\therefore y(t) = Ct^2 e^{-t} \ \cdots\cdots ③'' \quad \left(C = \frac{C'}{2}\right)$$

ここで，$y(t)$ の 2 階導関数を求めると，

$$y'(t) = C(2te^{-t} - t^2 e^{-t}) = C(2t - t^2)e^{-t}$$

$$y''(t) = C\{(2-2t)e^{-t} - (2t-t^2)e^{-t}\} = C(2-4t+t^2)e^{-t}$$

初期条件：$y''(0) = C \cdot 2 \cdot e^0 = 2C = 2$ より，$C = 1$ となる。

これを③″ に代入して，求める解 $y(t)$ は，

$$y(t) = t^2 e^{-t} \ となるんだね。大丈夫だった？$$

それでは次，ベッセルの微分方程式： P80 参照

$$t^2 y''(t) + t y'(t) + (t^2 - \alpha^2)y(t) = 0 \ \cdots\cdots(a) \ (\alpha : 0 \ 以上の定数)$$

の解法にも挑戦しよう。ここでは，(a)の方程式の $\alpha = 0$ のとき，すなわち

$$t^2 y''(t) + t y'(t) + t^2 y(t) = 0 \ を考え，この両辺を \ t(>0) \ で割った，$$

$$t y''(t) + y'(t) + t y(t) = 0 \ \cdots\cdots(a)' \ の形のベッセルの微分方程式を中心$$

に，これに初期条件を付けた問題をラプラス変換を使って解いてみることにしよう。エッ，解として当然，第 1 種 0 次のベッセル関数 $J_0(t)$ や $J_0(at)$ の形のものが導かれるんじゃないかって？ いい勘してるね。その通りだ！ 実際に解いて導いてみよう！

例題 55　次のベッセルの微分方程式をラプラス変換により解こう。

(1) $ty''(t) + y'(t) + ty(t) = 0$　……①　$(y(0) = 1,\ y'(0) = 0)$

(2) $ty''(t) + y'(t) + 4ty(t) = 0$　……②　$(y(0) = 2,\ y'(0) = 0)$

(1) まず，①の両辺をラプラス変換して，

$$\underline{\mathcal{L}[ty''(t)]} + \underline{\mathcal{L}[y'(t)]} + \underline{\mathcal{L}[ty(t)]} = 0$$

$sY(s) - y(0)$　　$-\dfrac{d}{ds}Y(s)$

$-\dfrac{d}{ds}\{s^2 Y(s) - sy(0) - y'(0)\}$

$$-\frac{d}{ds}\{s^2 Y(s) - \underset{\boxed{1}}{sy(0)} - \underset{\boxed{0}}{y'(0)}\} + sY(s) - \underset{\boxed{1}}{y(0)} - Y'(s) = 0 \quad\leftarrow\boxed{初期条件}$$

$$-\{2sY(s) + s^2 Y'(s) - 1\} + sY(s) - 1 - Y'(s) = 0$$

これをまとめて，

$$(s^2 + 1)Y'(s) = -sY(s)\ \text{となる。}$$

これは，変数分離形の $Y(s)$ の微分方程式より，これを解いて，

$$\frac{Y'(s)}{Y(s)} = -\frac{s}{s^2 + 1} \qquad \int \frac{Y'(s)}{Y(s)}\, ds = -\frac{1}{2}\int \frac{2s}{s^2 + 1}\, ds$$

$$\log |Y(s)| = -\frac{1}{2}\log(s^2 + 1) + \boxed{C_1}\ \ (C_1 : 任意定数)$$

$\boxed{\log C_2}$

$$\log |Y(s)| = \log \frac{C_2}{\sqrt{s^2 + 1}}\ \ (C_2 = e^{C_1})$$

$$\therefore\ Y(s) = \frac{C}{\sqrt{s^2 + 1}}\ \ \text{……①}'\ \ (C = \pm C_2)$$

$Y(s)$ が求まったので，①$'$ の両辺をラプラス逆変換して，$y(t)$ を求めると，

$$y(t) = \mathcal{L}^{-1}[Y(s)] = C\mathcal{L}^{-1}\left[\frac{1}{\sqrt{s^2 + 1}}\right] = CJ_0(t)\ \ \text{……①}''$$

と第 1 種 0 次ベッセル関数が導けた。

$\boxed{公式 : \mathcal{L}^{-1}\left[\dfrac{1}{\sqrt{s^2 + 1}}\right] = J_0(t)}$

ここで，初期条件 $: y(0) = C \cdot J_0(0) = C = 1$ より，

$C = 1$　　これを①″ に代入して，

$y(t) = J_0(t)$ となって，答えだ！　ではもう 1 題，ベッセルの微分方程式を解こう。

(2) ②の両辺をラプラス変換して，

$$\mathcal{L}[ty''(t)] + \mathcal{L}[y'(t)] + 4\mathcal{L}[ty(t)] = 0$$

$$-\frac{d}{ds}\{s^2 Y(s) - s\underset{\boxed{2}}{y(0)} - \underset{\boxed{0}}{y'(0)}\} + sY(s) - \underset{\boxed{2}}{y(0)} - 4\frac{d}{ds}Y(s) = 0 \quad \leftarrow \boxed{\text{初期条件}}$$

$$-\{2sY(s) + s^2 Y'(s) - 2\} + sY(s) - 2 - 4Y'(s) = 0$$

$$(s^2 + 4)Y'(s) = -sY(s)$$

これは，変数分離形の $Y(s)$ の微分方程式より，これを解いて，

$$\frac{Y'(s)}{Y(s)} = -\frac{s}{s^2 + 4} \qquad \int \frac{Y'(s)}{Y(s)} ds = -\frac{1}{2}\int \frac{2s}{s^2 + 4} ds$$

$$\log|Y(s)| = -\frac{1}{2}\log(s^2 + 4) + \underset{\boxed{\log C_2}}{\boxed{C_1}} \quad (C_1 \text{: 任意定数})$$

$$\log|Y(s)| = \log \frac{C_2}{\sqrt{s^2 + 4}} \qquad (C_2 = e^{C_1})$$

$$\therefore Y(s) = \frac{C}{\sqrt{s^2 + 4}} \quad \cdots\cdots ② ' \qquad (C = \pm C_2)$$

公式 $: \mathcal{L}^{-1}\left[\dfrac{1}{\sqrt{s^2 + a^2}}\right] = J_0(at)$

$Y(s)$ が求まったので，②′ の両辺をラプラス逆変換して $y(t)$ を求めると，

$$y(t) = \mathcal{L}^{-1}[Y(s)] = C\mathcal{L}^{-1}\left[\frac{1}{\sqrt{s^2 + 4}}\right] = CJ_0(2t) \quad \cdots\cdots ② '' \text{ となる。}$$

ここで，初期条件 $: y(0) = C \cdot \underset{1}{J_0(0)} = C = 2$ より，$C = 2$

これを②″ に代入して，求める $y(t)$ は，

$$y(t) = 2J_0(2t) \quad \text{となるんだね。納得いった？}$$

● 微分・積分方程式もラプラス変換で解ける！

　これまで，微分項の入ったさまざまな微分方程式を解いてきたわけだけれど，これにさらに積分項 $\int_0^t y(u)\,du$ が加わった微分・積分方程式に対しても，ラプラス変換は有効な解法手段と言えるんだ。この場合，当然

公式：$\mathcal{L}\left[\int_0^t y(u)\,du\right] = \dfrac{1}{s}Y(s)$　を利用することになる。

それでは，実際に次の問題で微分・積分方程式を解いてみることにしよう。

例題56　次の微分・積分方程式をラプラス変換により解こう。

(1) $y'(t) - 2y(t) + \int_0^t y(u)\,du = e^t$ ················① 　$(y(0) = 0)$

(2) $y'(t) - \sin t + \int_0^t y(u)\,du = 0$ ················② 　$(y(0) = 0)$

(3) $y'(t) - 3y(t) + 2\int_0^t y(u)\,du = u(t-1)$ ······③ 　$(y(0) = 2)$

---

(1) まず，①の両辺をラプラス変換すると，

$$\underbrace{\mathcal{L}[y'(t)]}_{sY(s)-y(0)} - 2\underbrace{\mathcal{L}[y(t)]}_{Y(s)} + \underbrace{\mathcal{L}\left[\int_0^t y(u)\,du\right]}_{\frac{1}{s}Y(s)} = \underbrace{\mathcal{L}[e^t]}_{\frac{1}{s-1}}$$

積分も，単に $\dfrac{1}{s}$ が $Y(s)$ にかかるだけなんだね。

$$sY(s) - \underbrace{y(0)}_{0 \leftarrow \boxed{初期条件}} - 2Y(s) + \frac{1}{s}Y(s) = \frac{1}{s-1}$$

両辺に s をかけてまとめると，

$$(s^2 - 2s + 1)Y(s) = \frac{s}{s-1} \qquad (s-1)^2 Y(s) = \frac{s}{s-1}$$

$$\therefore Y(s) = \frac{s}{(s-1)^3} \quad \cdots\cdots① '\ となる。$$

$Y(s)$ が求まったので，①´ の両辺をラプラス逆変換して，$y(t)$ を求めよう。

$$y(t) = \mathcal{L}^{-1}[Y(s)] = \mathcal{L}^{-1}\left[\frac{s}{(s-1)^3}\right] = \mathcal{L}^{-1}\left[\frac{(s-1)+1}{(s-1)^3}\right]$$

$$= e^t \mathcal{L}^{-1}\left[\frac{s+1}{s^3}\right] \longleftarrow \boxed{\text{公式 } \mathcal{L}^{-1}[F(s-a)] = e^{at}\mathcal{L}^{-1}[F(s)]}$$

$$= e^t\left\{\underbrace{\mathcal{L}^{-1}\left[\frac{1}{s^2}\right]}_{t} + \underbrace{\mathcal{L}^{-1}\left[\frac{1}{s^3}\right]}_{\frac{t^2}{\Gamma(3)} = \frac{t^2}{2!} = \frac{t^2}{2}}\right\} = e^t\left(t + \frac{t^2}{2}\right)$$

$\therefore y(t) = \left(\dfrac{t^2}{2} + t\right)e^t$ となって，答えだ。はじめ，①の方程式を見たときには，どう解いていいか？ 大変そうに見えたかも知れないけれど，ラプラス変換を使うと，こんなにスッキリ解けてしまうんだね。では，次に入ろう。

(2) ②の両辺をラプラス変換して，

$$\underbrace{\mathcal{L}[y'(t)]}_{sY(s)-y(0)} - \underbrace{\mathcal{L}[\sin t]}_{\frac{1}{s^2+1}} + \underbrace{\mathcal{L}\left[\int_0^t y(u)\,du\right]}_{\frac{1}{s}Y(s)} = 0$$

$$sY(s) - \underbrace{y(0)}_{\boxed{0} \leftarrow \boxed{\text{初期条件}}} - \frac{1}{s^2+1} + \frac{1}{s}Y(s) = 0 \qquad \frac{s^2+1}{s}Y(s) = \frac{1}{s^2+1}$$

$$\therefore Y(s) = \underbrace{\boxed{\frac{1}{s^2+1}}}_{F(s)} \cdot \underbrace{\boxed{\frac{s}{s^2+1}}}_{G(s) \text{ とみる。}} \cdots\cdots ②´$$

$\boxed{\begin{array}{l}\text{公式}\\\mathcal{L}^{-1}[F(s)\cdot G(s)]\\= \displaystyle\int_0^t f(u)g(t-u)\,du\\\text{を使うパターンだ！}\end{array}}$

ここで，$F(s) = \dfrac{1}{s^2+1}$，$G(s) = \dfrac{s}{s^2+1}$ とおき，それぞれのラプラス逆変換を，$f(t) = \mathcal{L}^{-1}[F(s)] = \mathcal{L}^{-1}\left[\dfrac{1}{s^2+1}\right] = \sin t$，$g(t) = \mathcal{L}^{-1}[G(s)]$

$= \mathcal{L}^{-1}\left[\dfrac{s}{s^2+1}\right] = \cos t$ とおく。すると，②´ は $Y(s) = F(s)\cdot G(s)$ となる。

よって，$Y(s) = F(s) \cdot G(s)$ と求まった
ので，この両辺をラプラス逆変換して
$y(t)$ を求めると，

$$\boxed{\begin{aligned} F(s) &= \frac{1}{s^2+1} \quad f(t) = \sin t \\ G(s) &= \frac{s}{s^2+1} \quad g(t) = \cos t \\ Y(s) &= F(s) \cdot G(s) \end{aligned}}$$

$$y(t) = \mathcal{L}^{-1}[Y(s)] = \mathcal{L}^{-1}[F(s) \cdot G(s)]$$

$$= \int_0^t f(u) \cdot g(t-u)\,du \quad \longleftarrow \boxed{\text{合成積} f(t) * g(t)}$$

$$= \int_0^t \underbrace{\sin u \cdot \cos(t-u)}_{\boxed{\frac{1}{2}\{\sin t + \sin(2u-t)\}}}\,du$$

$$\boxed{\begin{aligned} &\text{積→和の公式} \\ &\sin\alpha\cos\beta \\ &= \frac{1}{2}\{\sin(\alpha+\beta) + \sin(\alpha-\beta)\} \end{aligned}}$$

$$= \frac{1}{2}\int_0^t \{\underbrace{\sin t} + \sin(2u-t)\}\,du$$
$$\boxed{u \text{ からみて，定数扱い}}$$

$$= \frac{1}{2}\left[u\sin t - \frac{1}{2}\cos(2u-t)\right]_0^t$$

$$= \frac{1}{2}\left\{t\sin t - \frac{1}{2}\cancel{\cos t} - 0 \cdot \sin t + \frac{1}{2}\underbrace{\cancel{\cos(-t)}}_{\boxed{\cos t}}\right\}$$

$\therefore\ y(t) = \dfrac{1}{2}t\sin t$ となる。大丈夫だった？　ではもう1題解こう！

(3) $y'(t) - 3y(t) + 2\displaystyle\int_0^t y(u)\,du = u(t-1)$ ……③　$(y(0) = 2)$

について，まず，③の両辺をラプラス変換すると，

$$\underbrace{\mathcal{L}[y'(t)]}_{\boxed{sY(s)-y(0)}} - 3\underbrace{\mathcal{L}[y(t)]}_{\boxed{Y(s)}} + 2\underbrace{\mathcal{L}\left[\int_0^t y(u)\,du\right]}_{\boxed{\frac{1}{s}Y(s)}} = \underbrace{\mathcal{L}[u(t-1)]}_{\boxed{\frac{e^{-s}}{s}}}$$

$$sY(s) - \underbrace{y(0)}_{\boxed{2} \longleftarrow \boxed{\text{初期条件}}} - 3Y(s) + \frac{2}{s}Y(s) = \frac{e^{-s}}{s}$$

両辺に s をかけてまとめると，

$$(s^2 - 3s + 2)Y(s) = 2s + e^{-s} \qquad (s-1)(s-2)Y(s) = 2s + e^{-s}$$

$$\therefore Y(s) = \frac{2s}{(s-1)(s-2)} + \frac{e^{-s}}{(s-1)(s-2)} \ \cdots\cdots③' \ となる。$$

$Y(s)$ が求まったので，③' の両辺をラプラス逆変換して，$y(t)$ を求めると，

$$y(t) = \mathcal{L}^{-1}[Y(s)] = \mathcal{L}^{-1}\left[\frac{2s}{(s-1)(s-2)}\right] + \mathcal{L}^{-1}\left[\frac{e^{-s}}{(s-1)(s-2)}\right]$$

$$= \underbrace{\mathcal{L}^{-1}\left[-\frac{2}{s-1} + \frac{4}{s-2}\right]}_{(ⅰ)} + \underbrace{\mathcal{L}^{-1}\left[e^{-s}\left(\frac{1}{s-2} - \frac{1}{s-1}\right)\right]}_{(ⅱ)} \ \cdots\cdots④$$

$\dfrac{2s}{(s-1)(s-2)} = \dfrac{a}{s-1} + \dfrac{b}{s-2}$ とおいて，両辺の分子の各係数を比較すると，

$2s = a(s-2) + b(s-1) = \underset{2}{(a+b)}s - \underset{0}{(2a+b)}$

$a+b = 2, \ 2a+b = 0$ より，$a = -2, \ b = 4$ となる。

ここで，④の右辺の 2 つの逆変換を項別に求めると，

(ⅰ) $\mathcal{L}^{-1}\left[-\dfrac{2}{s-1} + \dfrac{4}{s-2}\right] = -2e^t + 4e^{2t} \ \cdots\cdots⑤$

(ⅱ) $\mathcal{L}^{-1}\left[e^{-s}\left(\dfrac{1}{s-2} - \dfrac{1}{s-1}\right)\right]$ について，

$$F(s) = \frac{1}{s-2} - \frac{1}{s-1}, \ f(t) = \mathcal{L}^{-1}[F(s)] = e^{2t} - e^t \ とおくと，$$

$$\mathcal{L}^{-1}\left[e^{-s}\left(\frac{1}{s-2} - \frac{1}{s-1}\right)\right] = \mathcal{L}^{-1}[e^{-1\cdot s}F(s)] = f(t-1) \cdot u(t-1)$$

公式 $\mathcal{L}^{-1}[e^{-as}F(s)] = f(t-a)u(t-a)$

$$= \{e^{2(t-1)} - e^{t-1}\}u(t-1) \ \cdots\cdots⑥ \ となる。$$

以上 (ⅰ)(ⅱ) より，⑤，⑥を④に代入すると，求める $y(t)$ は，

$$y(t) = 4e^{2t} - 2e^t + \{e^{2(t-1)} - e^{t-1}\}u(t-1) \quad となって，答えだ。$$

さまざまな問題を解いてきたけれど，これで常微分方程式についてのラプラス変換による解法の解説は終了です。よく頑張ったね！

それでは，この後，偏微分方程式のラプラス変換による解法についても解説しておこう。

207

● 偏微分方程式もラプラス変換で解いてみよう！

1変数関数 $y(t)$ の微分方程式のことを**常微分方程式**という。これに対して，$y(x, t)$ や $y(u, v, t)$ など2変数以上，すなわち多変数関数の微分方程式のことを**偏微分方程式**という。

ここでは，2変数関数 $y(x, t)$ の偏微分方程式に絞って，そのラプラス変換による解法を具体的に教えよう。ラプラス変換は，変数 t に対して行うものとするので，その場合 x は定数扱いとなることに注意しよう。具体的にいくつか例を示すと，

(1) $\underline{\mathcal{L}[y(x, t)] = \int_0^\infty y(x, t)e^{-st}dt = Y(x, s)}$

> これは，$\mathcal{L}[y(t)] = \int_0^\infty y(t)e^{-st}dt = Y(s)$ に対応する。

また，$y(x, t)$ を t で1階および2階偏微分したものは，

$$\frac{\partial}{\partial t}y(x, t) = y_t(x, t), \quad \frac{\partial^2}{\partial t^2}y(x, t) = y_{tt}(x, t) \text{ などと表す。よって，}$$

これらのラプラス変換は，次のようになるんだね。

(2) $\underline{\mathcal{L}[y_t(x, t)] = sY(x, s) - y(x, 0)}$

> これは，$\mathcal{L}\left[\dfrac{d}{dt}y(t)\right] = sY(s) - y(0)$ に対応する。

(3) $\underline{\mathcal{L}[y_{tt}(x, t)] = s^2Y(x, s) - sy(x, 0) - y_t(x, 0)}$

> これは，$\mathcal{L}\left[\dfrac{d^2}{dt^2}y(t)\right] = s^2Y(s) - sy(0) - y'(0)$ に対応する。

では，x での偏導関数 $y_x(x, t)\left[= \dfrac{\partial}{\partial x}y(x, t)\right]$ や $y_{xx}(x, t)\left[= \dfrac{\partial^2}{\partial x^2}y(x, t)\right]$ のラプラス変換はどうなるのか，分かる？ ここでは，t に対するラプラス変換なので x による偏微分とは無関係と考えて，次のようになる。

(4) $\mathcal{L}[y_x(x, t)] = \mathcal{L}\left[\dfrac{\partial}{\partial x}y(x, t)\right] = \int_0^\infty \left\{\dfrac{\partial}{\partial x}y(x, t)\right\}e^{-st}dt$

$$= \underline{\dfrac{\partial}{\partial x}\int_0^\infty y(x, t)e^{-st}dt} = \dfrac{\partial}{\partial x}\mathcal{L}[y(x, t)] = \dfrac{\partial}{\partial x}Y(x, s)$$

> 微分と積分の順番を入れ替えられるものとした。

(5) 同様に，$\mathcal{L}[y_{xx}(x,\ t)]=\dfrac{\partial^2}{\partial x^2}\mathcal{L}[y(x,\ t)]=\dfrac{\partial^2}{\partial x^2}Y(x,\ s)$ となる。大丈夫？

それでは，これから次の例題で実際に偏微分方程式を解いてみることにしよう。

例題 57　次の **1 階偏微分方程式**をラプラス変換により解こう。

$$\frac{\partial}{\partial x}y(x,\ t)=2\frac{\partial}{\partial t}y(x,\ t)+y(x,\ t)\ \cdots\cdots① \quad (y(x,\ 0)=2e^{-3x})$$

ただし，$y(x,\ t)$ は有界であるものとする。

まず，①の両辺を **t** についてラプラス変換すると，

> つまり，*x* は定数扱い。また，*x* による偏微分はそのままにする。

$$\underbrace{\mathcal{L}\left[\frac{\partial}{\partial x}y(x,\ t)\right]}_{\substack{\frac{\partial}{\partial x}\mathcal{L}[y(x,\ t)]\\=\frac{\partial}{\partial x}Y(x,\ s)}}=2\underbrace{\mathcal{L}\left[\frac{\partial}{\partial t}y(x,\ t)\right]}_{sY(x,\ s)-y(x,\ 0)}+\underbrace{\mathcal{L}[y(x,\ t)]}_{Y(x,\ s)}$$

$$\frac{\partial}{\partial x}Y(x,\ s)=2sY(x,\ s)-2\underbrace{y(x,\ 0)}_{2e^{-3x}\ \leftarrow\ 初期条件}+Y(x,\ s)$$

$$\underbrace{\frac{d}{dx}Y(x,\ s)}_{\substack{Y(x,\ s)をxの1変\\数関数とみている。}}-\underbrace{\overbrace{(2s+1)}^{xからみて定数扱い}}_{P(x)}Y(x,\ s)=\underbrace{-4e^{-3x}}_{Q(x)}\ \cdots\cdots②\ となる。$$

ここまでくると，今度はこの②は *x* の関数 $Y(x,\ s)$ の **1 階線形常微分方程式**：$\dfrac{dy(x)}{dx}+P(x)y(x)=Q(x)$ の形をしているので，解の公式：

$$y(x)=e^{-\int P(x)\,dx}\left\{\int Q(x)e^{\int P(x)\,dx}\,dx+C\right\}\ \cdots\cdots(*)\ を用いればいい。$$

よって，②より，　　　　　　　　　　　　　　P199 参照

$$Y(x,\ s)=e^{\int \overbrace{(2s+1)}^{定数扱い}\,dx}\left\{\int(-4e^{-3x})e^{-\int \overbrace{(2s+1)}^{定数扱い}\,dx}\,dx+C\right\}\ \cdots\cdots③$$

209

$$Y(x,\ s) = e^{\overbrace{\int(2s+1)\,dx}^{(2s+1)x}}\left\{\int(-4)e^{-3x}e^{\overbrace{-\int(2s+1)\,dx}^{-(2s+1)x}}dx + C\right\} \quad \cdots\cdots③を解いて,$$

$$Y(x,\ s) = e^{(2s+1)x}\overbrace{\left\{-4\int e^{-3x}\cdot e^{-(2s+1)x}dx + C\right\}}$$

$$= -4e^{(2s+1)x}\underbrace{\int e^{-(2s+4)x}dx}_{\boxed{-\dfrac{1}{2s+4}e^{-(2s+4)x}}} + Ce^{(2s+1)x}$$

$$= \frac{4}{2s+4}e^{(2s+1)x-(2s+4)x} + Ce^{(2s+1)x}$$

$$\therefore\ Y(x,\ s) = \frac{2e^{-3x}}{s+2} + C\underbrace{e^{(2s+1)x}}_{\boxed{\infty\ (x\to\infty のとき)}} \quad \cdots\cdots④ となる。$$

ここで，$y(x,\ t)$ は有界より，$x\to\infty$ のとき $Y(x,\ s)$ も有界でなければならない。

$$\boxed{\begin{array}{l}|y(x,\ t)| \le M(\text{正の定数})\ より，\\[2mm]|Y(x,\ s)| = \left|\displaystyle\int_0^\infty y(x,\ t)e^{-st}dt\right| \le \int_0^\infty |y(x,\ t)\,e^{-st}|dt\\[3mm]\qquad\quad \le \lim_{p\to\infty}M\int_0^p e^{-st}dt = \lim_{p\to\infty}M\cdot\frac{1}{s}(1-\underbrace{e^{-sp}}_{0}) = \frac{M}{s} \qquad よって，s\ge 1\\[3mm]のとき，|Y(x,\ s)| \le \frac{M}{s} \le M となって，Y(x,\ s) も有界になる。\end{array}}$$

よって，$Y(\infty,\ s)$ も有界となるためには，④の C は $C=0$ でなければならない。よって，

$$Y(x,\ s) = \frac{2e^{-3x}}{s+2} \quad \cdots\cdots④´ となる。$$

よって，今度は④´の $Y(x,\ s)$ を $\underline{s}$ についてラプラス逆変換すれば解

$$\boxed{\text{ということは，今度は } 2e^{-3x} \text{ が定数扱いになる！}}$$

$y(x,\ t)$ が求まるんだね。

$$y(x,\ t) = \mathcal{L}^{-1}[Y(x,\ s)] = \overbrace{\left(2e^{-3x}\right)}^{\boxed{s\,からみて，定数}}\mathcal{L}^{-1}\left[\frac{1}{s+2}\right] = 2e^{-3x}e^{-2t} となって，答$$

えだ！ このように，偏微分方程式をラプラス変換で解く場合，どれを変
数とし，どれを定数として扱うかを注意深く考えながら解いていく必要が
あるんだね。

それでは次，2階偏微分方程式についてもラプラス変換で解いてみよう。

例題58 次の2階偏微分方程式をラプラス変換により解こう。

$$\frac{\partial}{\partial t} y(x,\ t) = \alpha \frac{\partial^2}{\partial x^2} y(x,\ t) \ \cdots\cdots ①$$

x で2階微分しているので，①を2階偏微分方程式という。

ただし，$y(x,\ 0) = y(\infty,\ t) = 0$，$y(0,\ t) = \beta$　（α，β は正の定数）
また，$y(x,\ t)$ は有界であるものとする。

---

①は，熱伝導（または，拡散）の方程式であることは，御存知の方も多い
と思う。ではまず，①の両辺を t についてラプラス変換すると，

$$\underbrace{\mathcal{L}\left[\frac{\partial}{\partial t} y(x,\ t)\right]}_{(sY(x,\ s) - y(x,\ 0))} = \alpha \underbrace{\mathcal{L}\left[\frac{\partial^2}{\partial x^2} y(x,\ t)\right]}_{\frac{\partial^2}{\partial x^2} \mathcal{L}[y(x,\ t)] = \frac{\partial^2}{\partial x^2} Y(x,\ s)}$$

$$sY(x,\ s) - \underbrace{y(x,\ 0)}_{0 \leftarrow 初期条件} = \alpha \frac{\partial^2}{\partial x^2} Y(x,\ s)$$

$$\frac{d^2}{dx^2} Y(x,\ s) = \frac{s}{\alpha} Y(x,\ s) \ \cdots\cdots ② となる。$$

$Y(x,\ s)$ を x の1変数関数とみているので，∂ を d に書き変えた。

ここで，②は x の1変数関数 $Y(x,\ s)$ の2階常微分方程式とみることが

s は定数扱い

でき，その解が $Y(x,\ s) = e^{\lambda x}$（λ：定数）の形で与えられることは容易に
分かるはずだ。これを x で2階微分して，

$$\frac{d}{dx} Y(x,\ s) = \lambda e^{\lambda x}, \ \frac{d^2}{dx^2} Y(x,\ s) = \lambda^2 e^{\lambda x} \ より，これを②に代入して，$$

$$\lambda^2 e^{\lambda x} = \frac{s}{\alpha} e^{\lambda x} \qquad 両辺を e^{\lambda x} \ (>0) \ で割ると，$$

特性方程式：$\lambda^2 = \dfrac{s}{\alpha}$（正の定数）が得られるので，

$\lambda = \pm\sqrt{\dfrac{s}{\alpha}}$ となる。これから，$\dfrac{d^2}{dx^2}Y(x, s) = \dfrac{s}{\alpha}Y(x, s)$ ……②の基本解が

$e^{-\sqrt{\frac{s}{\alpha}}x}$，$e^{\sqrt{\frac{s}{\alpha}}x}$ であることが分かり，これらは互いに独立なので，②の解 $Y(x, s)$ は，

$$Y(x, s) = C_1(s)e^{-\sqrt{\frac{s}{\alpha}}x} + C_2(s)\underbrace{e^{\sqrt{\frac{s}{\alpha}}x}}_{\boxed{\infty\,(x \to \infty \text{のとき})}} \cdots\text{③となる。}$$

$(C_1(s), C_2(s)：s$ の任意関数$)$

ここで，$y(x, t)$ は有界より，$Y(x, s)$ も有界。よって，$x \to \infty$ のとき，$Y(\infty, s)$ も有界でないといけないので，$C_2(s) = 0$ ……④となる。

∴④を③に代入して，

$$Y(x, s) = C_1(s) \cdot e^{-\sqrt{\frac{s}{\alpha}}x} \cdots\text{③′ となる。}$$

ここで，初期条件：$y(0, t) = \beta$ より，この両辺を t についてラプラス変換すると，$\underbrace{\mathcal{L}[y(0, t)]}_{\boxed{Y(0, s)}} = \beta\underbrace{\mathcal{L}[1]}_{\boxed{\frac{1}{s}}}$

$Y(0, s) = \dfrac{\beta}{s}$ ……⑤となる。よって，③′ に $x = 0$ を代入すると，

$$Y(0, s) = C_1(s) \cdot e^0 = C_1(s) = \dfrac{\beta}{s} \quad (\text{⑤より})$$

よって，$C_1(s) = \dfrac{\beta}{s}$ を③′ に代入して，

$$Y(x, s) = \dfrac{\beta}{s}e^{-\sqrt{\frac{s}{\alpha}}x} \cdots\text{⑥が求まる。}$$

ここで，公式：$\mathcal{L}^{-1}\left[\dfrac{1}{s}e^{-a\sqrt{s}}\right] = erfc\left(\dfrac{a}{2\sqrt{t}}\right)$ ……$(*)$ を用いると，⑥の両辺を s についてラプラス逆変換することにより，①の解 $y(x, t)$ が次のように求まるんだね。

これを, 定数 a とみて, 公式 $(*)$ を使う!

$$y(x, \ t) = \mathcal{L}^{-1}[Y(x, \ s)] = \beta \mathcal{L}^{-1}\left[\frac{1}{s}e^{-\left(\frac{x}{\sqrt{\alpha}}\right)\sqrt{s}}\right]$$

$$= \beta \cdot erfc\left(\frac{\overset{a}{\overbrace{\frac{x}{\sqrt{\alpha}}}}}{2\sqrt{t}}\right) = \beta \cdot erfc\left(\frac{x}{2\sqrt{\alpha t}}\right) \ \text{となって, 答えだ!}$$

エッ, でも公式 $(*)$ なんて初めて見たって? その通りだね。この公式の証明は結構大変なんだけれど, 最後に頑張って示しておこう。

P21 に示したように, 余誤差関数 $erfc\left(\dfrac{a}{2\sqrt{t}}\right)$ が, 右図の網目部の面積を表す積分の式

$$erfc\left(\frac{a}{2\sqrt{t}}\right) = \frac{2}{\sqrt{\pi}}\int_{\frac{a}{2\sqrt{t}}}^{\infty}e^{-u^2}du \ \cdots\cdots\text{(a)}$$

で定義されるのは大丈夫だね。

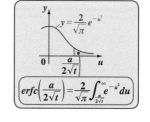

$$erfc\left(\frac{a}{2\sqrt{t}}\right) = \frac{2}{\sqrt{\pi}}\int_{\frac{a}{2\sqrt{t}}}^{\infty}e^{-u^2}du$$

それでは, $(*)$ の公式を証明するために, 次の 2 段階のステップを踏んで示すことにしよう。

$$\begin{cases} (\text{i}) \ \mathcal{L}\left[\dfrac{a}{2\sqrt{\pi}t^{\frac{3}{2}}}e^{-\frac{a^2}{4t}}\right] = e^{-a\sqrt{s}} & \cdots\cdots(*1) \ \text{の証明} \\[4mm] (\text{ii}) \ erfc\left(\dfrac{a}{2\sqrt{t}}\right) = \displaystyle\int_0^t \dfrac{a}{2\sqrt{\pi}t^{\frac{3}{2}}}e^{-\frac{a^2}{4t}}dt & \cdots\cdots(*2) \ \text{の証明} \end{cases}$$

(i) の $(*1)$ から証明しよう。

ラプラス変換の定義

u^2 とおく

$$(*1) \ \text{の左辺} = \mathcal{L}\left[\frac{a}{2\sqrt{\pi}t^{\frac{3}{2}}}e^{-\frac{a^2}{4t}}\right] = \int_0^{\infty}\underbrace{\frac{a}{2\sqrt{\pi}t^{\frac{3}{2}}}e^{-\frac{a^2}{4t}}}_{f(t) \ \text{とみる}}e^{-st}dt \ \cdots\cdots①$$

ここで, $\dfrac{a}{2\sqrt{t}} = u$ とおくと, $\dfrac{a}{2}t^{-\frac{1}{2}} = u$ より,

$t : 0 \to \infty$ のとき, $u : \infty \to 0$ となり,

また, $-\dfrac{1}{2}\cdot\dfrac{a}{2}t^{-\frac{3}{2}}dt = du$, すなわち $\dfrac{a}{t^{\frac{3}{2}}}dt = -4du$ となる。

よって, ①は,

$(*1)$ の左辺 $=\dfrac{1}{2\sqrt{\pi}}\displaystyle\int_{0}^{\infty}e^{-\frac{a^2}{4t}}\cdot e^{-st}\cdot\dfrac{a}{t^{\frac{3}{2}}}dt$

（上の式には注記として $\overset{0}{\overset{\infty}{\;}}$、$\overset{u^2}{\underset{\frac{a^2}{4t}}{\;}}$、$\overset{\frac{a^2}{4u^2}}{\underset{s\frac{1}{t}}{\;}}-4du$ が書かれている）

$\qquad\qquad =\dfrac{2}{\sqrt{\pi}}\displaystyle\int_{0}^{\infty}e^{-u^2}\cdot e^{-\frac{a^2 s}{4u^2}}du$

$$\boxed{e^{-\left(u^2+\frac{a^2 s}{4u^2}\right)}=e^{-\left(u-\frac{a\sqrt{s}}{2u}\right)^2-a\sqrt{s}}}$$

$$\boxed{b\ とおく}$$

$\qquad\qquad =\dfrac{2}{\sqrt{\pi}}e^{-a\sqrt{s}}\underbrace{\displaystyle\int_{0}^{\infty}e^{-\left(u-\frac{a\sqrt{s}}{2}\cdot\frac{1}{u}\right)^2}du}_{(\mathcal{ア})}\quad$ ……②となる。

ここでさらに，$\dfrac{a\sqrt{s}}{2}=b$，$\dfrac{b}{u}=v\left(\text{すなわち}\ u=\dfrac{b}{v}\right)$ とおくと，

$u:0\to\infty$ のとき，$v:\infty\to 0$ また，$du=-\dfrac{b}{v^2}dv$ より，②は，

$\qquad(*1)$ の左辺 $=\dfrac{2}{\sqrt{\pi}}e^{-a\sqrt{s}}\displaystyle\int_{\infty}^{0}e^{-\left(\frac{b}{v}-v\right)^2}\left(-\dfrac{b}{v^2}\right)dv$

$\qquad\qquad\qquad =\dfrac{2}{\sqrt{\pi}}e^{-a\sqrt{s}}\underbrace{\displaystyle\int_{0}^{\infty}\dfrac{b}{v^2}e^{-\left(\frac{b}{v}-v\right)^2}dv}_{(\mathcal{イ})}\quad$ ……③となる。

ここで，②，③のそれぞれの無限積分（ア），（イ）は等しいので，

$$\int_{0}^{\infty}e^{-\left(u-\frac{b}{u}\right)^2}du=\int_{0}^{\infty}\dfrac{b}{v^2}e^{-\left(\frac{b}{v}-v\right)^2}dv\quad\text{……④}$$

（右辺の指数部に $\left(v-\frac{b}{v}\right)^2$ の注記あり）

④の左右両辺それぞれに $\underbrace{\displaystyle\int_{0}^{\infty}e^{-\left(u-\frac{b}{u}\right)^2}du}_{\boxed{④の左辺にたす}}=\underbrace{\displaystyle\int_{0}^{\infty}e^{-\left(v-\frac{b}{v}\right)^2}dv}_{\boxed{④の右辺にたす}}$ をたすと，

$$2\int_{0}^{\infty}e^{-\left(u-\frac{b}{u}\right)^2}du=\int_{0}^{\infty}\left(1+\dfrac{b}{v^2}\right)e^{-\left(v-\frac{b}{v}\right)^2}dv\quad\text{……④′ となる。}$$

ここで，$z=v-\dfrac{b}{v}$ とおくと，

$v:0\to\infty$ のとき，$z:-\infty\to\infty$ ←

（図中：縦軸 z，横軸 v，原点 0，曲線 $z_1=v$，$z=v-\dfrac{b}{v}$，$z_2=-\dfrac{b}{v}$）

$dz = \left(1 + \dfrac{b}{v^2}\right)dv$ となるので，④′は，

$2\displaystyle\int_0^\infty e^{-\left(u - \frac{b}{u}\right)^2}du = \int_0^{\infty} e^{-\overbrace{\left(v - \frac{b}{v}\right)}^{z}{}^2} \cdot \overbrace{\left(1 + \dfrac{b}{v^2}\right)dv}^{dz}$

$= \displaystyle\int_{-\infty}^\infty e^{-z^2}dz = \sqrt{\pi}$ となる。 ◄ P20 参照

面積 $\displaystyle\int_{-\infty}^\infty e^{-z^2}dz = \sqrt{\pi}$

$\therefore (\mathcal{T})\displaystyle\int_0^\infty e^{-\left(u - \frac{b}{u}\right)^2}du = \dfrac{\sqrt{\pi}}{2}$ ……⑤となる。

⑤を②に代入すると，

　(＊1) の左辺 $= \mathcal{L}\left[\dfrac{a}{2\sqrt{\pi}\,t^{\frac{3}{2}}}e^{-\frac{a^2}{4t}}\right] = \dfrac{2}{\sqrt{\pi}} \cdot e^{-a\sqrt{s}} \cdot \dfrac{\sqrt{\pi}}{2}$

　　　　　　$= e^{-a\sqrt{s}} = (＊1)$ の右辺　となって，

(i) $\mathcal{L}\left[\dfrac{a}{2\sqrt{\pi}\,t^{\frac{3}{2}}}e^{-\frac{a^2}{4t}}\right] = e^{-a\sqrt{s}}$ ……(＊1) が成り立つことが分かった。

(ii) 次，$erfc\left(\dfrac{a}{2\sqrt{t}}\right) = \displaystyle\int_0^t \dfrac{a}{2\sqrt{\pi}\,t^{\frac{3}{2}}}e^{-\frac{a^2}{4t}}dt$ ……(＊2) が成り立つことも示そう。

(＊2) の左辺 $= erfc\left(\dfrac{a}{2\sqrt{t}}\right) = \dfrac{2}{\sqrt{\pi}}\displaystyle\int_{\frac{a}{2\sqrt{t}}}^\infty e^{-u^2}du$ ……⑥について，

$\dfrac{a}{2\sqrt{v}} = u$，すなわち $\dfrac{a}{2}v^{-\frac{1}{2}} = u$ とおくと，

$u : \dfrac{a}{2\sqrt{t}} \to \infty$ のとき，$v : t \to 0$

また，$-\dfrac{a}{4}v^{-\frac{3}{2}}dv = du$ より，⑥は，

(＊2) の左辺 $= erfc\left(\dfrac{a}{2\sqrt{t}}\right) = \dfrac{2}{\sqrt{\pi}}\displaystyle\int_t^0 e^{-\frac{a^2}{4v}}\left(-\dfrac{a}{4}v^{-\frac{3}{2}}\right)dv$

　　　　　$= \displaystyle\int_0^t \dfrac{a}{2\sqrt{\pi}\,v^{\frac{3}{2}}}e^{-\frac{a^2}{4v}}dv = \int_0^t \dfrac{a}{2\sqrt{\pi}\,t^{\frac{3}{2}}}e^{-\frac{a^2}{4t}}dt$ ◄ 変数を v から t に変えた。

　　　　　$= (＊2)$ の右辺　　となって，(＊2) も成り立つことが示せた。

以上
$\begin{cases} (\,\text{i}\,)\,\mathcal{L}\left[\dfrac{a}{2\sqrt{\pi}\,t^{\frac{3}{2}}}e^{-\frac{a^2}{4t}}\right]=e^{-a\sqrt{s}} & \cdots\cdots(*1)\text{ と} \\[4mm] (\,\text{ii}\,)\,erfc\left(\dfrac{a}{2\sqrt{t}}\right)=\displaystyle\int_0^t \dfrac{a}{2\sqrt{\pi}\,t^{\frac{3}{2}}}e^{-\frac{a^2}{4t}}dt & \cdots\cdots(*2)\text{ より,} \end{cases}$

$$\mathcal{L}\left[erfc\left(\frac{a}{2\sqrt{t}}\right)\right]=\mathcal{L}\left[\int_0^t \frac{a}{2\sqrt{\pi}\,t^{\frac{3}{2}}}e^{-\frac{a^2}{4t}}dt\right]\quad((*2)\text{ より})$$

$$=\frac{1}{s}\,\mathcal{L}\left[\frac{a}{2\sqrt{\pi}\,t^{\frac{3}{2}}}e^{-\frac{a^2}{4t}}\right]=\frac{1}{s}e^{-a\sqrt{s}}\quad((*1)\text{ より})$$

公式：$\mathcal{L}\left[\displaystyle\int_0^t f(t)dt\right]=\dfrac{1}{s}\mathcal{L}[f(t)]$

となる。よって，この両辺をラプラス逆変換すれば，**P212** の公式：

$$\mathcal{L}^{-1}\left[\frac{1}{s}e^{-a\sqrt{s}}\right]=erfc\left(\frac{a}{2\sqrt{t}}\right)\quad\cdots\cdots(*)\text{ が導けたんだね。}$$

そして，この公式 (*) を利用することにより，例題 **58** の偏微分方程式の解 $y(x,\ t)=\beta\cdot erfc\left(\dfrac{x}{2\sqrt{\alpha t}}\right)$ を求めることができたんだね。納得いった？

フ〜，疲れたって？　そうだね。最後の証明はかなり込み入っていたからね。でも，以上で，ラプラス変換の講義はすべて終了です。

最後まで読み進めるのは大変だったと思うけれど，ラプラス変換は物理も含めて，理工系の様々な微分方程式の問題を解くのに非常に有効な手法なんだね。だから，少し休んだら，また初めから何度か練習して，完全にマスターするといいと思う。

皆様のさらなる成長を心より楽しみにしています。

マセマ代表　馬場 敬之

講義 4 ● 微分方程式の解法　公式エッセンス

1. ラプラス変換による微分方程式の解法

2. 微分方程式の解法で利用するラプラス変換の公式

$y(t)$	$Y(s)$	$y(t)$	$Y(s)$
1（または $u(t)$）	$\dfrac{1}{s}$	$u(t-a)$	$\dfrac{e^{-as}}{s}$
t^n	$\dfrac{n!}{s^{n+1}}$	$y(t-a)u(t-a)$	$e^{-as}Y(s)$
		$e^{at}y(t)$	$Y(s-a)$
e^{at}	$\dfrac{1}{s-a}$	$erf(\sqrt{at})$	$\dfrac{\sqrt{a}}{s\sqrt{s+a}}$
$\cos at$	$\dfrac{s}{s^2+a^2}$	$J_0(at)$	$\dfrac{1}{\sqrt{s^2+a^2}}$
$\sin at$	$\dfrac{a}{s^2+a^2}$	$y'(t)$	$sY(s)-y(0)$
$\cosh at$	$\dfrac{s}{s^2-a^2}$	$y''(t)$	$s^2Y(s)-sy(0)-y'(0)$
$\sinh at$	$\dfrac{a}{s^2-a^2}$	$ty(t)$	$-\dfrac{d}{ds}Y(s)$
$ay(t)+bg(t)$	$aY(t)+bG(t)$	$t^ny(t)$	$(-1)^n\dfrac{d^n}{ds^n}Y(s)$
$y(at)$	$\dfrac{1}{a}Y\left(\dfrac{s}{a}\right)$	$y(t)*g(t)$	$Y(t)G(t)$
$\delta(t)$	1	$\displaystyle\int_0^t y(u)du$	$\dfrac{1}{s}Y(s)$

3. ラプラス逆変換の公式

$$\mathcal{L}^{-1}\left[\frac{1}{s}e^{-a\sqrt{s}}\right]=erfc\left(\frac{a}{2\sqrt{t}}\right)$$

◆自動制御入門◆

　これまで学習した"**ラプラス変換**"は，実は"**自動制御**"理論にも応用することができる。

　自動制御理論とは，電気回路や機械モデルなど…の様々なシステムに，たとえば電圧や力などの"**入力**" $x(t)$ (t：時刻) が与えられたとき，どのような"**出力 (応答)**" $y(t)$ (たとえば，電流や変位など…) が生じるかを調べ，その制御を行うための学問なんだね。

　ここでは，"**インパルス応答**"と"**インディシャル応答**"を中心に，自動制御の基本について解説することにしよう。

● まず，伝達関数を押さえよう！

　関数 $y = f(x)$ の場合，独立変数 x にある値 x_1 を代入すると，$y_1 = f(x_1)$ となって，y の値 y_1 が決定する。これと同様に，電気系，機械系，流体系，熱力学系，など…，ある系 (システム) に，電圧や力や水位や熱など…，

時刻 t により変化する入力 $x(t)$ を加えると，それに応答して，ある出力 $y(t)$ が生じる。この様子を，図1に模式図として示す。図1の $X(s)$ や $Y(s)$ は，それぞれ入力 $x(t)$，出力 $y(t)$ のラプラス変換のことだ。つまり，

図1　入力と出力の関係

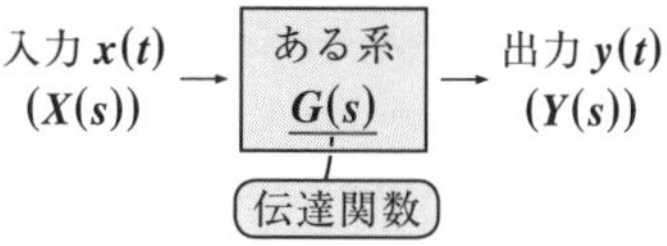

入力 $x(t)$ 　→　| ある系 $G(s)$ | 　→　出力 $y(t)$
$(X(s))$ 　　　　　　　　　　　　　　　　$(Y(s))$

伝達関数

$x(t) \longleftrightarrow X(s)$, 　$y(t) \longleftrightarrow Y(s)$ 　　　なんだね。大丈夫？

$$\left(X(s) = \int_0^\infty x(t) \cdot e^{-st} dt, \quad Y(s) = \int_0^\infty y(t) \cdot e^{-st} dt \right)$$

そして，$X(s)$ と $Y(s)$ の関係式は，この系がもつ"**伝達関数**"(*transfer function*) と呼ばれる s の関数 $G(s)$ により，次のように簡単に表現できる。

$$Y(s) = G(s) \cdot X(s) \cdots (*1)$$

この伝達関数 $G(s)$ は，与えられた系特有の関数であり，入力の性質や大きさとは無関係なんだ。そして，入力 $X(s)$ や出力 $Y(s)$ の関係が，(*1) のような単純な式で表せるので，時刻 t における入力 $x(t)$ や出力 $y(t)$ の代わりに，これらのラプラス変換 $X(s)$ や $Y(s)$ を利用することになるんだね。

では，どのようにして，(*1) の公式が導けるのか？これから解説しよう。一般論として，ある系に加えられる入力 $x(t)$ と，その結果生じる出力 $y(t)$ が，次の微分方程式をみたすものとしよう。

$$b_n \frac{d^n y}{dt^n} + b_{n-1}\frac{d^{n-1}y}{dt^{n-1}} + \cdots + b_1\frac{dy}{dt} + b_0 y$$
$$= a_m\frac{d^m x}{dt^m} + a_{m-1}\frac{d^{m-1}x}{dt^{m-1}} + \cdots + a_1\frac{dx}{dt} + a_0 x \quad \cdots\cdots ①$$

（ただし，m, n は，0 以上の整数）

ここで，①の両辺をラプラス変換するんだけれど，このとき単純化して，すべての初期値を 0 とすることにしよう。つまり，$k = 0, 1, 2, \cdots$ のとき

・$\mathcal{L}[y^{(k)}(t)] = s^k Y(s) - \{s^{k-1}y(0) + s^{k-2}y'(0) + \cdots + s\,y^{(k-2)}(0) + y^{(k-1)}(0)\}$

$\qquad\qquad\qquad\qquad\quad\underbrace{\;}_{0}\quad\underbrace{\;}_{0}\qquad\quad\underbrace{\;}_{0}\qquad\underbrace{\;}_{0}$

$\qquad\qquad = s^k Y(s)$ とし，また，

・$\mathcal{L}[x^{(k)}(t)] = s^k X(s) - \{s^{k-1}x(0) + s^{k-2}x'(0) + \cdots + s\,x^{(k-2)}(0) + x^{(k-1)}(0)\}$

$\qquad\qquad\qquad\qquad\quad\underbrace{\;}_{0}\quad\underbrace{\;}_{0}\qquad\quad\underbrace{\;}_{0}\qquad\underbrace{\;}_{0}$

$\qquad\qquad = s^k X(s)$ とするんだね。

この初期条件の下で，①の両辺をラプラス変換すると，ラプラス変換の線形性より，

$b_n \cdot \underset{\boxed{s^n \cdot Y(s)}}{\mathcal{L}[y^{(n)}(t)]} + b_{n-1}\cdot \underset{\boxed{s^{n-1}Y(s)}}{\mathcal{L}[y^{(n-1)}(t)]} + \cdots + b_1 \cdot \underset{\boxed{sY(s)}}{\mathcal{L}[y'(t)]} + b_0 \cdot \underset{\boxed{Y(s)}}{\mathcal{L}[y(t)]}$

$= a_m \cdot \underset{\boxed{s^m \cdot X(s)}}{\mathcal{L}[x^{(m)}(t)]} + a_{m-1}\cdot \underset{\boxed{s^{m-1}X(s)}}{\mathcal{L}[x^{(m-1)}(t)]} + \cdots + a_1 \cdot \underset{\boxed{sX(s)}}{\mathcal{L}[x'(t)]} + a_0 \cdot \underset{\boxed{X(s)}}{\mathcal{L}[x(t)]}$

$(b_n s^n + b_{n-1}s^{n-1} + \cdots + b_1 s + b_0) \cdot Y(s)$

$\qquad = (a_m s^m + a_{m-1}s^{m-1} + \cdots + a_1 s + a_0)X(s)$ となるので，

$$Y(s) = \underbrace{\frac{a_m s^m + a_{m-1}s^{m-1} + \cdots + a_1 s + a_0}{b_n s^n + b_{n-1}s^{n-1} + \cdots + b_1 s + b_0}}_{\boxed{G(s)}} X(s) \cdots\cdots ② \quad となる。$$

ここで，②の右辺の有理式 $\dfrac{a_m s^m + a_{m-1}s^{m-1} + \cdots + a_1 s + a_0}{b_n s^n + b_{n-1}s^{n-1} + \cdots + b_1 s + b_0} = G(s)$ とおく

と，この $G(s)$ が，この系特有の伝達関数であり，②から

$Y(s) = G(s) \cdot X(s)$ ……(＊1) が導けるんだね。

このように，微分方程式の中の $x(t)$ や $y(t)$ の第 k 次導関数 $x^{(k)}$，$y^{(k)}$ のラプラス変換は，すべての初期値を 0 として，

$\mathcal{L}[x^{(k)}] = s^k X(s)$，$\mathcal{L}[y^{(k)}] = s^k Y(s)$ と表し，

また，もしある系の $x(t)$ と $y(t)$ の関係式に k 重積分項がある場合，そのラプラス変換は

$\mathcal{L}\left[\displaystyle\int\int\cdots\int x(du)^k\right] = \dfrac{X(s)}{s^k}$，$\mathcal{L}\left[\displaystyle\int\int\cdots\int y(du)^k\right] = \dfrac{Y(s)}{s^k}$ とすればいいんだね。大丈夫？

● 基本要素の伝達関数を調べよう！

では，制御の対象となる系，すなわち制御系を構成する基本的な要素の具体的な伝達関数 $G(s)$ を調べてみよう。

(1) 比例要素

$x(t)$ と $y(t)$ が比例関係にある，つまり $y(t) = kx(t)$ （k：実数定数）の場合，両辺をラプラス変換して，$Y(s) = \underbrace{k}_{\text{伝達関数}\,G(s)} X(s)$ より，

伝達関数 $G(s) = k$ である。また，この比例定数 k を "**ゲイン定数**"（*gain constant*）という。

(2) 微分要素

$x(t)$ と $y(t)$ が，$y(t) = k\dfrac{dx(t)}{dt}$ （k：実数定数）の関係にある場合，この両辺をラプラス変換して，$Y(s) = \underbrace{k \cdot s}_{\text{伝達関数}\,G(s)} X(s)$ より

伝達関数 $G(s) = ks$ である。

(3) 積分要素

$x(t)$ と $y(t)$ が，$y(t) = k\displaystyle\int_0^t x(u)du$ （k：実数定数）の関係にある場合，

この両辺をラプラス変換して，$Y(s) = k \cdot \dfrac{X(s)}{s} = \underbrace{\dfrac{k}{s}}_{\boxed{\text{伝達関数 } G(s)}} X(s)$　より

伝達関数 $\boxed{G(s) = \dfrac{k}{s}}$ である。

(4) 1 次遅れ要素

伝達関数 $G(s)$ が，$\boxed{G(s) = \dfrac{k}{1 + Ts}}$（$k$：実数定数，$T$：**時定数**（じていすう）（*time constant*））となる系の要素を，"**1 次遅れ要素**"（*first order lag element*）というんだね。この 1 次遅れ要素の微分方程式が，どのようなものになるのか，調べてみよう。

$Y(s) = G(s) \cdot X(s)$ より，$Y = \dfrac{k}{1 + Ts} \cdot X$　　　　この両辺に $1 + Ts$ をかけて

$\overparen{Y(1 + Ts)} = kX$　　　$Y + T \cdot sY = kX$

この両辺をラプラス逆変換すると，

$\mathcal{L}^{-1}[Y + T \cdot sY] = \mathcal{L}^{-1}[kX]$　$\underbrace{\mathcal{L}^{-1}[Y]}_{\boxed{y}} + \underbrace{T}_{\boxed{\text{定数}}} \underbrace{\mathcal{L}^{-1}[sY]}_{\boxed{\frac{dy}{dt}}} = \underbrace{k}_{\boxed{\text{定数}}} \underbrace{\mathcal{L}^{-1}[X]}_{\boxed{x}}$　より，

この系 (1 次遅れ要素) の微分方程式は，

$y + T \cdot \dfrac{dy}{dt} = kx$　　であることが導けるんだね。納得いった？

以上より，ある系の微分方程式から伝達関数 $G(s)$ を求めることができるし，逆に，伝達関数 $G(s)$ が分かっているとき，これから逆に系の微分方程式を導くこともできるんだね。次の例題で，系の微分方程式から $G(s)$ を求めてみよう。

$(ex1)$ 入力 $x(t)$ と出力 $y(t)$ が関係式 $\dfrac{d^2y}{dt^2} + 2y = \dfrac{dx}{dt} - x$ …①をみたすとき，この系の伝達関数 $G(s)$ を求めてみよう。

①の両辺をラプラス変換すると，ラプラス変換の線形性より，

$\mathcal{L}\left[\dfrac{d^2y}{dt^2}\right] + 2 \cdot \mathcal{L}[y] = \mathcal{L}\left[\dfrac{dx}{dt}\right] - \mathcal{L}[x]$　から，

$s^2Y(s) + 2Y(s) = sX(s) - X(s)$　　$(s^2 + 2)Y(s) = (s - 1)X(s)$

$\therefore Y(s) = \dfrac{s - 1}{s^2 + 2}X(s)$ より，この系の伝達関数 $G(s) = \dfrac{s - 1}{s^2 + 2}$ である。

● インパルス応答とインディシャル応答を調べよう！

入力 $x(t) \xleftrightarrow[\underset{\mathcal{L}^{-1}[X(s)]}{}]{\overset{\mathcal{L}[x(t)]}{}} X(s)$，出力 $y(t) \xleftrightarrow[\underset{\mathcal{L}^{-1}[Y(s)]}{}]{\overset{\mathcal{L}[y(t)]}{}} Y(s)$，伝達関数 $g(t) \xleftrightarrow[\underset{\mathcal{L}^{-1}[G(s)]}{}]{\overset{\mathcal{L}[g(t)]}{}} G(s)$ とすると，

$Y(s) = G(s) \cdot X(s)$ ……(*1) が成り立つんだった。ここで

(I) $x(t) = \delta(t)$ (デルタ関数) のときの出力を

　　　 "**インパルス応答**"(*impulse response*) と呼び，

(II) $x(t) = u(t)$ (単位階段関数) のときの出力を

　　　 "**インディシャル応答**"(*initial response*) と

　　　呼ぶんだね。

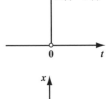

(I) インパルス応答の場合，入力 $x(t) = \delta(t)$ より

　　　$X(s) = \mathcal{L}[x(t)] = \mathcal{L}[\delta(t)] = 1$ ……① ← P70 参照

　　　①を (*1) に代入すると，$Y(s) = G(s) \cdot 1 = G(s)$

　　　よって，求めるインパルス応答 $y(t)$ は，

　　　$y(t) = \mathcal{L}^{-1}[Y(s)] = \mathcal{L}^{-1}[G(s)] = g(t)$ となる。

(II) インディシャル応答の場合，入力 $x(t) = u(t)$ より

　　　$X(s) = \mathcal{L}[x(t)] = \mathcal{L}[u(t)] = \dfrac{1}{s}$ ……② ← P70 参照

　　　②を (*1) に代入すると，$Y(s) = G(s) \cdot \dfrac{1}{s} = \dfrac{G(s)}{s}$

　　　よって，求めるインディシャル応答 $y(t)$ は，

　　　$y(t) = \mathcal{L}^{-1}[Y(s)] = \mathcal{L}^{-1}\left[\dfrac{G(s)}{s}\right] = \displaystyle\int_0^t g(u)du$ となる。この $\mathcal{L}^{-1}\left[\dfrac{G(s)}{s}\right]$

はそのまま求めてもいいんだけれど，上述したように $g(u)$ を u で積分して求めても構わない。

それでは，早速，次の例題で，インパルス応答とインディシャル応答を具体的に求めてみることにしよう。

(*ex2*) 1 次遅れ要素の伝達関数 $G(s) = \dfrac{1}{1 + Ts}$　　(T : 時定数, $k = 1$) について，

(i) インパルス応答と (ii) インディシャル応答を求めてみよう。

（ⅰ）インパルス応答は，入力 $x(t) = \delta(t)$, $X(s) = \mathcal{L}[\delta(t)] = 1$ のときの出力 $y_1 = g(t)$ のことなので，

$$y_1 = g(t) = \mathcal{L}^{-1}[G(s)] = \mathcal{L}^{-1}\left[\frac{1}{1+Ts}\right]$$

$$= \mathcal{L}^{-1}\left[\underbrace{\frac{1}{T}}_{定数} \cdot \frac{1}{s+\frac{1}{T}}\right] = \frac{1}{T}\mathcal{L}^{-1}\left[\frac{1}{s+\frac{1}{T}}\right]$$

$$= \frac{1}{T}e^{-\frac{1}{T}t} \quad \text{となる。} \quad \longleftarrow \boxed{公式 \; \mathcal{L}^{-1}\left[\frac{1}{s-a}\right] = e^{at}}$$

入力 $x = \delta(t)$

出力 $y_1 = \frac{1}{T}e^{-\frac{1}{T}t}$

（ⅱ）インディシャル応答は，入力 $x(t) = u(t)$, $X(s) = \mathcal{L}[u(t)] = \frac{1}{s}$ のときの出力 $y_2(t)$ のことなので，

$$y_2 = \mathcal{L}^{-1}[Y(s)] = \mathcal{L}^{-1}\left[\frac{G(s)}{s}\right]$$

$$= \mathcal{L}^{-1}\left[\frac{1}{s(1+Ts)}\right] = \mathcal{L}^{-1}\left[\frac{1}{s} - \frac{1}{s+\frac{1}{T}}\right]$$

$$= 1 - e^{-\frac{1}{T}t} \quad \text{となるんだね。}$$

入力 $x = u(t)$

出力 $y_2 = 1 - e^{-\frac{1}{T}t}$

もちろん，インディシャル応答 y_2 は，インパルス応答 $y_1 = g(t)$ を次のように積分して，

$$y_2 = \int_0^t \underbrace{g(u)}_{\frac{1}{T}e^{-\frac{1}{T}u}}du = \frac{1}{T}\int_0^t e^{-\frac{1}{T}u}du = \frac{1}{T}\left[-Te^{-\frac{1}{T}u}\right]_0^t = -\left(e^{-\frac{1}{T}t} - 1\right) = 1 - e^{-\frac{1}{T}t}$$

と求めても構わない。

しかし，ここで，疑問をもたれた方もいらっしゃると思う。…，そう，これまでの自動制御理論は，$x(t)$, $x'(t)$, $x''(t)$, … や $y(t)$, $y'(t)$, $y''(t)$, … の初期値はすべて $\mathbf{0}$ という前提条件の下で，解説してきたんだね。でも，（ⅰ）インパルス応答の入力の初期値は $x(0) = \delta(0) = +\infty$ であるし，（ⅱ）インディシャル応答の入力の初期値は $x(0) = u(0)$ となって，これは定義できないんだね。果たして，$(ex2)$ のような計算が許されるのだろうか？…ということだろうね。当然の疑問だと思う。ここでは，$(ex2)$（ⅰ）のインパルス応答の問題を例にとって答えておこう。

まず，入力の初期値の条件をみたすため，入力のデルタ関数を右図に示すように，$a(>0)$だけ平行移動して，

$x(t) = \delta(t-a)$ としよう。

すると，$t=0$ において，$x(0) = x'(0) = x''(0) = \cdots = 0$ となって，入力の初期値の条件は満たされるね。このとき，このラプラス変換 $X(s)$ は，

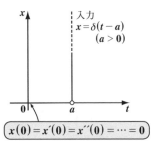

$X(s) = \mathcal{L}[x(t)] = \mathcal{L}[\delta(t-a)] = e^{-as}$ ……① となる。

公式 (P70)
$\mathcal{L}[\delta(t-a)] = e^{-as}$

よって，①を $Y(s) = G(s) \cdot X(s)$ ……(*1) に代入すると，

$$Y(s) = \frac{1}{1+Ts} \cdot e^{-as} = \frac{e^{-as}}{1+Ts} \quad \cdots\cdots ② となる。$$

ここで，$F(s) = \dfrac{1}{1+Ts} \longleftrightarrow f(t)$ とおくと，$f(t) = \mathcal{L}^{-1}[F(s)] = \dfrac{1}{T} \cdot e^{-\frac{1}{T}t}$

これは，$(ex2)(\text{i})$ で計算している。

となる。

よって，ラプラス逆変換の公式：

$\mathcal{L}^{-1}[e^{-as} \cdot F(s)] = f(t-a) \cdot u(t-a)$ （P122）を用いて，②を逆変換して出力 $y(t)$ を求めると，

$$y(t) = \mathcal{L}^{-1}[Y(s)] = \mathcal{L}^{-1}[e^{-as} \cdot F(s)] = \frac{1}{T} e^{-\frac{1}{T}(t-a)} \cdot u(t-a)$$

$\underbrace{\dfrac{1}{1+Ts}}$ $\underbrace{f(t-a)}$

となるので，出力 $y(t)$ のグラフは，右図のようになる。これは，P223 で求めたインパルス応答

$y_1 = \dfrac{1}{T} e^{-\frac{1}{T}t} \quad (t \geqq 0)$ を，t 軸方向に a だけ平行移動したものに他ならない。

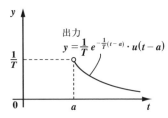

つまり，この入力 $x = \delta(t-a)$ と出力 $y = \dfrac{1}{T} e^{-\frac{1}{T}(t-a)} \cdot u(t-a)$ はともにインパルス応答の入力 $x = \delta(t)$ と出力 $y_1 = \dfrac{1}{T} e^{-\frac{1}{T}t}$ を，t 軸方向に a だけ平行

移動したものになっている。したがって，この計算結果に対して，$a \rightarrow +0$ の極限をとれば，インパルス応答の入・出力に帰着することが示せたんだね。納得いった？

では次，インディシャル応答についても調べておこう。まず，入力の初期条件をみたすために，入力の単位階段関数を右図に示すように，$a(>0)$ だけ平行移動して，$x(t) = u(t-a)$ とする。

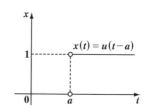

このとき，$x(t)$ のラプラス変換 $X(s)$ は，

$$X(s) = \mathcal{L}[x(t)] = \mathcal{L}[u(t-a)] = \frac{e^{-as}}{s} \quad \cdots\cdots ③ \quad となる。$$

> 公式（P70）
> $\mathcal{L}[u(t-a)] = \dfrac{e^{-as}}{s}$

よって，③を $Y(s) = G(s) \cdot X(s) \quad \cdots\cdots(*1)$ に代入して，

$$Y(s) = \frac{1}{1+Ts} \cdot \frac{e^{-as}}{s} = e^{-as} \cdot \frac{1}{s(1+Ts)} = e^{-as}\left(\frac{1}{s} - \frac{1}{s+\frac{1}{T}}\right) \quad \cdots\cdots④ \quad となる。$$

> 部分分数に分解した。

ここで，$F(s) = \dfrac{1}{s} - \dfrac{1}{s+\frac{1}{T}} \longleftrightarrow f(t)$ とおくと，

> 公式（P116）
> $\mathcal{L}^{-1}\left[\dfrac{1}{s}\right] = u(t)$
> $\mathcal{L}^{-1}\left[\dfrac{1}{s-a}\right] = e^{at}$

$$f(t) = \mathcal{L}^{-1}[F(s)] = \mathcal{L}^{-1}\left[\frac{1}{s} - \frac{1}{s+\frac{1}{T}}\right] = u(t) - e^{-\frac{1}{T}t}$$

よって，ラプラスの逆変換の公式（P123）：

$\mathcal{L}^{-1}[e^{-as} \cdot F(s)] = u(t-a) \cdot f(t-a)$ を用いて④を逆変換して，出力 $y(t)$ を求めると，

$$y(t) = \mathcal{L}^{-1}[Y(s)] = \mathcal{L}^{-1}[e^{-as} \cdot F(s)] = u(t-a)\left\{\underline{u(t-a)} - e^{-\frac{1}{T}(t-a)}\right\}$$

> これは，1 とおいていい。どうせ $u(t-a)$ がかかるからだ。

$\therefore y(t) = u(t-a)\left\{\underline{1} - e^{-\frac{1}{T}(t-a)}\right\}$ となって，

$y(t)$ のグラフは右のようになる。したがって，$a \rightarrow +0$ の極限をとると，P223 で示した出力

225

$y_2 = 1 - e^{-\frac{1}{T}t}$ と一致することが，ご理解頂けると思う。

では，これと関連して，もう1題，入力 $x(t)$ が矩形波の場合の出力 $y(t)$ を求めてみよう。

> $(ex3)$ 1次遅れ要素の伝達関数 $G(s) = \dfrac{1}{1+Ts}$ $(T:$時定数，$k=1)$について，
>
> 入力 $x(t) = u(t-a) - u(t-b)$ （ただし，$0 < a < b$）の応答出力 $y(t)$
>
> を求めてみよう。

$u(t-a) = \begin{cases} 0 & (t < a) \\ 1 & (a < t) \end{cases}$，$u(t-b) = \begin{cases} 0 & (t < b) \\ 1 & (b < t) \end{cases}$ $(0 < a < b)$ より，入力 $x(t)$ は，

$x(t) = u(t-a) - u(t-b) = \begin{cases} 0 & (t < a) \\ 1 & (a < t < b) \\ 0 & (b < t) \end{cases}$

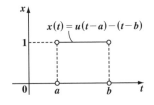

$x(t) = u(t-a) - (t-b)$

となって，右図に示すような矩形波（くけいは）である

ことが分かるんだね。 ["長方形"のこと]

ではまず，入力 $x(t)$ をラプラス変換すると，

$X(s) = \mathcal{L}[x(t)] = \mathcal{L}[u(t-a) - u(t-b)]$

$\quad = \mathcal{L}[u(t-a)] - \mathcal{L}[u(t-b)]$

$\quad = \dfrac{e^{-as}}{s} - \dfrac{e^{-bs}}{s}$ ……① となる。

> 公式 (P70)
> $\mathcal{L}[u(t-a)] = \dfrac{e^{-as}}{s}$

よって，出力（応答）$y(t)$ のラプラス変換 $Y(s)$ は，

$Y(s) = G(s) \cdot X(s) = \dfrac{1}{1+Ts}\left(\dfrac{e^{-as}}{s} - \dfrac{e^{-bs}}{s}\right)$

$\quad = e^{-as}\underbrace{\dfrac{1}{s(1+Ts)}}_{F(s)} - e^{-bs}\underbrace{\dfrac{1}{s(1+Ts)}}_{F(s)}$

> 公式 (P116)
> $\mathcal{L}^{-1}\left[\dfrac{1}{s}\right] = u(t)$
> $\mathcal{L}^{-1}\left[\dfrac{1}{s-a}\right] = e^{at}$

ここで，$F(s) = \dfrac{1}{s(1+Ts)} = \dfrac{1}{s} - \dfrac{1}{s+\dfrac{1}{T}} \longleftrightarrow f(t)$ とおくと，

$f(t) = \mathcal{L}^{-1}[F(s)] = \mathcal{L}^{-1}\left[\dfrac{1}{s} - \dfrac{1}{s+\dfrac{1}{T}}\right] = u(t) - e^{-\frac{1}{T}t}$ ……② となる。

以上より，$Y(s)$ をラプラス逆変換して，出力（応答）$y(t)$ を求めると，

$$y(t) = \mathcal{L}^{-1}[Y(s)] = \mathcal{L}^{-1}[e^{-as}F(s) - e^{-bs}F(s)]$$

$$= \mathcal{L}^{-1}[e^{-as}F(s)] - \underline{\underline{\mathcal{L}^{-1}[e^{-bs}F(s)]}}$$

公式（P123）
$$\mathcal{L}^{-1}[e^{-as} \cdot F(s)]$$
$$= u(t-a) \cdot f(t-a)$$

$$= u(t-a) \cdot \underline{f(t-a)} - u(t-b) \cdot \underline{\underline{f(t-b)}}$$

$\boxed{u(t-a) - e^{-\frac{1}{T}(t-a)}}$　$\boxed{u(t-b) - e^{-\frac{1}{T}(t-b)}}$ ←②より

$$= u(t-a)\left\{1 - e^{-\frac{1}{T}(t-a)}\right\} - u(t-b)\left\{1 - e^{-\frac{1}{T}(t-b)}\right\}$$

この $u(t-a)$ は 1 とおける。どうせ，これに，$u(t-a)$ がかかるからだ。

この $u(t-b)$ は 1 とおける。どうせ，これに，$u(t-b)$ がかかるからだ。

以上より，矩形波の入力 $x(t)$ に対する出力 $y(t)$ は，

$$y(t) = u(t-a)\left\{1 - e^{-\frac{1}{T}(t-a)}\right\} - u(t-b)\left\{1 - e^{-\frac{1}{T}(t-b)}\right\}$$ となる。これを，

（ⅰ）$0 \leq t < a$，（ⅱ）$a < t < b$，（ⅲ）$b < t$ の **3** 通りに場合分けして調べると，

$$\begin{cases} （ⅰ）0 \leq t < a \text{ のとき，} & y(t) = 0 \\ （ⅱ）a < t < b \text{ のとき，} & y(t) = 1 - e^{-\frac{1}{T}(t-a)} \\ （ⅲ）b < t \text{ のとき，} & y(t) = \cancel{1} - e^{-\frac{1}{T}(t-a)} - \left\{\cancel{1} - e^{-\frac{1}{T}(t-b)}\right\} \\ & \qquad = -e^{-\frac{1}{T}(t-a)} + e^{-\frac{1}{T}(t-b)} \end{cases}$$

となるので，この出力 $y(t)$ のグラフは右図のようになるんだね。面白かったでしょう？

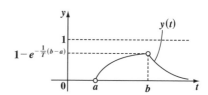

以上で，本当の初歩ではあるのだけれど，これで自動制御入門の講義も終了です。ラプラス変換とその逆変換が随所に使われていたので，ラプラス変換の応用として興味をもって頂けたと思う。

自動制御は，現代の工業技術を支える重要でかつ実践的な理論なので，興味を持たれた方は，今回の講義を基にして，さらに本格的に学習していかれることをお勧めします。

◆ *Term · Index* ◆

スバラシク実力がつくと評判の
ラプラス変換 キャンパス・ゼミ
改訂 5

マセマ

著　者　馬場 敬之
発行者　馬場 敬之
発行所　マセマ出版社
〒 332-0023 埼玉県川口市飯塚 3-7-21-502
TEL 048-253-1734　　FAX 048-253-1729
Email：info@mathema.jp
https://www.mathema.jp

編　集	七里 啓之		
校閲・校正	高杉 豊　秋野 麻里子		
制作協力	久池井 茂　木本 大輔　滝本 隆		
	野村 直美　滝本 修二　野村 大輔		
	真下 久志　間宮 栄二　町田 朱美		
カバーデザイン	馬場 冬之		
ロゴデザイン	馬場 利貞		
印刷所	中央精版印刷株式会社		

平成 20 年 12 月 16 日　初版発行
平成 25 年 11 月 28 日　改訂 1　4 刷
平成 28 年 2 月 12 日　改訂 2　4 刷
平成 30 年 11 月 15 日　改訂 3　4 刷
令和 3 年 9 月 5 日　改訂 4　4 刷
令和 5 年 4 月 12 日　改訂 5　初版発行